高等学校规划教材

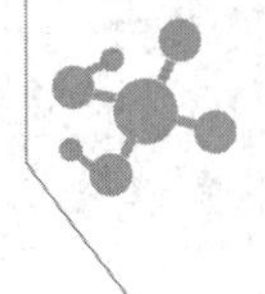

无机及分析化学实验

WUJI JI FENXI HUAXUE SHIYAN

展海军 陈静 苑立博 主编

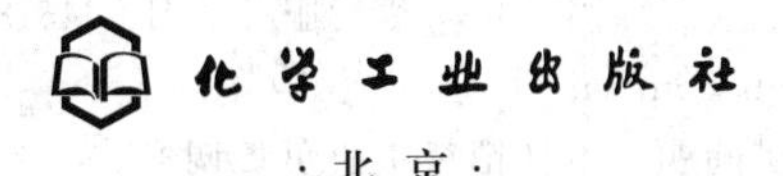

·北京·

内容简介

《无机及分析化学实验》（第二版）共6章，内容包括基础知识与基本操作、常用仪器及使用方法、实验数据处理、实验室安全知识等，实验项目按无机化学实验、分析化学实验、综合性设计性实验三大模块设置，有利于教学实施。全书共62个实验项目，经典实验和应用创新性实验兼具，既可训练基本操作，又可加强理论与实践的联系。

《无机及分析化学实验》（第二版）可作为高等院校化学、化工、环境、粮油食品、生物、材料等专业本科生的教材，亦可供相关专业人员参考。

图书在版编目（CIP）数据

无机及分析化学实验/展海军，陈静，苑立博主编．—2版．—北京：化学工业出版社，2021.8（2024.8重印）
高等学校规划教材
ISBN 978-7-122-39472-9

Ⅰ.①无… Ⅱ.①展… ②陈… ③苑… Ⅲ.①无机化学-化学实验-高等学校-教材②分析化学-化学实验-高等学校-教材
Ⅳ.①O61-33②O652.1

中国版本图书馆CIP数据核字（2021）第130703号

责任编辑：宋林青　　文字编辑：刘志茹
责任校对：边　涛　　装帧设计：史利平

出版发行：化学工业出版社（北京市东城区青年湖南街13号　邮政编码100011）
印　　刷：三河市航远印刷有限公司
装　　订：三河市宇新装订厂
787mm×1092mm　1/16　印张13　彩插1　字数320千字　2024年8月北京第2版第5次印刷

购书咨询：010-64518888　　售后服务：010-64518899
网　　址：http://www.cip.com.cn
凡购买本书，如有缺损质量问题，本社销售中心负责调换。

定　　价：35.00元　

前 言

本书第一版于 2012 年出版，至今已历经十年，在无机和分析化学实验教学中得到了师生和同行的认可，收到了较好的教学效果。为了适应教学改革的新形势，在信息化技术背景下，以教育部理工科类无机化学实验和分析化学实验课程的教学基本要求为指导，并结合近年来在实验教学改革、实践中的经验，我们对本书的第一版进行了修订。

本书第二版在继承前版教材的优点，保留了其经典教学内容的基础上，在以下两个方面进行了创新：

1. 由传统的纯纸质教材向信息化、可视化教材转变

增加了相关实验的视频链接，充分利用现代化手段，加强视觉体验，加深学生学习印象，提高学习兴趣，提升学习效果。

2. 增加了部分应用性实验和综合性实验

考虑到学科之间相互交叉渗透的特点，第二版特别增选了一些与化工、环境、粮油食品、生物、材料等学科相关的应用性和综合性实验，以拓展学生的知识宽度，提升学生的综合能力，增强创新意识。

本书由展海军、陈静、孙旭镯、苑立博、李波、刘捷、周长智、李建伟、白静（河南应用技术职业学院）编写，全书由展海军、孙旭镯统稿，由展海军、陈静、苑立博任主编。在本书编写过程中，我校化学化工学院的领导和老师给予了热情的支持和帮助，在此表示衷心的感谢。

限于编者的学识和水平，书中疏漏之处在所难免，恳请同行专家和使用本书的师生批评指正。

编者

2021 年 6 月

第一版前言

本书是在河南工业大学原有教材《无机及分析化学实验》的基础上，以教育部理工科类无机化学实验和分析化学实验课程的教学基本要求为指导，并结合了近年来在实验教学改革、实践中的经验编写而成。

全书共分 6 章，第 1~3 章为基础知识部分，分别介绍了实验室安全常识，化学实验基础知识与基本操作、实验中数据的表达与处理，常用仪器及其使用方法等。第 4~6 章为实验操作部分，包括无机化学实验、分析化学实验、综合性设计性实验三大模块，共计 56 个实验，涵盖了无机及分析化学实验的基本操作、基本技能及综合训练等实验内容。本教材的编写综合考虑到学科之间相互交叉渗透的特点，特别选取了与化工、环境、粮油食品、生物、材料等学科相关的应用性实验，以拓宽学生的知识面，同时也有利于不同专业的学生使用。

本书由刘捷、司学芝、周长智、李亚萍、杨君、李建伟、展海军编写，全书由展海军、李建伟统稿。

在本书的编写过程中，我校化学化工学院的领导和老师给予了热情的支持和帮助，在此表示衷心的感谢。本书为河南工业大学教学研究计划项目，获得了校教务处的大力支持，在此一并致谢。

限于编者的学识和水平，书中疏漏和不妥之处在所难免，恳请同行专家和使用本书的师生批评指正。

编者

2012 年 6 月

目　录

第1章 绪论

1.1 无机及分析化学实验的目的和要求

化学是一门实验科学，化学中的定律和学说都源于实验，同时又为实验所检验。因此，化学实验在培养未来化学工作者以及与之相关的工程技术人才的教育中，占有特别重要的地位。无机化学实验和分析化学实验是学生进入大学后一年级的实验必修课，对于学生掌握基本的实验技能具有十分重要的作用。

通过实验，学生可以直接获得大量的化学事实，从而验证无机化学和分析化学课程中的有关理论和现象。同时经思维、归纳、总结，又可以从感性认识上升到理性认识，以加深和巩固无机化学和分析化学课程的基本理论、基本知识，并运用它们指导实验。学生经过严格的训练，能规范地掌握基本操作、基本技术。通过实验了解无机物的一般分离、提纯和制备方法，掌握确定物质组成、含量的一般化学分析方法；学会正确配制和使用常见的化学试剂和标准溶液；掌握常用的滴定分析方法，会正确选择和使用常用的指示剂；掌握常见离子的基本性质和鉴定；学会正确使用基本仪器测量实验数据，正确处理数据和表达实验结果，确立严格的"量"的概念。

通过学生自己动手、动脑、独立进行化学实验，即由设计方案、观察现象、测定数据，并对实验现象和数据加以正确的处理和概括，在分析实验结果的基础上正确表达，练习初步解决化学问题等环节，使学生初步掌握科学实验的方法和技能，学会观测、分析、判断、总结化学实验现象，逐步养成严谨、求真、创新、存疑等科学品德和良好的工作学习习惯。从而使学生具备分析问题、解决问题的独立工作能力。

1.2 学习方法

大学化学实验的学习，不仅需要学生有一个正确的学习态度，而且还需要有一个正确的学习方法，学习方法归纳如下。

1.2.1 预习

预习是做好实验的前提和保证。预习应达到下列要求：

① 认真阅读实验教材与教科书中的有关内容。

② 明确实验目的，回答教材中的思考题，理解实验原理。

③ 熟悉实验内容，了解基本操作和仪器的使用以及必须注意的事项。

④ 写出预习报告（内容包括简要的原理、步骤、做好实验的关键、应注意的安全问题等）。尽量做到依据预习报告进行实验。实验前预习报告要交指导教师检查；实验结束后，预习报告要交指导教师签字。

1.2.2 实验过程

实验过程是培养学生独立操作和思考的重要环节。在进行实验时应做到：

① 按拟定的实验步骤独立操作，既要大胆，又要细心，仔细观察实验现象，认真测定数据，并做到边实验、边思考、边记录。

② 实验中观察到的现象，测定的数据，要如实记录在预习报告本上。不用铅笔记录，不记在草稿纸、小纸片上。不凭主观意愿删去自己认为不对的数据，不杜撰原始数据。原始数据不得涂改或用橡皮擦拭，如记错可在原始数据上画一道杠，再在旁边写上正确值。

③ 实验中要勤于思考，仔细分析，力争自己解决问题。碰到疑难问题，可查资料，亦可与教师讨论。

④ 如果观察到的实验现象与理论不相符合，先要尊重实验事实，然后加以分析，必要时重复实验进行核对，从中得到正确的结论。

⑤ 如果实验失败，要找出原因，经教师同意后重做实验。

⑥ 实验过程中要严格遵守安全守则，始终保持环境肃静、整洁。按操作规程使用仪器设备。

1.2.3 实验后

做完实验仅是完成实验的一半，接下来更为重要的是分析实验现象，整理实验数据，书写实验报告，把直接的感性认识提高到理性思维阶段。要做到：

① 认真、独立完成实验报告。对实验现象进行解释，写出反应式，得出结论，对实验数据进行处理（包括计算、作图、误差表示等）。

② 分析产生误差的原因。对实验现象以及出现的一些问题进行讨论，敢于提出自己的见解，对实验提出改进的意见或建议。

③ 回答问题。

1.2.4 实验报告

实验报告是每次实验的总结，每次实验后都必须写出实验报告，交指导教师批改。实验报告要求按一定格式书写，字迹端正，叙述简明扼要，实验记录、数据处理使用表格形式，作图图形准确清楚，报告本整齐清洁。

（1）实验报告的书写

一般分三部分，即：

① 预习部分（实验前完成），按实验目的、原理（扼要写出主要的计算公式或反应方程式）、步骤（尽量采用表格、框图、符号等形式简明、清晰地表示）书写。

② 记录部分（实验时完成），包括实验现象、测定数据，即原始记录（可填入预习

报告中）。实验现象要表达正确，数据记录要完整、准确，绝不允许主观臆造、弄虚作假。

③ 结论部分（实验后完成），包括：

a. 对实验现象的分析、解释、结论。对实验现象的解释要简明，写出主要的反应方程式，也可分题目做出小结或者最后得出结论。

b. 原始数据的处理和误差分析。合理处理实验数据，若有数据计算务必将数据计算所依据的公式和主要数据表达清楚，正确报告误差分析。

c. 问题讨论。针对实验中遇到的疑难问题，提出自己的见解或收获，定量实验应分析实验误差的原因。也可对实验方法、教学方法、实验内容等方面提出自己的意见及改进方法。

（2）实验报告的格式

无机及分析化学实验大致可分为制备、性质、定性分析、定量分析四大类。现将一些类型的实验报告格式推荐如下，以供参考。

Ⅰ. 制备实验

示例一　硫酸亚铁铵的制备

一、实验目的（全述）

二、实验原理（简述）

三、实验步骤

1. 硫酸亚铁铵的制备

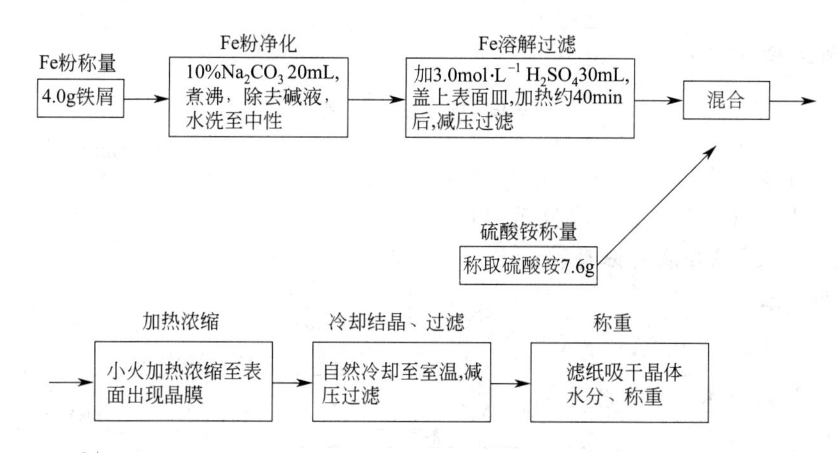

2. 产品（Fe^{3+}）检验

四、实验数据及结果（包括简要计算）

1. 制备过程中所需原料的质量

2. 产品颜色与级别

3. 硫酸亚铁铵的实际产量

4. 硫酸亚铁铵的理论产量

5. 产率

五、讨论（收获、体会、问题解答等均可）

示例二 硝酸钾的制备

一、实验目的（全述）

二、实验原理（简述）

当 KCl 和 $NaNO_3$ 溶液混合时，混合液中同时存在 K^+、Na^+、Cl^-、NO_3^- 四种离子，由它们组成的四种盐，在不同的温度下有不同的溶解度，利用 NaCl、KNO_3 的溶解度随温度变化而变化的差别，高温除去 NaCl，滤液冷却得到 KNO_3。

三、实验步骤

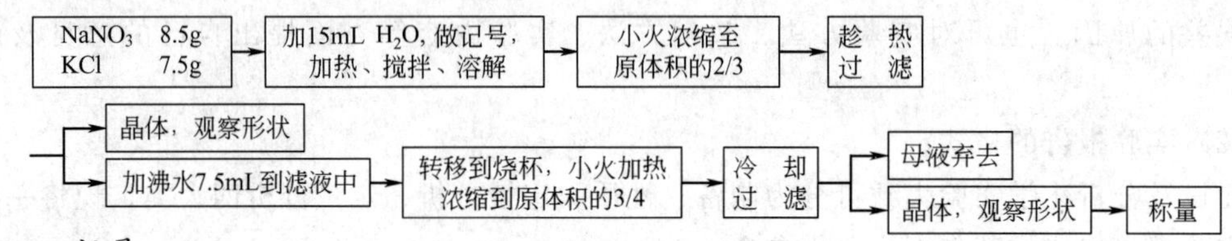

四、记录

1. 实验现象
2. 产量
3. 理论产量

$$KCl + NaNO_3 = KNO_3 + NaCl$$

$$KNO_3 \text{ 的质量 } m = \frac{8.5 \times 101.1}{85} g = 10.11g$$

4. 产率＝（实际产量/理论产量）×100%

五、问题讨论（略）

Ⅱ. 性质实验

示例三 卤 素

一、实验目的（略）

二、实验步骤（仅列部分内容做示例）

Cl^-、Br^-、I^- 混合液的分离、鉴定

(1) 分析简表

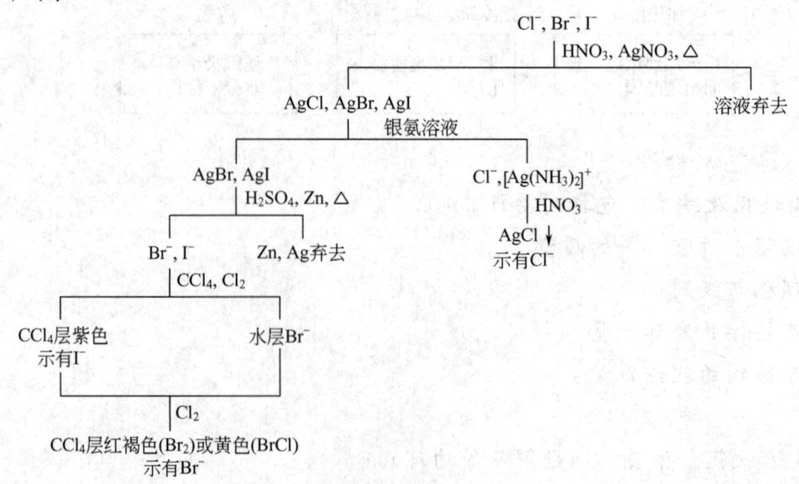

(2) 分析步骤

离子：Cl^-，B^-、I^-

颜色：无，无，无

次序	步骤	现象	结论	反应方程式
(1)	取2～3滴混合液，加1滴 $6mol\cdot L^{-1} HNO_3$ 酸化，加 $0.1mol\cdot L^{-1}$ $AgNO_3$ 至沉淀完全，加热2min，离心分离。弃去溶液	先黄色后白色沉淀	示有 X^-	$Ag^+ + X^- = AgX\downarrow$
(2)	在沉淀中加5～10滴银氨溶液，剧烈搅拌，并温热1min，离心分离			$AgCl + 2NH_3 = [Ag(NH_3)_2]^+ + Cl^-$
(3)	在(2)的溶液中，加 $6mol\cdot L^{-1} HNO_3$ 酸化	白色沉淀又出现	示有 Cl^-	$[Ag(NH_3)_2]^+ + 2H^+ + Cl^- = AgCl\downarrow + 2NH_4^+$
(4)	在(2)的沉淀中，加入5～8滴 $1mol\cdot L^{-1} H_2SO_4$，少许锌粉，搅拌，加热至沉淀颗粒都变为黑色，离心分离。弃去沉淀	沉淀变黑		$2AgBr + Zn = Zn^{2+} + 2Ag + 2Br^-$ $2AgI + Zn = Zn^{2+} + 2Ag + 2I^-$
(5)	取2滴(4)的溶液，加8滴 CCl_4，逐滴加入氯水 继续滴加氯水	氯仿层显紫色 氯仿层紫色褪去后出现橙色	示有 I^- 示有 Br^-	$2I^- + Cl_2 = I_2 + 2Cl^-$ $I_2 + 5Cl_2 + 6H_2O = 2HIO_3 + 10HCl$ $2Br^- + Cl_2 = 2Cl^- + Br_2$

三、问题讨论或思考题解答

示例四　碱金属、碱土金属

一、实验目的

1. 试验并了解少数锂、钠、钾盐的微溶性。

2. 试验碱土金属氢氧化物、盐的溶解性，并利用它们的差异分离、鉴定 Mg^{2+}、Ca^{2+}、Ba^{2+}。

3. 学习焰色反应，离子的分离、鉴定。

二、实验步骤与记录（仅列部分内容做示例）

实验步骤	实验现象	解释和结论(包括方程式)
1. 碱土金属氢氧化物的性质 (1) $MgCl_2 + NaOH$ $CaCl_2 + NaOH$ $BaCl_2 + NaOH$	 胶状白↓ 大量白↓ —	$Mg^{2+} + 2OH^- = Mg(OH)_2\downarrow$ $Ca^{2+} + 2OH^- = Ca(OH)_2\downarrow$
(2) $MgCl_2$ + 氨水 $CaCl_2$ + 氨水 $BaCl_2$ + 氨水	白↓ — —	$Mg^{2+} + 2NH_3\cdot H_2O = Mg(OH)_2\downarrow + 2NH_4^+$ 结论：溶解度 $Mg(OH)_2 < Ca(OH)_2 < Ba(OH)_2$
2. 锂、钠、钾的微溶盐 (1) $LiCl + NaF$ $LiCl + Na_2CO_3$，放置或加热 $LiCl + Na_2HPO_4$，加热	 小的白色结晶↓ 白↓ 白↓	$Li^+ + F^- = LiF\downarrow$ $2Li^+ + CO_3^{2-} = Li_2CO_3\downarrow$ $3Li^+ + PO_4^{3-} = Li_3PO_4\downarrow$
(2) $NaCl + KSb(OH)_6$，摩擦管壁	出现白色晶体	$Na^+ + KSb(OH)_6 = NaSb(OH)_6\downarrow + K^+$
(3) $KCl + NaHC_4H_4O_6$，放置	出现白色晶体	$K^+ + NaHC_4H_4O_6 = KHC_4H_4O_6\downarrow + Na^+$

三、思考题（略）

Ⅲ. 定量分析实验

示例五　酸碱标准溶液浓度的标定

一、实验目的（全述）

二、实验原理（简述）

三、实验内容及步骤（简述）

四、数据记录与计算（要有必要的计算公式）

记录项目＼序号		Ⅰ	Ⅱ	Ⅲ
质量 m/g	称量瓶＋$KHC_8H_4O_4$(前)			
	称量瓶＋$KHC_8H_4O_4$(后)			
	$KHC_8H_4O_4$ 的质量			
体积 V/mL	NaOH 终读数			
	NaOH 初读数			
	V(NaOH)			
c(NaOH)/mol·L^{-1}				
$\overline{c}$(NaOH)/mol·L^{-1}				
个别测定的绝对偏差				
相对平均偏差				

五、讨论

示例六　碱灰中总碱度的测定

一、实验目的（全述）

二、实验原理（简述）

三、实验内容及步骤（简述）

四、数据记录与计算（要有必要的计算公式）

记录项目＼序号		Ⅰ	Ⅱ	Ⅲ
质量 m/g	称量瓶＋碱灰(前)			
	称量瓶＋碱灰(后)			
	碱灰的质量			
c(HCl)/mol·L^{-1}				
体积 V/mL	HCl 终读数			
	HCl 初读数			
	V(HCl)			
$w(Na_2O)$				
$\overline{w}(Na_2O)$				
个别测定的绝对偏差				
相对平均偏差				

五、讨论

1.3 学生实验守则

① 实验前应认真预习，明确实验目的，了解实验的基本原理和方法。写好实验预习报告，上课时交指导教师检查。

② 实验时要严格遵守操作规则，遵守一切必要的安全措施，保证实验安全。

③ 遵守纪律，不迟到、不早退，保持室内安静，不要大声谈笑。

④ 爱护各种仪器、设备，节约水电和药品。实验过程中如有仪器破损应填写仪器破损单，经指导教师签字后及时领取补齐，破损仪器酌情赔偿。

⑤ 实验中要认真操作，仔细观察，将实验中的一切现象和数据都如实记在实验记录本上，不得涂改和伪造。根据原始记录，认真处理数据，按时写出实验报告。

⑥ 对实验内容和安排不合理的地方提出改进的方法。对实验中的一切现象（包括反常现象）进行讨论，并大胆提出自己的看法，做到生动、活泼、主动地学习。

⑦ 实验过程中，随时注意保持工作环境的整洁。火柴梗、纸张、废品等只能丢入废物缸内，不能丢入水槽，以免水槽堵塞。

⑧ 使用精密仪器时，必须严格按操作规程操作，细心谨慎，避免粗枝大叶而损坏仪器。发现仪器有故障时，应立即停止使用，报告指导教师，及时排除故障。

⑨ 实验中的公用试剂或试剂架上的试剂用过后，应立即盖上原来的瓶盖，并放回原处。公用试剂不得拿走为己用。试剂架上的试剂应保持洁净，放置有序。

⑩ 教材规定实验后要回收的药品都应倒入指定的回收瓶内。

⑪ 实验后应将自己所用仪器洗净，放回原处，清理实验台面，整理好公用仪器和试剂架。

⑫ 实验后由学生轮流值日，负责打扫和整理实验室（包括擦黑板，整理并清洁公用药品、仪器，归类摆齐各试剂架上的试剂，清洗水池，不能留有纸屑及其他杂物，清洁实验室的公共台面，通风橱和窗台，打扫并拖洗地板等）。最后检查水、煤气、门窗是否关好，电闸是否拉下，以保证实验室的安全。

⑬ 请指导教师检查同意后，方可离开实验室。

1.4 化学实验的安全知识

实验室安全

在进行化学实验时，常会用到一些有腐蚀性的、有毒、易燃易爆的化学药品以及玻璃仪器、某些电器设备、煤气等。如果不严格按照一定规则使用，容易造成触电、火灾、爆炸以及其他伤害事故。所以了解实验室的一般安全知识是防止事故发生、确保实验正常进行和人身安全的重要保证。

1.4.1 实验室安全守则

① 一切易燃、易爆物质的操作都要在离火较远的地方进行。

② 一切能产生刺激性气体或有毒气体的实验必须在通风橱中进行，有时也可用气体吸

收装置吸收产生的有毒气体。当需要借助于嗅觉判别少量的气体时，绝不能用鼻子直接对着瓶口或试管口嗅闻气体，而应当用手轻轻扇动少量气体进行嗅闻。

③ 使用浓酸、浓碱、溴等有强腐蚀性试剂时，要注意切勿溅在皮肤和衣服上，更要注意保护眼睛，必要时可戴上防护眼镜。严禁用嘴直接吸取强酸、强碱，应以洗耳球吸取。

④ 一切有毒药品必须妥善保管，按照实验规则取用。如氯化汞和氰化物有剧毒，不得进入口内或接触伤口。氰化物不能碰到酸（氰化物与酸作用放出氢氰酸，使人中毒）。砷酸和钡盐毒性很强，不得进入口内。有毒废液不可倒入下水道中，应集中存放，并及时加以处理。在处理有毒物品时，应戴护目镜和橡皮手套。

⑤ 加热、浓缩液体的操作要十分小心，不能俯视正在加热的液体，试管在加热操作中管口不能对着自己或别人。浓缩溶液时，特别是有晶体出现之后，要不停地搅拌，不能离开工作岗位，尽可能戴上防护眼镜。

⑥ 使用易燃有机溶剂，如苯、乙醚、乙醇、丙酮等，应远离火源。实验室不允许存放大量易燃物品。

⑦ 某些容易爆炸的试剂，如浓高氯酸、有机过氧化物、芳香族化合物、多硝基化合物和硝酸酯等要防止受热和敲击。在实验中，仪器装置和操作必须正确，以免引起爆炸。例如常压下进行蒸馏和加热回流，仪器装置必须与大气相通。

⑧ 遵守气体钢瓶的使用规则。

⑨ 实验室内严禁饮食，实验完毕后应洗净双手。离开实验室时，应关好水、煤气和电源开关。

1.4.2 实验室中发生意外事故的急救处理

实验室应备有急救药品，如消毒纱布、消毒棉花、红药水、紫药水、碘酒、烫伤药膏、云南白药等。

① 玻璃割伤　应先取出伤口中的玻璃碎片（当眼睛里进入碎玻璃或其他固体异物时，应闭上眼睛不要转动，立即就医），并在伤口处擦龙胆紫药水，用纱布包扎好伤口。如伤口较大，应立即就医。

② 烫伤　伤势不重，擦些烫伤油膏。伤势重时，应立即就医。

③ 酸灼伤　酸溅在皮肤上，可先用水冲洗，然后擦碳酸氢钠油膏或凡士林。若酸溅入眼内或口内，用水冲洗后，再用3% $NaHCO_3$ 溶液洗眼睛或漱口，并立即就医。

④ 碱溅伤　碱溅在皮肤上立即用水冲洗，然后用硼酸饱和溶液洗，再涂凡士林或烫伤油膏，若溅在眼内或口内，除冲洗外，应立即就医。

⑤ 吸入刺激性或有毒气体（如硫化氢）而感到不适时，立即到室外呼吸新鲜空气。

⑥ 误食毒品　一般是服用肥皂液或蓖麻油，并用手指插入喉部以促使呕吐，然后立即就医。

⑦ 触电　立即切断电源，必要时对伤员进行人工呼吸。并请医生到现场抢救。

⑧ 火灾　实验室发生火灾时，一般用沙土或 CO_2 灭火器扑灭（有些试剂，如金属钠与水作用会引起燃烧或爆炸，因此不可用水扑灭）。若火势小，可用湿布或沙土等扑灭。如果是电器设备着火，则用 CO_2 灭火器为宜。

以上仅举出几种预防事故的措施和急救方法，如需更详尽地了解，可查阅有关化学手册和文献。

1.4.3 实验室灭火措施

实验室失火时一定要保持沉着，不要惊慌。根据起火原因与火势大小及时采取以下措施：

① 立即关掉电源、气源，把一切可燃物质和易燃、易爆物移至远处，注意不可碰撞，以免引起更大火灾。

② 迅速选用适当灭火器将刚起的火扑灭，注意不要用水来扑灭不溶于水的油类及其他有机溶剂等可燃物。

③ 一般起火时，小火用湿布、沙子覆盖燃烧物即可灭火；大火可以用水、泡沫灭火器灭火。

④ 活泼金属如 Na、K、Mg、Al 等引起的着火，不能用水、泡沫灭火器、二氧化碳灭火器灭火，只能用沙土、干粉等灭火；有机溶剂着火，切勿使用水、泡沫灭火器灭火，而应用二氧化碳灭火器、专用防火布、沙土、干粉等灭火。

⑤ 电器着火时，首先关闭电源，再用防火布、干粉灭火器、沙土等灭火，不要用水、泡沫灭火器灭火，以免触电。

⑥ 当身上衣服着火时，切勿惊慌乱跑，应赶快脱下衣服或用专用防火布覆盖着火处，或就地卧倒打滚，也可起到灭火的作用。

⑦ 实验室应装备必要的灭火设施，针对不同火灾情况，选用不同的灭火器具。

1.4.4 实验室常见废液的处理

在化学实验中经常会产生各种有毒的废气、废液和废渣（三废）。如果对其不加处理而任意排放，不仅会污染环境，造成公害，也会浪费掉三废中的有用成分甚至贵重成分，造成经济损失。因此化学实验室的三废处理应引起足够的重视。

产生少量有毒气体的实验可在通风橱中进行，有毒气体经过排风设备可排至室外（被大量空气稀释），确保室内空气不被污染。

产生大量有毒气体或剧毒气体的实验，必须有吸收或处理有毒气体的措施。例如氯气、硫化氢、二（三）氧化硫、氮氧化物、氟化氢、氢氰酸等酸性气体可用碱液吸收并处理后排放；氨气用硫酸吸收后排放；一氧化碳可点燃转化为二氧化碳气体后再排放。

实验室中少量有毒废渣应集中处理，有回收价值的废渣应回收利用。

实验室中常见废液的处理原则如下：

① 一切不溶固体物或浓酸、浓碱废液，严禁立即倒入水池，以防堵塞或腐蚀水管。

② 大量有机溶剂废液不得倒入下水道，应尽可能回收或集中处理。

③ 过氧化物的废料不得用纸或其他可燃物包裹后丢于废料箱内，应用水冲洗后回收集中处理。

④ 含有六价铬的废液应先将铬还原成三价后再集中收集处理。

⑤ 含有氰化物的废液不得直接倒入实验室水池，应加入氢氧化钠使呈强碱性后，倒入硫酸亚铁溶液中，生成无毒的亚铁氰化钠后再集中收集处理。

⑥ 含有汞、铅等重金属离子的废液，用硫化钠处理生成难溶硫化物沉淀，分离后再集中收集处理。

⑦ 所有的空试剂瓶均为实验室废弃物，严禁直接倒入生活垃圾箱内，应集中收集处理。

第2章 基础知识与基本操作

常见玻璃仪器及其洗涤和干燥

2.1 常用玻璃（瓷质）仪器介绍

化学实验常用仪器中，大部分为玻璃仪器和一些瓷质类器皿。玻璃仪器种类很多，按玻璃的性质不同，可分为软质和硬质两类。软质玻璃的透明度好，但硬度、耐热性和耐腐蚀性较差；硬质玻璃的耐热性、耐腐蚀性和耐冲击性较好。按用途大体可分为容器类、量器类和其他器皿类。容器类包括试剂瓶、烧杯、试管、烧瓶等，根据它们能否受热又可区分为可加热的和不宜加热的器皿。量器类有量筒、移液管、滴定管、容量瓶等。量器类一律不能受热。其他器皿包括具有特殊用途的玻璃器皿，如冷凝管、分液漏斗、干燥器、砂芯漏斗、标准磨口玻璃仪器等。瓷质类器皿包括蒸发皿、布氏漏斗、瓷坩埚、瓷研钵等。化学实验中常用的仪器如图 2-1 和图 2-2 所示。

① 烧杯　以容积（单位 mL）大小表示，一般有 50、100、150、200、400、500、1000、2000（mL）等规格。主要用作反应容器、配制溶液、蒸发和浓缩溶液。加热时放在石棉网上，一般不直接加热，反应液体一般不得超过烧杯容积的 2/3。硬质的可以加热至高温，软质的在使用时应注意勿使温度变化过于剧烈或加热温度太高。

② 锥形瓶　有具塞和无塞两类，均以容积（单位 mL）大小表示。用作反应容器，加热时可避免液体大量蒸发。锥形瓶旋摇方便，适用于滴定操作。使用时的注意事项同烧杯。

③ 试管和离心管　一般以容积（单位 mL）大小表示，有 5、10、15(mL) 等规格。试管加热后不能骤冷；加热固体后，谨防水珠滴入引起炸裂。离心试管不能直接用火加热，要加热时可采用水浴。反应液一般不超过试管容积的 1/2。

④ 量筒　一般以容积（单位 mL）大小表示，有 5、10、25、50、100、500、1000（mL）等规格。常用于液体体积的一般量度，属测量精度较差的量器。读数时应使眼睛的视线和量筒内液体凹月面的最低点保持水平。量筒不能作为反应容器使用，也不能加热。

⑤ 蒸发皿　瓷质，以皿口（cm）大小表示。可作为反应容器、蒸发和浓缩溶液用。它对酸、碱的稳定性好，可耐高温，但不宜骤冷。可以直接加热，将蒸发皿放在泥三角上，先用小火预热，后加大火焰。要用预热过的坩埚钳取拿热的蒸发皿，并把它放在石棉网上，不能直接放在桌面上，以免烧坏桌面。高温时不能用冷水洗涤或冷却，以免

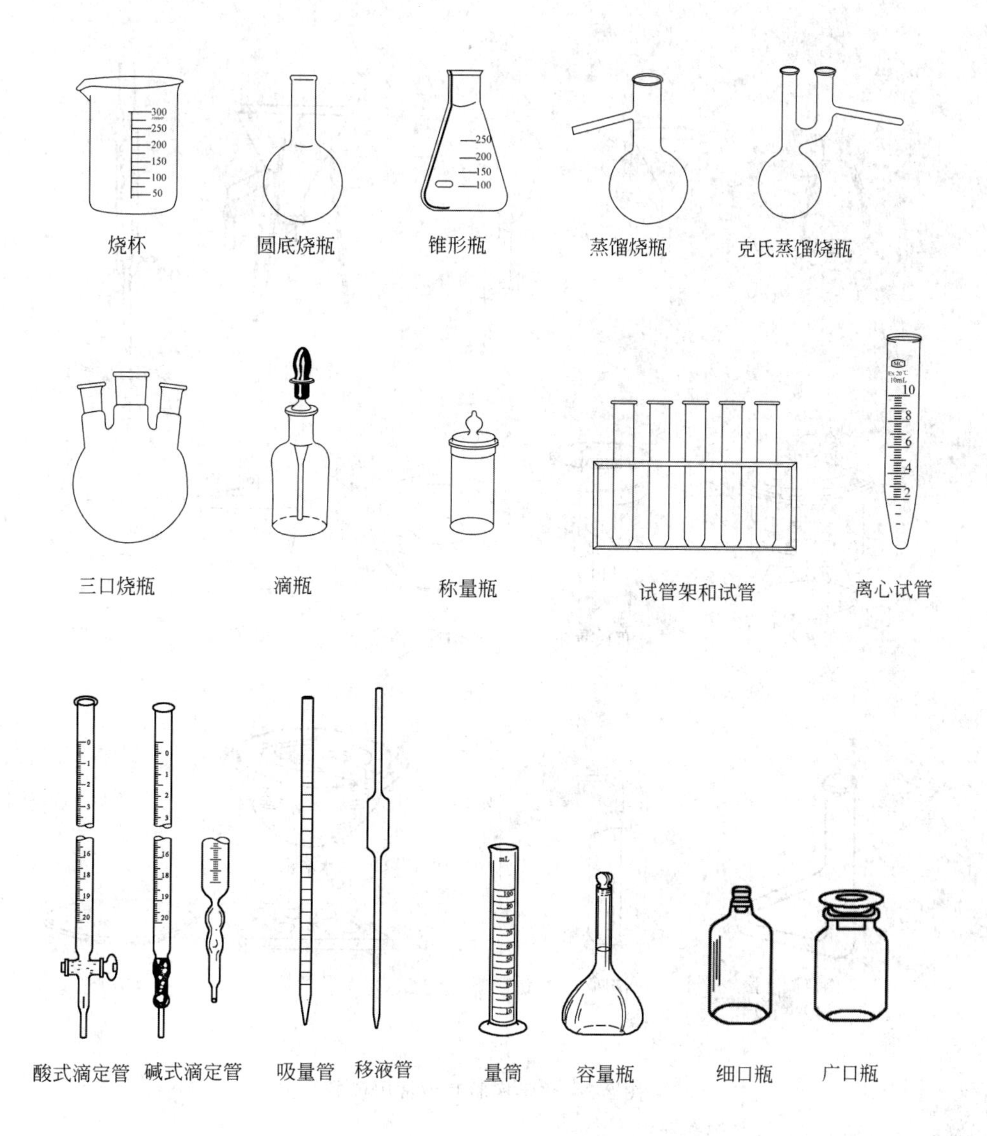

图 2-1　化学实验常用仪器

破裂。

⑥ 坩埚　瓷质，以容积大小表示。灼烧固体用，使用时的注意事项与蒸发皿同。

⑦ 坩埚钳　用铁或铜合金制造，表面镀镍或铬。用来夹取热的蒸发皿、坩埚及坩埚盖。夹持铂坩埚的坩埚钳尖端应包有铂片，以防高温时钳子的金属材料与铂形成合金，使铂变脆。坩埚钳不用时应如图 2-3 放置，不能倒放，以免弄脏。

⑧ 称量瓶　以外径(mm)×高(mm) 表示。分高型和扁型两类，本书中介绍高型，见图 2-1。称量瓶为带有磨口塞的小玻璃瓶，是用来精确称量试样或基准物的容器。称量瓶的优点是质量轻，可以直接在天平上称量，并有磨口塞，可以防止瓶中的试样吸收空气中的水分。使用称量瓶时，不能直接用手拿取，因为手的温度高而且有汗，会使称量结果不准确，因此拿取称量瓶时，应该用洁净的纸条将其套住，再用手捏住纸条。

⑨ 干燥器　以口径（cm）大小表示。用来干燥或保存干燥物品。器内放置一块有

图 2-2　化学实验其他常用仪器

圆孔的瓷板将其分成上、下两室。下室放干燥剂，上室放待干燥物品。装干燥剂时，可用一张稍大的纸折成喇叭形，大口向上，插入干燥器底，从中倒入干燥剂，可使干燥器壁免受沾污。干燥剂装到下室的一半即可，太多容易沾污干燥物品。干燥剂一般可用变色硅胶，当蓝色的硅胶变成红色（钴盐的水合物）时，应将硅胶重新烘干。常用干燥剂见表 2-1。

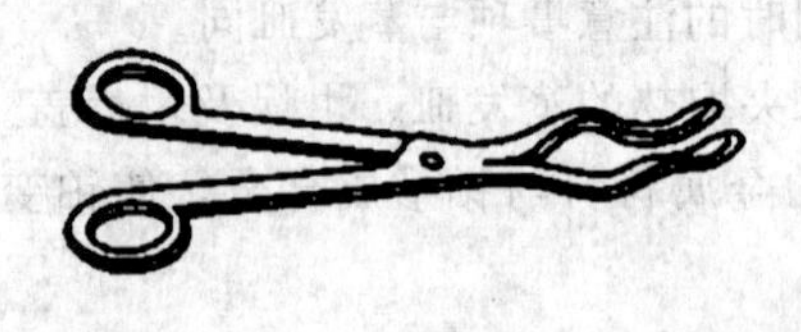

图 2-3　坩埚钳

干燥器的沿口和盖沿均为磨砂平面，用时涂敷一薄层凡士林以增加其密闭性。开启或关闭干燥器时，用左手向右抵住干燥器身，右手握盖的圆把手向左平推盖［图 2-4(a)］，取下的盖子应盖里朝上放在实验台上。

灼热的物体放入干燥器前，应先在空气中冷却 30～60s。放入干燥器后，为防止干燥器内空气膨胀将盖子顶落，反复将盖子推开一道细缝，让热空气逸出，直至不再有热空气排出时再盖严盖子。

表 2-1 常用干燥剂

干燥剂	298K 时，1L 干燥后的空气中残留的水分 $m(H_2O)$/mg	再生方法
$CaCl_2$(无水)	0.14～0.25	烘干
CaO	3×10^{-3}	烘干
NaOH(熔融)	0.16	熔融
MgO	8×10^{-3}	再生困难
$CaSO_4$(无水)	5×10^{-3}	于 503～523K 加热
H_2SO_4(95%～100%)	3×10^{-3}～0.30	蒸发浓缩
$Mg(ClO_4)_2$(无水)	5×10^{-4}	减压下，于 493K 加热
P_2O_5	$<2.5\times10^{-5}$	不能再生
硅胶	约 1×10^{-3}	于 383K 烘干

(a) 干燥器的开启和关闭

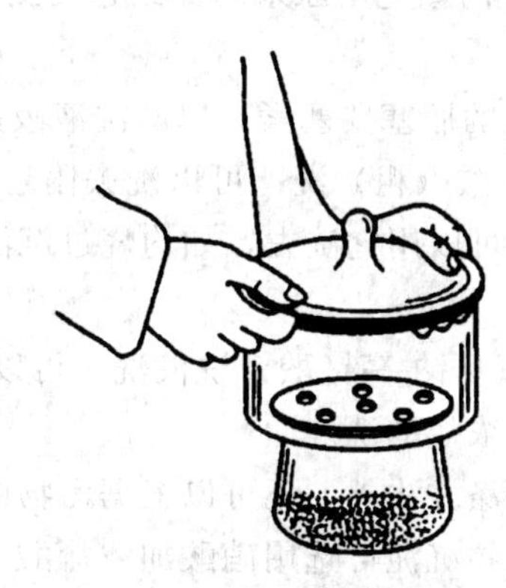
(b) 干燥器的搬移

图 2-4 干燥器的使用

搬移干燥器时，务必用双手抓紧干燥器和盖子的沿口［图 2-4(b)］，绝对禁止用单手捧其下部，以防盖子滑落打碎。

应当注意，干燥器内并非绝对干燥，这是因为各种干燥剂均具有一定的蒸气压。灼烧后的坩埚或沉淀若在干燥器内放置过久，则会由于吸收了干燥器内空气中的水分而使质量略有增加，应严格控制坩埚在干燥器内的冷却时间。

此外，干燥器不能用来保存潮湿的器皿或沉淀。

2.2 玻璃仪器的洗涤和干燥

2.2.1 常用玻璃仪器洗涤

化学实验中经常使用玻璃仪器和瓷器，常常由于污物和杂质的存在，而得不出正确的结果，因此必须注意仪器的清洁。

玻璃仪器的洗涤方法很多，应根据实验的要求、污物的性质、沾污程度来选用，常用的洗涤方法如下：

① 用水洗 用毛刷刷洗（从外到里），除去仪器上的尘土、其他不溶性杂质和可溶性杂质。

② 用去污粉、肥皂或合成洗涤剂（洗衣粉）洗　用蘸有肥皂粉或洗涤剂的毛刷擦拭，再用自来水冲洗干净，可除去油污和有机物质。若油污和有机物仍洗不干净，可用热的碱液洗。

③ 用铬酸洗液（简称洗液）洗　在进行精确的定量实验时，对仪器的洁净程度要求高，所用仪器形状特殊（如容量瓶、移液管、滴定管等），这时用洗液洗。

洗液具有强酸性、强氧化性，能把仪器洗干净，但对衣服、皮肤、桌面、橡皮等的腐蚀性也很强，使用时要特别小心。由于 Cr(Ⅵ) 有毒，故洗液尽量少用，在本书的实验中，只用于容量瓶、吸管、滴定管、比色管、称量瓶的洗涤。

洗液使用时应注意：

a. 器皿不宜有水，以免洗液被冲稀而失效，洗液可以反复使用，用后即倒回原瓶内。

b. 当洗液的颜色由原来的深红色变为绿色，即重铬酸钾被还原为硫酸铬时，洗液即失效而不能使用。

c. 洗液瓶的瓶塞要塞紧，以防洗液吸水而失效。

④ 用浓盐酸（粗）洗　可以洗去附着在器壁上的氧化剂，如二氧化锰。大多数不溶于水的无机物都可以用它洗去，如灼烧过沉淀物的瓷坩埚，可先用热盐酸（1+1）洗涤，再用洗液洗。

⑤ 用氢氧化钠-高锰酸钾洗液洗　可以洗去油污和有机物，洗后在器壁上留下的二氧化锰沉淀可再用浓盐酸洗。

除以上洗涤方法外，还可以根据污物的性质选用适当试剂。如 AgCl 沉淀，可以选用氨水洗涤；硫化物沉淀可选用硝酸加浓盐酸洗涤。

用以上各种方法洗涤后，经自来水冲洗干净的仪器上往往还留有 Ca^{2+}、Mg^{2+}、Cl^- 等离子。如果实验中不允许这些离子存在，应该再用蒸馏水把它们洗去。使用蒸馏水的目的只是为了洗去附在仪器壁上的自来水，所以应尽量少用，符合少量（每次用量少）、多次（一般洗 3 次）的原则。

洗净的仪器壁上不应附着不溶物、油污，这样的仪器可被水完全湿润。把仪器倒转过来，水即顺器壁流下，器壁上只留下一层既薄又均匀的水膜，不挂水珠，这表示仪器已经洗干净。已洗净的仪器不能再用布或纸抹擦，因为布和纸的纤维会留在器壁上弄脏仪器。

在定性、定量实验中，由于杂质的引进会影响实验的准确性，对仪器洁净程度的要求较高。但有些情况下，如一般的无机制备、性质实验或者药品本身很脏，这时对仪器洁净程度的要求不高，仪器只要刷洗干净，不必要求不挂水珠，也不必用蒸馏水荡洗。工作中应根据实际情况决定洗涤的程度。

2.2.2　常用洗涤剂的配制

① 铬酸洗涤液　将 4g 粗重铬酸钾研细，溶解在 100mL 温热的浓硫酸中即成。

② 氢氧化钠-高锰酸钾洗涤液　将 4g 粗高锰酸钾溶于少量水中，再加入 100mL 10％氢氧化钠溶液即成。

2.2.3　玻璃仪器的干燥

实验时所用的仪器，除必须洗净外，有时还要求干燥。干燥的方法有以下几种。

① 倒置自然晾干　将洗净的仪器倒置在干净的仪器架上或仪器柜内自然晾干。

② 热（或冷）风吹干　仪器如急需干燥，则可用吹风机吹干。对一些不能受热的容量器皿可用冷吹风干燥，如果吹风前用乙醇、乙醚、丙酮等易挥发的水溶性有机溶剂冲洗一下，则干得更快。

③ 加热烘干　洗净的仪器可放在烘箱内烘干。烘干温度一般控制在105℃左右，仪器放进烘箱前应尽量把水倒净。能加热的仪器如烧杯、试管也可直接用小火加热烘干。加热前，要把仪器外壁的水擦干，加热时，仪器口要略向下倾斜。

④ 气流烘干　将洗净的仪器倒置在气流烘干器上烘干。

注意：带有刻度的计量仪器，不能用加热的方法进行干燥，因加热会影响这些仪器的准确度。

2.3 实验室用纯水

2.3.1 实验室用水的规格

我国已建立了实验室用水规格的国家标准（GB 6682—2008），规定了实验室用水的技术指标、制备方法及检验方法（表2-2）。

表2-2　实验室用水的级别及主要指标

指标名称		一级	二级	三级
pH范围(298K)		—	—	5.0～7.5
电导率(298K)/$mS\cdot m^{-1}$	≤	0.01	0.10	0.50
吸光度(254nm,1cm光程)	≤	0.001	0.01	—
二氧化硅含量/$mg\cdot L^{-1}$	≤	0.01	0.02	—

注：1. 由于高纯水的pH值难以测定，即使测得其pH值也往往失去真实性，因此，不规定一级水和二级水的pH值。

2. 在测定一级水和二级水的电导率时，必须用新制备的水，同时要求“在线”测定。因为水一经储存，容器中可溶成分的溶解，或由于吸收空气中的二氧化碳以及其他杂质会引起电导率的改变。

实际工作中，要根据具体工作的不同要求选用不同等级的水。对有特殊要求的实验室用水，要根据需要检验有关项目，如氧、铁、氨、二氧化碳含量等。

2.3.2 纯水的制备

① 蒸馏水　将自来水在蒸馏装置中加热汽化，再将蒸汽冷却，即得到蒸馏水。蒸馏能除去水中的非挥发性杂质，比较纯净，但不能完全除去水中溶解的气体杂质。此外，一般蒸馏装置所用材料是不锈钢、纯铝或玻璃，所以可能会带入金属离子。

② 去离子水　将自来水依次通过阳离子树脂交换柱，阴离子树脂交换柱，阴、阳离子树脂混合交换柱后所得的水。离子树脂交换柱除去离子的效果好，故称去离子水，其纯度比蒸馏水高。但不能除去非离子型杂质，常含有微量的有机物。

③ 电导水　在第一套蒸馏器（最好是石英制的，其次是硬质玻璃）中装入蒸馏水，加入少量高锰酸钾固体，经蒸馏除去水中的有机物，得重蒸馏水。再将重蒸馏水注入第二套蒸

馏器中（最好也是石英制的），加入少许硫酸钡和硫酸氢钾固体，进行蒸馏。弃去馏头、馏后各 10mL，收取中间馏分。电导水应收集保存在带有碱石灰吸收管的硬质玻璃瓶内，时间不能太长，一般在两周以内。

④ 三级水　采用蒸馏或离子交换来制备。

⑤ 二级水　将三级水再次蒸馏后制得，会含有微量的无机、有机或胶态杂质。

⑥ 一级水　将二级水经进一步处理后制得。如将二级水用石英蒸馏器再次蒸馏，基本上不含有无机物、有机物或胶态离子杂质。

2.3.3　水纯度的检验

由表 2-3 可知纯水质量的主要指标是电导率，因此，可选用适于测定高纯水的电导率仪（最小量程为 $0.02\mu S \cdot cm^{-1}$）来测定。测定时，用烧杯接取 300mL 水样，立即测定。如测定用的电导率仪无温度补偿功能，则应同时测定水温，并根据式(2-1) 换算成 298K 时的电导率，以便于和规定指标（298K 的电导率）对比，确定水的纯度。

$$\kappa_{298}=\alpha(\kappa_t-\kappa_p)+5.48\times10^{-3} \tag{2-1}$$

式中　κ_{298}——298K 时水样的电导率，$mS \cdot m^{-1}$；

κ_t——实测温度（K）时测得水样的电导率，$mS \cdot m^{-1}$；

κ_p——实测温度（K）时理论纯水的电导率，$mS \cdot m^{-1}$；

α——实测温度（K）时的换算因数。

κ_p 和 α 值列在表 2-3 中。

表 2-3　理论纯水的电导率（κ_p）及电导率的换算因数（α）

T/K	α	κ_p/$mS \cdot m^{-1}$	T/K	α	κ_p/$mS \cdot m^{-1}$
273.2	1.873	1.11×10^{-3}	293.2	1.111	4.14×10^{-3}
278.2	1.625	1.60×10^{-3}	298.2	1.000	5.48×10^{-3}
283.2	1.413	2.24×10^{-3}	303.2	0.903	7.10×10^{-3}
288.2	1.250	3.08×10^{-3}	308.2	0.822	9.08×10^{-3}

也可根据具体实验的需要测定纯水的某些杂质含量。如在配位滴定中，对水质有特殊的要求，即对 Mg^{2+}、Ca^{2+}、Pb^{2+} 等能与 EDTA 反应的离子，能封闭铬黑 T 指示剂的 Cu^{2+}、Al^{3+}、Fe^{3+} 等的含量有一定的要求。常用下述方法检查：在 50mL 水中，加 1mL pH＝10 的 $NH_3 \cdot H_2O$- NH_4Cl 缓冲溶液，加 1 滴 0.5％铬黑 T 指示剂，如溶液为蓝色，可认为此纯水符合配位滴定的要求。若为红色或紫色，说明溶液中含有金属离子。为了进一步判断它们是什么离子，来源于纯水还是缓冲溶液，可在该溶液中滴加 $0.01mol \cdot L^{-1}$ EDTA 溶液，如溶液颜色变化不明显，或不能转变为蓝色，说明可能有封闭铬黑 T 的 Cu^{2+}、Al^{3+}、Fe^{3+} 等存在。若这些离子确系来自纯水中，则该水不适用。如只要 1 滴或几滴 EDTA 溶液即变蓝，说明可能存在 Mg^{2+}、Ca^{2+}、Pb^{2+} 等。这时可继续加水 50mL，如溶液又变红，则判断 Mg^{2+}、Ca^{2+}、Pb^{2+} 等来自纯水中。再继续滴加 $0.01mol \cdot L^{-1}$ EDTA 溶液至刚变蓝色，加入 5mL pH＝10 的氨性缓冲溶液，若溶液再变红，说明干扰离子来自缓冲溶液。使用这种水时，可根据实际情况和分析要求，考虑是否要做空白校正。

2.3.4　水的硬度

水的硬度主要是指水中可溶性的钙盐和镁盐含量。含这两种盐量多的为硬水，含量少的为软水。可测定钙盐和镁盐的含量，或分别测定钙、镁的含量，前者称总硬度的测定，后者是钙、镁硬度的测定。

（1）硬度的表示单位

① 德国硬度　1德国硬度（1°DH）相当于氧化钙含量为10mg·L^{-1}，或氧化钙浓度为0.178mmol·L^{-1}时所引起的硬度。

② 英国硬度　1英国硬度（1°clark）相当于碳酸钙含量为14.3mg·L^{-1}，或是碳酸钙浓度为0.143mmol·L^{-1}时所引起的硬度。

③ 法国硬度　1法国硬度（1°degreef）相当于碳酸钙含量为10mg·L^{-1}，或是碳酸钙浓度为0.1mmol·L^{-1}时所引起的硬度。

④ 美国硬度　1美国硬度（ppm）相当于碳酸钙含量为1mg·L^{-1}，或是碳酸钙浓度是0.01mmol·L^{-1}时所引起的硬度。

日本硬度与美国相同，我国硬度与德国一致，所以有时也称德国度。各国硬度之间的换算列在表2-4中。

表2-4　硬度值换算表

国别	单位	mmol·L^{-1}	德国 °DH	英国 °clark	法国 °degreef	美国 ppm
德国	mmol·L^{-1}	1	5.16	6.99	10	100
	°DH	0.178	1	1.25	1.78	17.8
英国	clark	0.143	0.80	1	1.43	14.3
法国	degreef	0.1	0.56	0.70	1	10
美国	ppm	0.01	0.056	0.070	0.1	1

（2）软、硬水的分类标准

按德国度可分为五种主要类型，见表2-5。

表2-5　水的硬度按德国度可分为五种主要类型　　单位：°DH

极软水	软水	微硬水	硬水	极硬水
0～4	4～8	8～16	16～30	>30

生活用水要求硬度不超过25°DH。

2.3.5 纯水的合理使用

不同的化学实验，对水的质量要求也不同，应根据实验要求，选用适当级别的水。在使用时，还应注意节约，因为纯水来之不易。

在本书的实验中，无机制备实验则根据实验要求与过程，决定在哪些步骤之前用自来水，哪些步骤后用蒸馏水；在化学分析、常数测定、定性分析等实验中都用蒸馏水。如对纯水有特殊要求的，会在实验中注明。

为了使实验室使用的蒸馏水保持纯净，蒸馏水瓶要随时加塞，专用虹吸管内外都应保持干净。用洗瓶装取蒸馏水时，不要取出洗瓶的塞子和吸管，蒸馏水瓶上的虹吸管也不要插入洗瓶内。为了防止污染，在蒸馏水瓶附近不要存放浓盐酸、氨水等易挥发的试剂。

2.4 化学试剂

2.4.1 化学试剂的级别

试剂的纯度对实验结果准确度的影响很大，不同的实验对试剂纯度的要求也不相同，因此，必须了解试剂的分类标准。化学试剂按杂质含量的多少，分为若干等级。表 2-6 是我国化学试剂等级标志与某些国家的化学试剂等级标志的对照表。

表 2-6 化学试剂等级对照表

<table>
<tr><td rowspan="5">我国化学试剂等级标志</td><td>级别</td><td>一级品</td><td>二级品</td><td>三级品</td><td>四级品</td><td>五级品</td></tr>
<tr><td rowspan="2">中文标志</td><td>保证试剂</td><td>分析试剂</td><td>化学纯</td><td>化学用</td><td rowspan="2">生物试剂</td></tr>
<tr><td>优级纯</td><td>分析纯</td><td>纯</td><td>实验试剂</td></tr>
<tr><td>符号</td><td>G. R</td><td>A. R.</td><td>C. P.</td><td>L. R.</td><td>B. R. ,C. R.</td></tr>
<tr><td>标签颜色</td><td>绿</td><td>红</td><td>蓝</td><td>棕色等</td><td>黄色等</td></tr>
<tr><td colspan="2">德、美、英等国通用等级和符号</td><td>G. R.</td><td>A. R.</td><td>C. P.</td><td></td><td></td></tr>
</table>

实验中应该根据节约的原则，按实验要求，分别选用不同规格的试剂。因同一化学试剂往往由于规格不同，价格差别很大。不要认为试剂越纯越好，超越具体实验条件去选用高纯试剂，会造成浪费。

固体试剂装在广口瓶内，液体试剂则盛在细口瓶或滴瓶内，见光易分解的试剂（如硝酸银）应放在棕色瓶内，盛碱液的细口瓶用橡皮塞。每一个试剂瓶上都贴有标签，标明试剂的名称、浓度和纯度等。

2.4.2 试剂的取用

（1）液体试剂

从细口试剂瓶取用试剂的方法：取出瓶盖倒放在桌上（为什么?），右手握住瓶子，使试剂瓶标签握在手心里，以瓶口靠住容器壁，缓缓倾出所需液体，让液体沿着器壁往下流。见图 2-5。若所用容器为烧杯，则倾注液体时可用玻棒引入。用完后，即将瓶盖盖上。

加入反应容器中的所有液体的总量不能超过总容量的 2/3，如用试管不能超过总容量的 1/2。

取用滴瓶中的试剂时，要用滴瓶中的滴管，不能用别的滴管。滴管必须保持垂直，避免倾斜，尤忌倒立，否则试剂会流入橡皮头内而弄脏［图 2-6(a)为正确操作、(b)为不正确操作］。滴管的尖端不可接触承接容器的内壁，更不能插到其他溶液里，也不能把滴管放在原滴瓶以外的任何地方，以免杂质沾污。

（2）固体试剂的取用

取用试剂必须遵守两个原则：不弄脏试剂和节约。

固体试剂通常用药匙取用。药匙的两端为大小两个匙，取大量固体时用大匙，取少量固体时用小匙（取用的固体要加入试管中时，必须用小匙）。试剂不能用手接触，试剂瓶盖绝不能张冠李戴。使用的药匙，必须保持干燥而清洁。试剂取用后，应立即盖紧瓶塞。

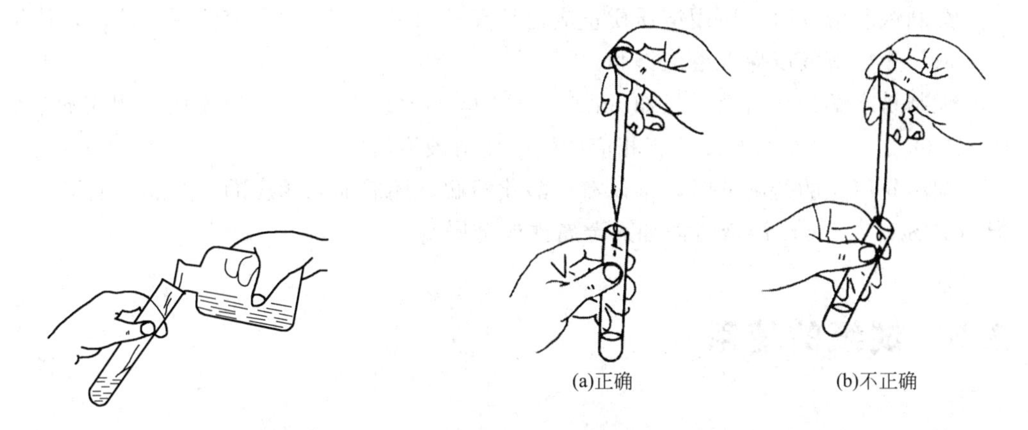

图 2-5　往试管中倒入液体试剂

图 2-6　往试管中滴加液体试剂

称量固体试剂时，必须把固体试剂放在干净的纸上或表面皿上。对腐蚀性或易潮解的固体，则应在表面皿或小烧杯内称量。取出的试剂量尽可能不要超过规定量，多取的药品不可倒回原试剂瓶。

2.4.3　试剂的保管

试剂的保管在实验室中是一项很重要的工作。保管不当，会失效变质，影响实验效果，而且造成试剂的浪费，有时甚至还会引起事故。一般的化学试剂应保存在通风良好、清洁干燥的房间内，以防止水分、灰尘和其他物质的沾污。同时应根据试剂的性质不同而采用不同的保管方法。

① 见光易分解的试剂，如硝酸银、高锰酸钾等；与空气接触易氧化的试剂，如氯化亚锡、硫酸亚铁等；易挥发的试剂，如氨水、乙醇等都应储于棕色瓶中，并放在阴暗处。

② 容易侵蚀玻璃的试剂，如氢氟酸、含氟盐、氢氧化钠等应保存在塑料瓶内。

③ 吸水性强的试剂，如无水碳酸钠、氢氧化钠等试剂瓶口应严格密封。

④ 易相互作用的试剂，如挥发性的酸和氨、氧化剂和还原剂应分开存放。易燃和易爆的试剂，如苯、乙醚、丙酮等应储存于阴凉通风、不受阳光直射的地方。

⑤ 剧毒试剂，如氰化钾、三氧化二砷（砒霜）、升汞等，应特别注意由专人妥善保管，取用时应严格做好记录，以免发生事故。

⑥ 易制毒、易制爆试剂，如盐酸、硫酸、硝酸、过氧化氢等，使用时应严格做好记录，用完后及时交还保管人员，以免流出实验室。

2.4.4　试剂的配制

试剂配制一般是指把固态的试剂溶于水配制成溶液，或把液态试剂（浓溶液）加水稀释为所需的稀溶液。

一般溶液的配制方法如下。

配制溶液时先算出所需的固体试剂的用量，称取后置于容器中，加少量水，搅拌溶解。必要时可加热促使溶解，再加水至所需的体积，混合均匀，即得所配制的溶液。

用液态试剂（或浓溶液）稀释时，先根据试剂或浓溶液的密度或是浓度算出所需液体的体积，量取后加入所需的水混合均匀即成。

配制饱和溶液时，所用溶质质量应比计算量稍多，加热使之溶解后，冷却，待结晶析出后，取用上层清液以保证溶液饱和。

配制易水解的盐溶液时［如 $SnCl_2$、$SbCl_3$、$Bi(NO)_3$ 等］，应先加入相应的浓酸（HCl 或 HNO_3），以抑制水解或溶于相应的酸中使溶液澄清。

配制易氧化的盐溶液时，不仅需要酸化溶解，还需加入相应的纯金属，使溶液稳定。如配制 $FeSO_4$、$SnCl_2$ 溶液时需加入金属铁或金属锡。

2.5 试纸的使用

在实验室里经常使用某些试纸定性试验一些溶液的性质或某些物质的存在。试纸的特点是制作简易，使用方便，反应快速。各种试纸都应当密封保存，防止被实验室里的气体或其他物质污染而变质、失效。

2.5.1 试纸的种类

① 石蕊试纸和酚酞试纸　石蕊试纸有红色和蓝色两种。石蕊试纸、酚酞试纸用来定性检验溶液的酸碱性。

② pH 试纸　pH 试纸包括广泛 pH 试纸和精密 pH 试纸两类，用来检验溶液的 pH 值。广泛 pH 试纸的变色范围是 pH＝1～14，它只能粗略地估计溶液的 pH 值。精密 pH 试纸可以较精确地估计溶液的 pH 值，根据其变色范围可分为多种。如 pH 值变色范围为 0.5～5.0，3.8～5.4，5.4～7.0，8.2～10.0，9.5～13.0 等。根据待测溶液的酸碱性，可选用某一变色范围的试纸。

③ 淀粉-碘化钾试纸　用来定性检验氧化性气体，如 Cl_2、Br_2 等。当氧化性气体遇到湿的试纸后，则将试纸上的 I^- 氧化成 I_2，I_2 立即与试纸上的淀粉作用变成蓝色：

$$2I^- + Cl_2 \longequal 2Cl^- + I_2$$

如气体氧化性强，而且浓度大时，还可以进一步将 I_2 氧化成无色的 IO_3^-，使蓝色褪去：

$$I_2 + 5Cl_2 + 6H_2O \longequal 2HIO_3 + 10HCl$$

可见，使用时必须仔细观察试纸颜色的变化，否则会得出错误的结论。

④ 醋酸铅试纸　用来定性检验硫化氢气体。当含有 S^{2-} 的溶液被酸化时，逸出的硫化氢气体遇到试纸后，即与纸上的醋酸铅反应，生成黑色的硫化铅沉淀，使试纸呈褐黑色，并有金属光泽。

$$Pb(Ac)_2 + H_2S \longequal PbS\downarrow + 2HAc$$

当溶液中 S^{2-} 浓度较小时，则不易检出。

2.5.2 试纸的使用

① 石蕊试纸和酚酞试纸　用镊子取小块试纸放在洁净、干燥的表面皿边缘或滴板上，用玻棒将待测溶液搅拌均匀，然后用玻棒末端蘸少许溶液接触试纸，观察试纸颜色的变化，确定溶液的酸碱性。红色石蕊试纸对碱性溶液呈蓝色，蓝色石蕊试纸对酸性溶液呈红色。切勿将试纸浸入溶液中，以免弄脏溶液。

② pH 试纸用法同石蕊试纸，待试纸变色后，与标准色板比较，确定溶液的 pH 值。

③ 淀粉-碘化钾试纸和醋酸铅试纸　将小块试纸用蒸馏水润湿后放在试管口，须注意不要使试纸直接接触溶液。

使用试纸时，要注意节约，要把试纸剪成小块。用后的试纸丢入垃圾桶内，不能丢在水槽内。

2.5.3　试纸的制备

① 酚酞试纸（白色）　溶解 1g 酚酞在 100mL 乙醇中，振摇后，加入 100mL 蒸馏水，将滤纸浸渍后，放在无氨蒸气处晾干。

② 淀粉-碘化钾试纸（白色）　把 3g 淀粉和 25mL 水搅和，倾入 225mL 沸水中，加入 1g 碘化钾和 1g 无水碳酸钠，再用水稀至 500mL，将滤纸浸泡后，放在无氧化性气体处晾干。

③ 醋酸铅试纸（白色）　将滤纸浸入 3%醋酸铅溶液中浸渍后，放在无硫化氢气体处晾干。

注意：有时对上述试纸使用不多或急用时，可在干净的滤纸条上滴上某种试剂后即可使用。例如，滤纸条上滴上一滴淀粉溶液和一滴碘化钾溶液即成淀粉-碘化钾试纸；滤纸条上滴上醋酸铅溶液即成醋酸铅试纸。

2.6　加热与冷却

2.6.1　加热装置

实验室一般利用火焰或电加热器实现加热。

酒精灯是实验室最常用的火焰加热装置，如图 2-7 所示，酒精灯由灯罩、灯芯和灯壶三部分组成。酒精灯在使用时应检查并修整不齐或烧焦的灯芯，然后添加酒精，即应在灯熄灭的情况下，牵出灯芯，借助漏斗将酒精注入，最多加入量为灯壶容积的三分之二。酒精灯要用火柴等点燃，绝不能用另一个燃着的酒精灯来点燃，否则易将灯内酒精洒出，引起火灾。熄灭灯焰时，要将灯罩盖上，而不能用嘴去吹灭。火焰熄灭片刻后，应将灯罩再打开一次，以免冷却后盖内负压使以后打开困难。

酒精灯的加热温度一般在 400～500℃，适用于温度不需太高的实验。酒精灯的火甲层：

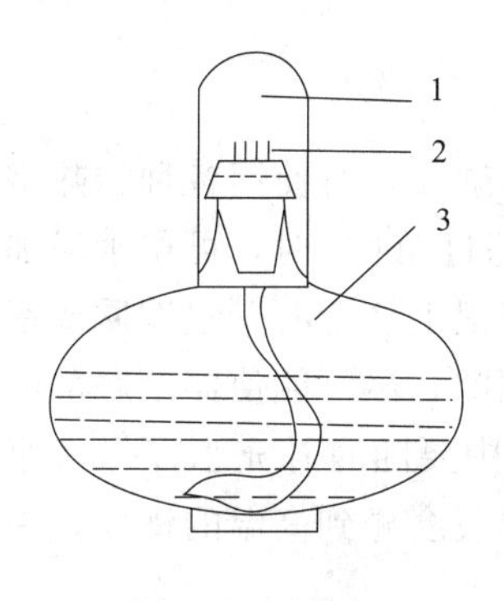

图 2-7　酒精灯

1—灯帽；2—灯芯；3—灯壶

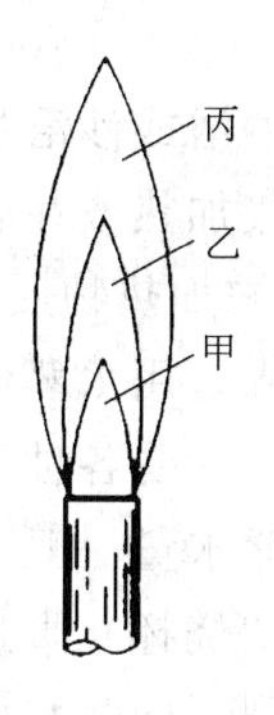

图 2-8　火焰温度

焰分为三个锥形区域，见图 2-8。酒精蒸气与空气混合并未燃烧，温度最低，为焰心。乙层：不完全燃烧，火焰为淡蓝色，温度较高，为还原焰。丙层：完全燃烧，火焰为淡紫色，温度最高，为氧化焰。

根据需要，实验室还常常用电炉、电加热套、管式炉和箱形电炉（旧称马弗炉）进行加热。它们都是通过电热丝而产生热量。针对加热物的不同要求，可选用不同功率、不同形式的电热炉。

用电炉时，需在加热容器和电炉间垫一块石棉网，使加热均匀。

管式电炉有一管状炉膛，最高温度可达 1223K，加热温度可调节，炉膛中插入一根瓷管或石英管，管内放入盛有反应物的反应舟，反应物可在空气或其他气氛中受热反应。

马弗炉有一个长方形的炉膛，打开炉门就能放入要加热的器皿。最高温度可达 1223～1573K。

管式炉和马弗炉需用高温计测温，它由一副热电偶和一只毫伏表组成。

微波炉作为一种新型的加热工具已被引入化学实验室。微波是一种高频率的电磁波，它的工作原理和加热完全不同于常见的明火加热或电加热（详见说明书）。

2.6.2 加热方法

（1）直接加热

① 直接加热液体　适用于在较高温度下不分解的溶液或纯液体。

少量的液体可装在试管中加热，用试管夹夹住试管的中上部（不能用手拿，以免烫伤），试管口向上，微微倾斜，管口不能对着自己和其他人，以免溶液沸腾时溅出伤人。管内所装液体的量不能超过试管高度的 1/3。加热时，先加热液体的中上部，再慢慢往下移动，然后不时地上下移动，使溶液受热均匀。不能集中加热某一部分，否则会引起暴沸。如需要加热的液体较多，则可放在烧杯或其他器皿中。

② 直接加热固体　少量固体药品可装在试管中加热，加热方法与直接加热液体的方法稍有不同，此时**试管口应向下倾斜，以避免冷凝在管口的水珠倒流到试管的灼烧处而导致试管炸裂。**

较多固体的加热，应在蒸发皿中进行。先用小火预热，再慢慢加大火焰，但火也不能太大，以免溅出，造成损失，要充分搅拌，使固体受热均匀。需高温灼烧时，则把固体放在坩埚中直至坩埚红热，维持一段时间后停止加热。稍冷，用预热过的坩埚钳将坩埚夹持到干燥器中冷却。

（2）水浴、油浴或沙浴加热

为了消除直接加热或在石棉网上加热容易发生过热等缺点，可使用各种加热浴。

① 水浴　当被加热物质要求受热均匀而温度又不能超过 100℃时，可用水浴加热。若把水浴锅中的水煮沸，用水蒸气来加热，即成蒸汽浴。水浴锅上放置有一组铜质或铝质的大小不等的同心圈，以承受各种器皿。根据器皿的大小选用铜圈，尽可能使器皿底部的受热面积最大。水浴锅中盛水量一般不超过容量的 2/3，加热过程中要随时补充水以保持原体积。不能把加热器具（如烧杯）直接放在水浴中加热，这样器具底会碰到高温的锅底，由于受热不均匀而使器具破裂，同时水多时也容易翻掉。

实验中也可选用大小合适的烧杯代替水浴锅。

小试管中的溶液最好在微沸水浴中加热。因直接加热易将少量的溶液溅出，同时小试管也易破裂。在蒸发皿中蒸发、浓缩时，也可以在水浴中进行，这样比较安全。

② 沙浴和油浴　当被加热物质要求受热均匀，而温度又需要高于100℃时，可用沙浴或油浴。

沙浴是将细沙均匀地铺在一只铁盘内，被加热的器皿放在沙上，底部插入沙中，用电炉加热铁盘。

用油代替水浴中的水即是油浴。常用的油有甘油（甘油浴用于150℃以下的加热）、液体石蜡（液体石蜡浴用于200℃以下的加热）等。使用油浴要小心，防止着火。当油的冒烟情况严重时，应立即停止加热。油浴中应悬挂温度计，以便随时调节灯焰控制温度。

2.6.3　冷却方法

① 流水冷却　需冷却到室温的溶液，可用此法（也可在室温中自然冷却）。将需冷却的物品直接用流动的自来水冷却。

② 冰水冷却　将需冷却的物品直接放在冰水中。

③ 冰盐浴冷却　冰盐浴由容器和冷却剂（冰盐或水盐混合物）组成，可冷至0℃（273K）以下。所能达到的温度由冰盐的比例和盐的品种决定（具体可查相关手册），干冰和有机溶剂混合时，其温度更低。为了保持冰盐浴的效率，要选择绝热较好的容器，如杜瓦瓶等。

倾析法

2.7　固、液分离及沉淀的洗涤

常用的分离方法有三种：倾析法、过滤法和离心分离法三种。

2.7.1　倾析法

当沉淀的结晶颗粒较大或相对密度较大，静置后容易沉降至容器底部的，可用此法分离。倾析法操作见图2-9，操作时将静置后沉淀上层的清液沿玻棒倾入另一容器内，即可使沉淀和溶液分离。

若沉淀物需要洗涤，可采用“倾析法洗涤”，即向倾去清液的沉淀中加入少量洗涤液（一般为蒸馏水），用玻棒充分搅动，然后将沉淀静置、沉降，用上述方法将清液倾出。再向沉淀中加洗涤液洗涤，如此重复数次，即可洗净沉淀。

2.7.2　过滤法

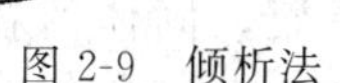
图2-9　倾析法

过滤法是固、液分离最常用的方法。过滤时，沉淀留在过滤器上，而溶液通过过滤器进入接收器中。过滤出来的溶液称为滤液。溶液的温度、黏度、过滤时的压力和沉淀的状态都会影响过滤速度。热的溶液比冷的溶液容易过滤，溶液的黏度越大，过滤越慢；减压过滤比常压过滤快。沉淀呈胶体时，应先加热一段时间将其破坏，否则会穿透滤纸。总之，要考虑各种因素，选择不同的过滤方法。

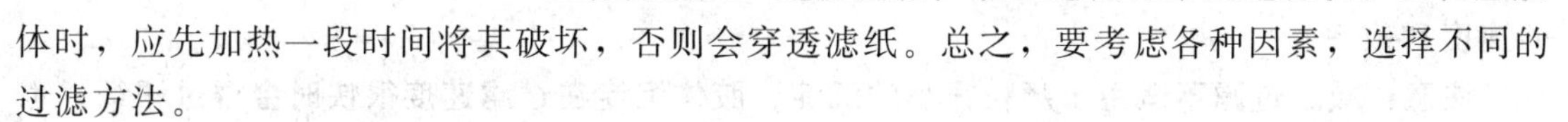

常用的过滤方法有：常压过滤、减压过滤和热过滤。

(1) 常压过滤

此法最为简便。过滤前先将滤纸对折两次（暂不压紧），并展开成圆锥形（一边三层，另一边一层），如图 2-10 放入预先洗净的玻璃漏斗中。若滤纸圆锥体与漏斗不密合，可改变滤纸折叠的角度，直到与漏斗密合为止（这时可把滤纸压紧，但不能用手指在纸上抹，可轻轻压住，以免滤纸破裂造成沉淀穿滤）。为了使滤纸三层的那边能紧贴漏斗，常把这三层的外面两层撕去一角（撕下来的滤纸角保存起来，以备需要时擦拭沾在烧杯口外或漏斗壁上少量残留的沉淀用）。用手指按住滤纸中三层的一边，以少量的水润湿滤纸，使它紧贴在漏斗壁上。轻压滤纸，赶走气泡（切勿上下搓揉，湿滤纸极易破损!）。加水至近滤纸边缘，使之形成水柱（即漏斗颈中充满水）。若不能形成完整的水柱，可一边用手指堵住漏斗下口，一边稍掀起三层那一边的滤纸，用洗瓶在滤纸和漏斗之间加水，使漏斗颈和锥体的大部分被水充满，然后一边轻轻按下掀起的滤纸，一边断续放开堵在出口处的手指，即可形成水柱。

常压过滤和减压过滤

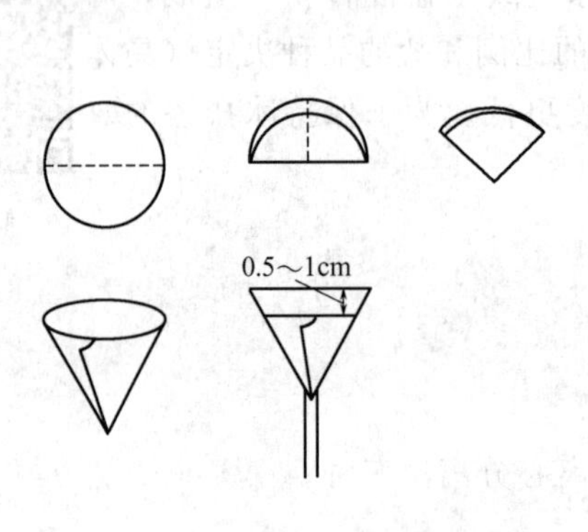

图 2-10　滤纸的折叠和安放

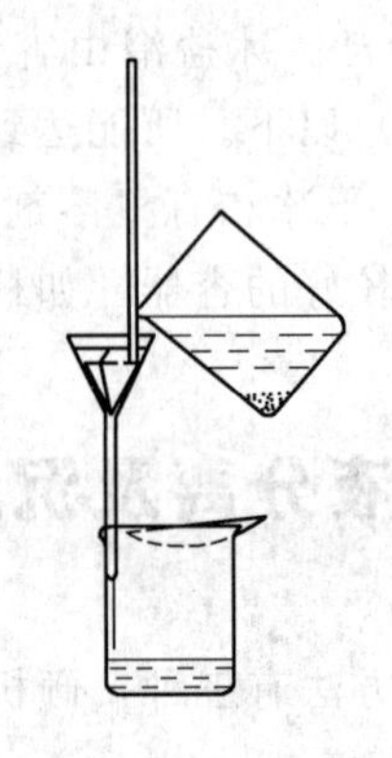
图 2-11　常压过滤图

过滤时，将贴有滤纸的漏斗放在漏斗架上，并调节漏斗架高度使漏斗颈末端紧贴接收器内壁，将溶（料）液沿玻棒靠近三层滤纸（但不要碰到滤纸），一边缓缓转移到漏斗中（其液面应低于滤纸边缘 1cm）。转移完毕后用少量蒸馏水洗涤烧杯和玻棒，洗液也移入漏斗中，最后用少量蒸馏水冲洗滤纸和沉淀（见图 2-11）。

为了加速过滤，一般都采用“倾析过滤法”。即先转移清液，再转移沉淀物，最后洗涤沉淀 2～3 次。倾析法的主要优点是过滤开始时，不致因沉淀堵塞滤纸而减缓过滤速度，而且在烧杯中初步洗涤沉淀可提高洗涤效果。

(2) 减压过滤（吸滤或抽滤）

减压抽滤也叫真空抽滤或加速过滤。简单地说就是利用水压真空抽气管（亦称水泵）或真空泵、微型真空泵等能提供真空的设备，使抽滤瓶中的压力降低，达到固液分离的目的。其做法就是将欲分离的固体、液体混合物倒进布氏漏斗（内有滤纸或过滤膜），液体成分在外界大气压和真空泵抽气口负压的压差作用下被抽进吸滤瓶，固体留在滤纸上方，从而达到固、液分离的目的。采用真空泵进行减压抽滤，可以大大加快固、液分离的速度和效率。

注意：减压过滤不适用于颗粒很小的沉淀；胶体沉淀在过滤速度很快时会透过滤纸，也

不能减压过滤。

吸滤装置如图 2-12 所示：它由吸滤瓶、布氏漏斗（必要时要在吸滤瓶和水泵之间装一安全瓶，以防水泵中的水发生外溢而倒灌入吸滤瓶中）和水压真空抽气管（水泵）组成。水泵一般装在实验室中的自来水龙头上（亦可使用真空泵）。

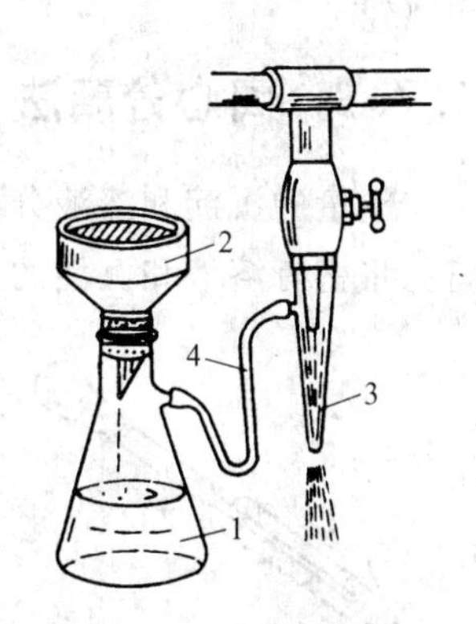

图 2-12 吸滤装置
1—吸滤瓶；2—布氏漏斗；3—抽气管；4—橡皮管

布氏漏斗是瓷质的，中间为具有许多小孔的瓷板，以便使溶液通过滤纸从小孔流出；吸滤瓶用来承接滤液。

吸滤操作：

① 安装仪器，漏斗管下端的斜面**朝向抽气嘴**。但不可靠得太近，以免**滤液从抽气嘴抽走**。检查布氏漏斗与抽滤瓶之间连接是否紧密，抽气泵连接口是否漏气。

② 修剪滤纸，滤纸应比布氏漏斗的内径略小，以能恰好盖住瓷板上的所有小孔为宜。先用少量蒸馏水润湿滤纸，再微微开启阀门，使滤纸紧贴在漏斗的瓷板上，然后才能进行过滤。

③ 用玻棒引流，将固液混合物转移到滤纸上。尽量使要过滤的物质处在布氏漏斗中间，防止其未经过滤，直接通过漏斗和滤纸之间的缝隙流下。

④ 打开抽气泵开关，开始抽滤。**若要在布氏漏斗内洗涤沉淀时，应停止吸滤，让少量洗涤剂缓慢通过沉淀，然后再进行吸滤。**吸滤过程中要注意：

a. 在吸滤过程中，不得突然关闭水泵，如欲停止抽滤，应先将吸滤瓶支管上的橡皮管拔掉，再关上水泵，否则水将倒流入吸滤瓶，这一现象称为倒吸。

b. 吸滤时，吸滤瓶内的滤液液面不能达到支管的水平位置，否则滤液将被水泵抽出。当滤液快上升至吸滤瓶的支管处时，应拔去吸滤瓶上的橡皮管，取下漏斗，从吸滤瓶的上口倒出滤液后，再继续吸滤。同时需要注意，从吸滤瓶的上口倒出滤液时，**吸滤瓶的支管必须向上。**

⑤ 为了尽量抽干漏斗上的沉淀，最后可用一个平顶的试剂瓶塞挤压沉淀。

⑥ 过滤完之后，先拔掉抽滤瓶接管，后关抽气泵（或水龙头），防止倒吸。然后取下漏斗，将漏斗的颈口朝上，轻轻敲打漏斗边缘，或在颈口用力一吹，即可使滤饼脱离漏斗，倾入事先准备好的滤纸上或容器中。揭去滤纸，需要时再对固体做干燥处理。

注意：对于具有强酸性、强碱性或强氧化性溶液的过滤，这些溶液会与滤纸作用，而使滤纸破坏。若过滤后只需要留用溶液，则可用石棉纤维代替滤纸。将石棉纤维在水中浸泡一段时间，搅匀，然后倾入布氏漏斗内，减压，使它紧贴在漏斗底部。过滤前要检查是否有小孔，如有，则在小孔上补铺一些石棉纤维，石棉纤维要铺得均匀，不能太厚，直至无小孔为止。过滤操作同减压过滤。过滤后，沉淀和石棉纤维混在一起，只能弃去。

若过滤后要留用的是沉淀，则用玻璃砂芯漏斗过滤，可避免沉淀被石棉纤维沾污。过滤是通过熔结在漏斗中部的具有微孔的玻璃砂芯底板上，所以玻璃砂芯漏斗可过滤具有强氧化性或强酸性的物质。由于碱会与玻璃作用而堵塞微孔，故不能用于过滤碱性溶液。

（3）热过滤

如果某些溶质在温度降低时很容易析出晶体，为防止溶质在过滤时析出，应采用趁热抽滤。过滤前把布氏漏斗放在水浴中预热，使热溶液在趁热过滤时，不致因冷却而在漏斗中析出溶质。

2.7.3 离心分离法

少量的沉淀和溶液分离时不能用过滤法，因沉淀会粘在滤纸上难以取下，此时用离心分离。将盛有溶液和沉淀的小试管（或离心管）在离心机中离心沉降后，用滴管把清液和沉淀分开。先用手指捏紧橡皮头，排除空气后将滴管轻轻插入清液（切勿在插入溶液以后再捏橡皮头），缓缓放开手，溶液则慢慢进入管中，随试管中溶液的减少，将滴管逐渐下移至全部溶液吸入滴管为止。滴管末端接近沉淀时要特别小心，勿使滴管触及沉淀（图 2-13）。

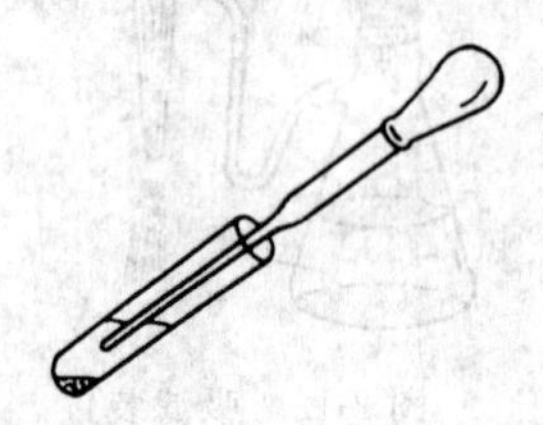

图 2-13 溶液与沉淀的分离

如沉淀需要洗涤，则加少量水或指定的电解质溶液，搅拌，再离心分离，吸去上层清液。再重复洗涤 2～3 次。如需将沉淀分成几份，可在洗净后的沉淀上加少许蒸馏水，用玻棒搅匀后，用滴管吸出浑浊液，转移至另一干净的小试管中。

2.7.4 萃取

利用物质对不同溶剂溶解度的差异，向固体或液体混合物中加入某种溶剂，从中分离出所需化合物的操作称为提取或萃取。一般**从固体混合物中分离的操作称为提取；从液体混合物中分离的操作称为萃取**。

分配定律是萃取分离法的理论基础，而选择溶剂是关键。选择溶剂，不仅要求溶剂对被提取物的溶解度大且不与原溶剂混溶，同时还要求溶剂的纯度高，沸点低，毒性小。一般常用的溶剂有石油醚、乙醚、四氯化碳、乙酸乙酯等。若物质难溶于水，则以石油醚萃取；若易溶于水，可用乙酸乙酯；对很多较难溶于水的物质，常以乙醚做萃取剂。

从液体混合物中萃取所需物质或去除杂质，通常是用分液漏斗来操作。

分液漏斗使用前，应先检查盖子与活塞是否配套、严密。摇动盖子看有无晃动感，如有则说明不配套，需更换塞子；如不严密，拔出活塞，擦净活塞表面和活塞塞口，将少许凡士林轻抹活塞两端表面（中部孔道周边不宜涂抹，否则易堵塞孔道），塞入活塞并旋转几周，然后关闭活塞，在漏斗中加入少许水，检查是否漏水。

萃取或洗涤操作时，分液漏斗中先后装进溶液及萃取剂（或洗液）。盖上盖子，振摇，使液层充分接触。振摇时的手法应以活塞和盖子不漏、液体能灵活转动为原则。可按图 2-14 所示握持漏斗：先以右手手心顶住漏斗盖子，几个指头顺势捏住漏斗上方颈部，倾斜漏斗，以左手虎口托住活塞下面的管子，活塞旋钮朝上并被拇指压住，食指与中指扶持漏斗。将漏斗平放胸前，由前到后顺时针作画圈摇动（画圈方向相反也可，但勿左右来回摇动）。振摇过程中要注意放气，放气时，仍使漏斗头部向下倾斜，左手拇指和食指轻轻拨动旋塞，放出蒸气或洗涤产生的气体，使内外压力平衡。若不放气，内压过大会使活塞渗漏液体，故应注意多次放气。放气时，管口切勿对人。

振摇结束后，将漏斗竖直放于铁环之上（铁环宜用石棉绳缠绕或橡皮垫缠垫），静置，待分层界面清晰。有的溶剂和物质在振摇时会形成稳定的乳浊液，则不宜剧烈振摇。若仅有

图 2-14　分液漏斗的使用

少许乳化层浮于液面，可用玻棒由上至下轻压，若乳浊液已形成，难以分层，可加入少许食盐，使溶液饱和，以降低乳浊液的稳定性，较快分层。轻轻旋转漏斗，也可加速分层。长时间静置，乳浊液可慢慢分层。

液层界面明晰后，旋动顶盖，使盖子上的槽沟对准漏斗头部的小孔，平衡内外气压（也可揭去盖子），将漏斗下端靠紧接收器器壁，左手扶着活塞左方，右手轻旋活塞，放出下层液体至界面接近活塞为止，关闭活塞，静置片刻，再分出下层液体。一般重复分液两三次可分净。注意漏斗内的上层液体，只能从漏斗上口倒出，若从活塞放出，将被活塞下部残留液体污染。

在多步骤实验过程中，萃取或洗涤得到的上、下层液体，应保留至实验结束后再处理，不要随意扔掉。否则，若中间操作发生差错，将无法检查和补救。

2.8　离子交换分离操作

离子交换法是通过溶质中的离子与离子交换剂中可交换的离子进行交换而达到分离纯化的方法。目前应用较多的离子交换剂是有机离子交换剂，即离子交换树脂。离子交换树脂为具有网状结构的高聚物，在水、酸和碱中难溶，对有机溶剂、氧化剂、还原剂和其他化学试剂具有一定的稳定性。依据交换树脂与溶液中的离子起交换作用的活性基团的性能，主要可分为：阳离子交换树脂，阴离子交换树脂和特殊树脂。

（1）树脂的选择和处理

根据分离对象的要求，选择适当类型和粒度的树脂。当需要测定某种阴离子，而受到共存的阳离子干扰时，应选用强酸性阳离子交换树脂，交换除去干扰的阳离子，阴离子仍留在溶液中可供测定。如果需要测定某种阳离子，而受到共存的其他阳离子的干扰，则可先将阳离子转化为配阴离子，然后再用离子交换法分离。

例如：测定 Ca^{2+}、Mg^{2+} 时，PO_4^{3-} 有干扰，则通过 Cl^- 型强碱性阴离子交换树脂，交换除去 PO_4^{3-}，则 Ca^{2+}、Mg^{2+} 就能顺利地测定。又如分离 Fe^{3+} 和 Al^{3+} 时，可在 9mol·L^{-1} HCl 溶液中进行交换，这时，铝以 Al^{3+} 存在，而铁则成为 $FeCl_4^-$ 配阴离子，采用阴离子交换树脂进行分离，则 $FeCl_4^-$ 交换留在柱上，Al^{3+} 进入流出液中，从而将 Fe^{3+} 和 Al^{3+} 分开。

在分析中还必须根据需要选择一定粒度的树脂，一般为 80～120 目。如用离子交换色谱法分离常量元素，粒度一般为 100～200 目，分离微量元素，粒度一般为 200～400 目。

处理过程包括研磨、过筛和浸泡、净化等。装柱前树脂需经净化处理和浸泡溶胀，否则干燥的树脂将在交换柱中吸收水分而溶胀，使交换柱堵塞。对强酸型阳离子交换树脂，其处理过程为：用 4mol·L^{-1} 的 HCl 浸泡 1～2 天，酸滤掉，用蒸馏水洗净，使之转化为

R—SO_3H（H^+型）。而强碱型阴离子交换树脂的处理过程为：用 NaOH 浸泡 1～2 天，碱滤掉，用蒸馏水洗净，使之转化为 R—$N^+(CH_3)_3OH^-$（OH^-型）。

（2）装柱

在装柱和整个交换洗脱过程中，要注意使树脂层全部浸在液面下，切勿让上层树脂暴露在空气中，否则在这部分树脂间隙中会混入空气泡。当树脂间隙中夹杂气泡时，溶液将不是均匀地流过树脂层，而是顺着气泡流下，不能流经某些部位的树脂，即发生了“沟流”现象，使交换、洗脱不完全，影响分离效果。装填时，树脂层上下端应衬垫玻璃纤维，装填树脂量一般为 90%。

（3）交换

将欲分离的试液缓慢注入交换柱，并以一定的流速流经柱进行交换，此时，上层树脂被交换，下层树脂未被交换，中间部分被交换的树脂层称为交界层（图 2-15）。在流出液中开始出现未被交换的离子的这一点，称为“始漏点”或“流穿点”。到达始漏点为止，交换柱的交换容量称为“始漏量”或“工作交换容量”，其值永远小于交换容量。

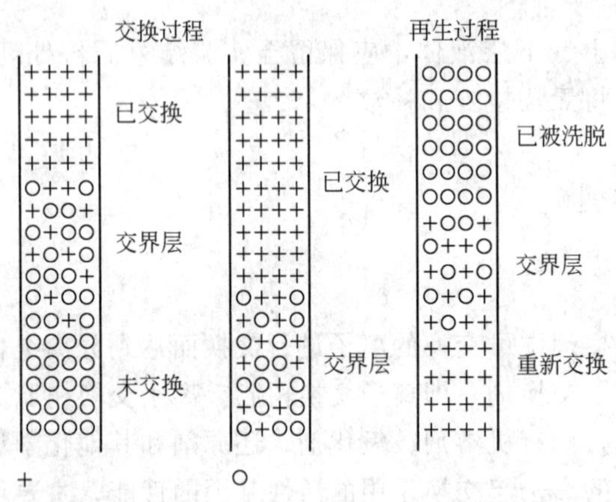

图 2-15　离子交换、洗脱和再生过程示意图

（4）洗脱

洗脱是指用洗脱剂（或淋洗剂）将交换到树脂上的离子置换下来的过程，洗脱过程是交换过程的逆过程。通常阳离子交换树脂，用 HCl 洗脱，洗脱后树脂转为 H^+ 型，阴离子交换树脂，用 NaOH（NaCl 或 HCl）洗脱，洗脱后树脂转为 OH^- 或 Cl^- 型。以流出液中被交换离子浓度为纵坐标，洗脱液体积为横坐标作图，可得到洗脱曲线。几种离子同时被交换在柱上，洗脱过程也就是分离过程。当溶液中离子浓度相同时，亲和力大的优先被交换，而亲和力小的优先被洗脱。如分离 K^+、Na^+ 混合物，亲和力 $K^+ > Na^+$，K^+ 先被交换到树脂上，用 HCl 洗脱时，Na^+ 先被洗脱，K^+ 后被洗脱

（5）树脂再生

将树脂恢复到交换前的形式，这个过程称为树脂再生。阳离子交换树脂可用 3mol·L^{-1} HCl 处理，将其转化为 H^+ 型，阴离子交换树脂，则用 1mol·L^{-1} NaOH 处理，转化为 OH^- 型。

2.9　滤纸、滤器及其使用

固、液分离中常用到滤纸和滤器。

2.9.1　滤纸

化学实验中常用的滤纸有定量滤纸和定性滤纸之分。两者的差别在于灼烧后的灰分质量不同。定量滤纸的灰分很低，如一张 ϕ125mm 的定量滤纸，质量约为 1g，灼烧后的灰分量低于 0.1mg，已小于分析天平的感量，在重量分析中，可忽略不计，故又称

无灰滤纸；而定性滤纸灼烧后有相当多的灰分，不适于重量分析。按过滤速度和分离性能的不同又可分为快速、中速和慢速三种。国家标准 GB/T 1914—2017 对不同滤纸的技术指标有明确规定（详见相关化学手册）。实验中应根据沉淀的性质和沉淀的量合理地选用滤纸。

除滤纸外，还可使用一定孔径的金属网或高分子材料制成的网膜进行过滤。这些材料和滤纸一样，用于过滤时，都要和适当的滤器（布氏漏斗或玻璃漏斗等）配合使用。

2.9.2 烧结过滤器

（1）烧结过滤器的规格

这是一类由颗粒状的玻璃、石英、陶瓷、金属或塑料等经高温烧结，并具有微孔的过滤器。其中最常用的是玻璃滤器，它的底部是用玻璃砂在 873K 左右烧结成的多孔片，故又称玻璃砂芯滤器，有坩埚式和漏斗式两种（图 2-16）。根据烧结玻璃的孔径大小分成 6 种规格（表 2-7），滤片号 1～6，在化学分析中常用 3 号、4 号滤器。

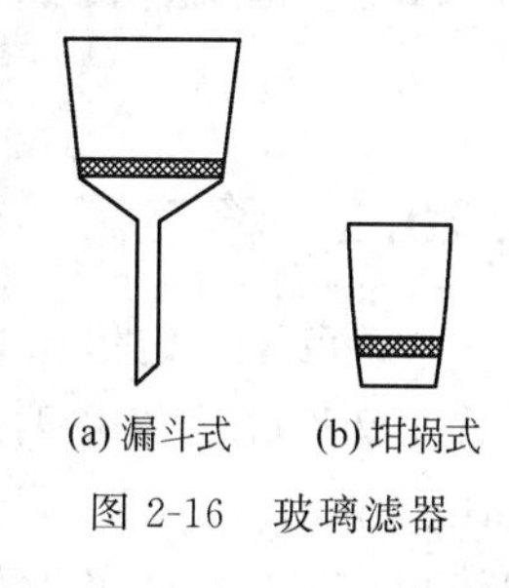

图 2-16　玻璃滤器

从 1990 年开始实施新的标准，规定在每级孔径的上限值前置以字母“P”表示。具体见 GB 11415—1989。

（2）玻璃滤器的洗涤和使用

玻璃滤器的使用在固、液分离中已介绍。新的滤器使用前要经酸洗、抽滤、水洗、晾干或烘干。

滤器用过后，应及时清洗，先尽量倒出沉淀，再用适当的洗涤剂（能溶解或分解沉淀）浸泡。不能用去污粉洗涤，也不能用硬物擦划滤片。常见的洗涤剂见表 2-8。

表 2-7　玻璃滤器的规格和用途

滤片号	孔径/μm	一般用途
1	80～120	过滤粗颗粒沉淀
2	40～80	过滤较粗颗粒沉淀
3	15～40	过滤化学分析中一般结晶沉淀和含杂质的水银
4	6～15	过滤细颗粒沉淀
5	2～5	过滤极细颗粒沉淀
6	＜2	过滤细菌

表 2-8　玻璃滤器常用洗涤剂

沉淀物	洗涤剂
油脂等有机物	CCl_4 等适当的有机溶剂洗涤，再用洗液洗
氯化亚铜、铁斑	含 $KClO_4$ 的热、浓 HCl
汞渣	热、浓 HNO_3
氯化银	$NH_3 \cdot H_2O$ 或 $Na_2S_2O_3$ 溶液
铝质、硅质残渣	先用 2%HF 洗，再用浓 H_2SO_4 洗涤，随即用水反复清洗
二氧化锰	HNO_3-H_2O_2

这类滤器不宜过滤较浓的碱性溶液、热浓磷酸和氢氟酸溶液（会腐蚀玻璃），也不宜过滤浆状沉淀（会堵塞砂芯细孔）、不易溶解的沉淀（因沉淀无法清洗，如二氧化硅）。为防止裂损和滤片脱落，在加热和冷却时都要缓缓进行。干燥后，要在烘箱中降至温热后再取出。

若用作重量分析，则洗涤干净后不能用手直接接触，而要用洁净的软纸衬垫着拿。将其放在烧杯中，在烧杯口放三只玻璃钩，再盖上表面皿，置于烘箱中烘干（烘干温度与烘干沉淀的温度同），直至恒重。

2.10 量器及其使用

量器及其使用

2.10.1 移液管、吸量管

准确移取一定体积的液体时，常使用吸管。吸管有无分度吸管（又称移液管）和有分度吸管（又称吸量管）两种。常用的移液管有 5、10、25 和 50（mL）等规格。如需吸取 5mL、10mL、25mL 等整数的液体，用相应大小的无分度吸管，而不用有分度吸管。量取小体积且不是整数时，一般用有分度吸管。使用时，令液面从某一分度（通常为最高标线）降到另一分度，两分度间的体积刚好等于所需量取的体积。通常不把溶液放到底部。在同一实验中，尽可能使用同一吸管的同一段，而且尽可能使用上面部分。

移液管在使用前应洗至管壁不挂水珠。一般可用洗涤液浸泡一段时间，然后用自来水冲洗，再用蒸馏水淋洗 3 次。移取溶液前可用滤纸将尖端内外的水除去，然后用少量待吸溶液荡洗 3 次，以保证被吸取的溶液浓度不变。淋洗的水应从管尖放出。蒸馏水和荡洗溶液的用量由吸管大小决定，一般以充满全部体积的 1/4 为宜。

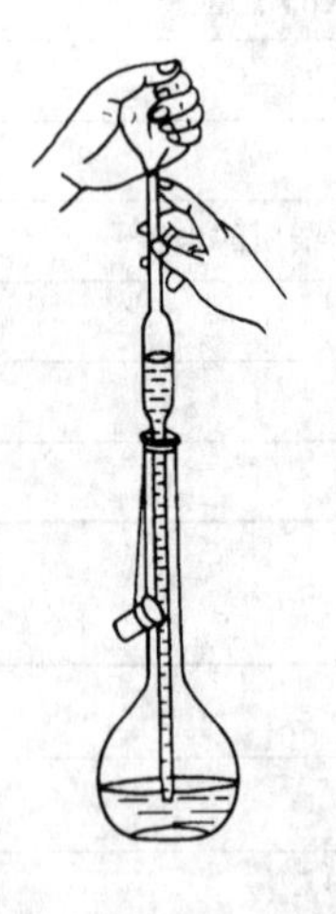

图 2-17　吸管吸取溶液

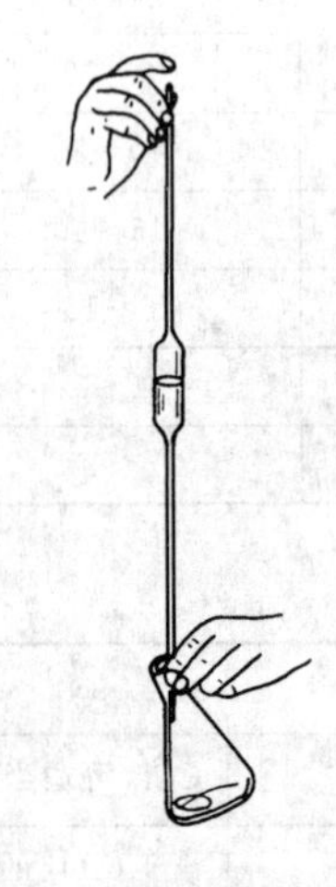

图 2-18　从吸管中放出溶液

用吸管吸取溶液时，右手拇指及中指和无名指拿住管颈标线以上的地方（图 2-17）。吸管下端至少伸入液面下 1～2cm 处，不要伸入太多，以免管口外壁黏附溶液过多，也不要伸入太少，以免液面下降后吸空。左手拿洗耳球，先将它捏瘪，排出球中空气，将洗耳球对准移液管的上口，按紧，勿使其漏气。然后慢慢松开洗耳球，使移液管中液面慢慢上升，如图

2-17 所示，待液面上升至标线以上时，迅速移去洗耳球，随即用右手食指按紧移液管的上口。将移液管提离液面，使出口尖端靠着容器器壁，稍稍转动移液管，使溶液缓缓流出，到弧形液面的下缘与液面相切（注意：观察时，应使眼睛与移液管的标线处在同一水平面上），立即以食指按紧移液管上口，使溶液不再流出。

将移液管移入接收溶液的容器中，使出口尖端靠着接收容器的内壁，容器稍倾斜（约45°），移液管应保持垂直。松开食指，使溶液自由地沿容器壁流下，如图 2-18 所示。待溶液流尽后，再等待 15s，然后取出移液管。这时尚可见管尖部位仍留有少量液体，对此，除特别注明“吹”字的移液管外，一般都不要吹出，因为移液管标示的容积不包括这部分体积。

吸量管是带有刻度的玻璃管，用以吸取不同体积的液体。吸量管的用法基本上与移液管的操作相同。

移液管和吸量管使用完毕后，应洗涤干净然后放在指定的位置上。

2.10.2 容量瓶

容量瓶是用来配制一定体积（准确浓度）溶液的容量器皿。它是一种细颈梨形的平底玻璃瓶，带有磨口玻璃塞或塑料塞。一般的容量瓶都是“量入”容量瓶，标有“In”（过去用“E”表示），当溶液充满至瓶颈标线时，表示在所指温度（一般为 293K）下液体体积恰好与标称容量相等。另一种是“量出”容量瓶，标有“Ex”（过去用“A”表示），当溶液充满至瓶颈标线后，按一定的要求倒出液体，其体积恰好与标称容量相同，这种容量瓶是用来量取一定体积的溶液用的。使用时应辨认清楚。

图 2-19　检查漏水和混匀溶液的操作

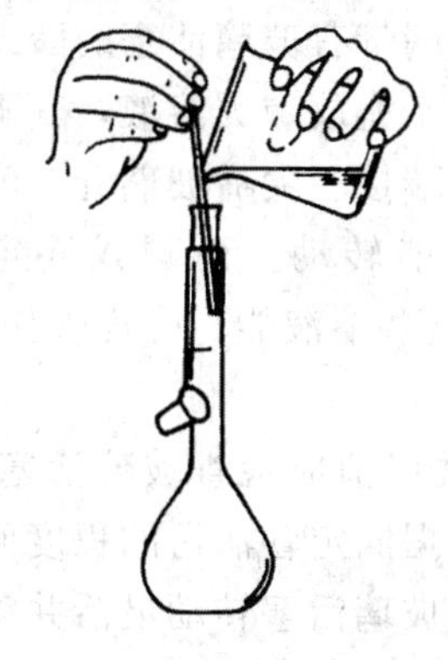

图 2-20　溶液的转移

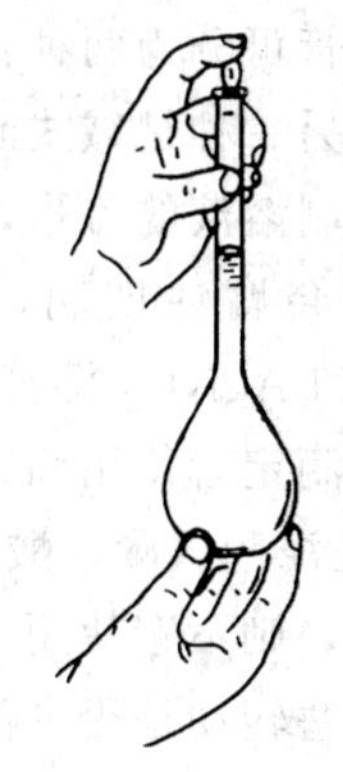

图 2-21　容量瓶的拿法

容量瓶使用前必须检查瓶塞是否漏水，标度线位置距离瓶口是否太近。如果漏水或标线离瓶口太近，则不宜使用。检查漏水的方法是在瓶中加自来水到标线附近，盖好瓶塞后，左手用食指按住瓶塞，其余手指拿住瓶颈，右手用指尖托住瓶底边缘，如图 2-19 所示。将瓶倒立 2min，观察瓶塞周围是否有水渗出，如不漏水，将瓶放正，将瓶塞转动 180°后，再倒立 2min，观察有无渗水。如不漏水，即可使用。用细绳将塞子系在瓶颈上，保证二者配套使用，并避免打破磨口玻璃塞。

用容量瓶配制溶液有两种情况：

如果将一定量的固体物质配成一定浓度的溶液，通常是将物质称在烧杯中，加水或其他溶剂将固体溶解后，将溶液定量地全部转移到容量瓶中。定量转移溶液时，右手拿玻棒悬空插入容量瓶内，左手拿烧杯，烧杯嘴紧靠玻棒，使溶液沿玻棒慢慢流入。玻棒的下端要靠近颈内壁，但不要太接近瓶口，以免溶液溢出，如图 2-20 所示。待溶液流完后，将烧杯嘴紧靠玻棒，把烧杯沿玻棒向上提起，并使烧杯直立，使附着在烧杯嘴上的少许溶液流入烧杯，再将玻棒放回烧杯中，然后，用洗瓶吹洗玻棒和烧杯内壁，再将溶液按上述方法转移到容量瓶中。如此吹洗转移的操作要重复数次，再加蒸馏水到容量瓶容积的 2/3。此时，右手指拿住瓶颈标线以上处，直立旋摇容量瓶，使溶液初步混合（切勿加塞倒立容量瓶）。然后慢慢加蒸馏水到近刻度线 1cm 左右，改用滴管加水，直至弧形液面的下缘与标线相切为止。盖上干的瓶盖，一手按住瓶塞，另一手指尖顶住瓶底边缘，如图 2-21 所示，如容量瓶小于 100mL，则不必用手指尖顶住瓶底，然后将容量瓶倒转并摇荡，混匀溶液，再将瓶直立。如此重复多次，使溶液全部混匀。

如果用容量瓶稀释溶液，则用移液管移取一定体积的溶液于容量瓶中，然后按上述方法混匀溶液。

容量瓶使用完毕后，应立即用水冲洗干净。如长期不用，磨口处应洗净擦干，并用纸片将磨口隔开。

2.10.3 滴定管

滴定管是滴定时用来准确测量流出溶液体积的量器。常量分析中最常用的是容积为 50mL 的滴定管，其最小刻度是 0.1mL，但可估计到 0.01mL，因此读数可读到小数点后第二位，一般读数误差为±0.01mL。另外还有容积为 25mL 的滴定管及 10mL、5mL、2mL 和 1mL 的半微量和微量滴定管。

滴定管可分为两种：一种是下端带有玻璃活塞的酸式滴定管，用于盛放酸类溶液或氧化性溶液；另一种是碱式滴定管，用于盛放碱类溶液，其下端连接一段橡皮管，内放一颗玻璃珠，以控制溶液的流量，橡皮管下端接一尖嘴玻璃管。酸式滴定管不可盛放碱性溶液，否则碱性溶液会腐蚀玻璃，使活塞不能转动。而碱式滴定管也不能盛放氧化性溶液如 I_2、$KMnO_4$ 和 $AgNO_3$ 溶液等，因为这些溶液能与橡皮管作用。

（1）滴定管使用前的准备

① 洗涤和试漏　酸式滴定管洗涤前应检查玻璃活塞是否配合紧密，如不紧密将会出现漏水现象，则不宜使用。洗涤可根据滴定管沾污的程度而采用前述的方法洗净。洗净后首先要检查活塞转动是否灵活。为了使玻璃活塞转动灵活并防止漏水，需在活塞上涂凡士林。方法是取下活塞，将滴定管平放在实验台上，用干净滤纸将活塞和活塞槽的水擦干。再用手指蘸少许凡士林，在活塞的两头，沿 a、b 圆柱周围各均匀地涂一薄层，如图 2-22 所示。凡士林不能涂得太多，也不能涂在活塞中段，以免凡士林将活塞孔堵住。若涂得太少，活塞转动不灵活，甚至会漏水。涂得恰当的活塞应透明、无气泡，转动灵活。为防止在滴定过程中活塞脱出，可用橡皮筋将活塞扎住。最后用水充满滴定管，擦干管壁外的水，将滴定管置于滴定架上，直立静止 2min，观察有无水滴渗出，然后将活塞旋转 180°，再静止 2min，继续观察有无水滴渗出，若两次均无水滴渗出，活塞转动也灵活，即可使用。否则将活塞取出，擦干，重新涂凡士林，并试漏。

碱式滴定管使用前，应检查橡皮管是否老化，玻璃珠的大小是否适当。若玻璃珠过大，则操作不便；过小，则会漏水。不符合要求者，应及时更换。碱式滴定管的洗涤和试漏，与酸式滴定管相同。当准备工作完成后，就可将溶液装入滴定管。

② 装液、逐气泡　将溶液装入滴定管之前，应将试剂瓶中的溶液摇匀使凝结在瓶上的

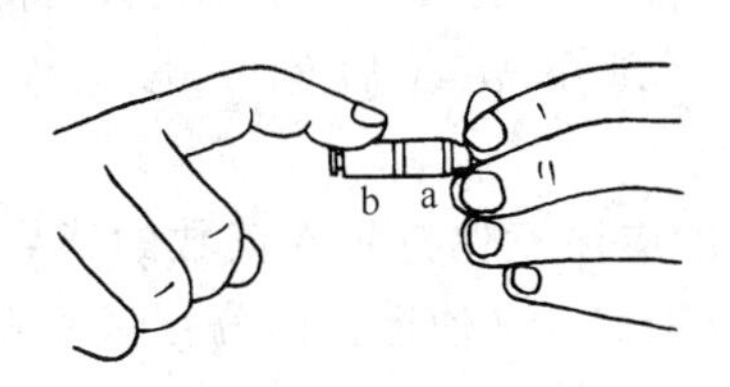

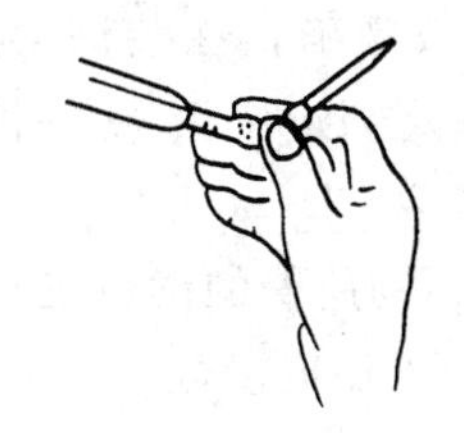

图 2-22　活塞涂凡士林操作

图 2-23　碱式滴定管排气方法

水珠混入溶液。在天气比较热或温度变化较大时，尤其要注意此项操作。在滴定管装入标准溶液时，先要用待装的标准溶液将内壁洗涤三次，每次由试剂瓶直接倒入标准溶液 5～10mL。洗涤时，横持滴定管并缓慢转动，使标准溶液洗遍全管内壁，然后转动活塞，冲洗管口，放净残留液。用同样方法淋洗三次后，即可倒入标准溶液，直到充满至“0”刻度以上为止。

装好溶液后要注意将出口管处的空气泡排掉，否则将影响溶液体积的准确测量。对于酸式滴定管，可转动活塞，使液体急速流出，即可排除滴定管下端的气泡；对于碱式滴定管，可一手持滴定管成倾斜状态，另一手捏住玻璃珠附近的橡皮管，并使尖嘴玻璃管稍向上翘，当溶液从管口冲出时，气泡也随之逸出，从而使溶液充满全管，如图 2-23 所示。

(2) 滴定管的读数

由于滴定管读数的不准确而引起的误差，常常是滴定分析误差的主要来源之一，因此在开始使用滴定管前，应进行滴定管读数的练习。

读数时应注意下面几点：

① 读数时可将滴定管从滴定管架上取下，用右手的大拇指和食指捏住滴定管上部无刻度处，使滴定管保持自然垂直状态。

② 由于水的附着力和内聚力的作用，溶液在滴定管内的液面呈弧形（或弯月形）。对于无色或浅色溶液。读数时应读取与弧形液面最低处相切之点。眼睛必须与弧形液面处于同一水平面，否则将引起误差，**视线偏高，读数偏低；视线偏低，读数偏高。**如图 2-24 所示。对于有色的 $KMnO_4$ 溶液，读数应读取液面的最上缘。**仰视读数偏大，俯视读数偏小。**

③ 每次滴定前应将液面调节在刻度为“0”或稍下一些的位置上，因为这样可以使每次滴定前后的读数差不多都在滴定管的同一部位，可避免由于滴定管刻度的不准确而引起的误差。

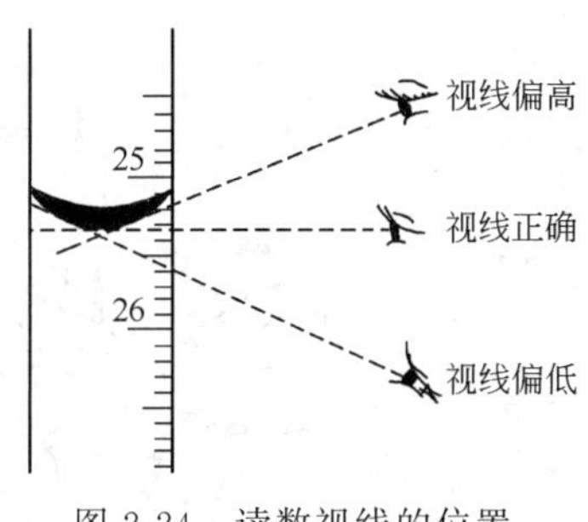

图 2-24　读数视线的位置

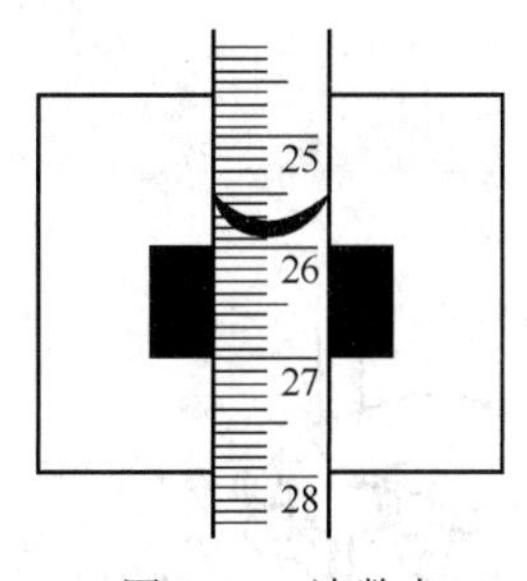

图 2-25　读数卡

④ 为了使读数准确，在装满溶液或放出溶液后，必须等 1～2min，待附着在内壁的溶液流下来后，再读取读数。读数必须读到小数点后第二位，而且要求估计到 0.01mL。

⑤ 由于背景不同所得的读数也有差异，所以应注意保持每次读数的背景一致。为了便于读数，可用黑白纸做成读数卡，将其放在滴定管背后，使黑色部分在弧形液面 0.1mL 处，此时即可看到弧形液面的反射层全部成为黑色，这样的弧形液面界面十分清晰，如图 2-25 所示。

（3）滴定操作

将酸式滴定管夹在滴定管架上，用左手控制活塞，拇指在前，中指和食指在后，轻轻捏住活塞柄，无名指和小指向手心弯曲，如图 2-26 所示。转动活塞时要注意勿使手心顶着活塞，以防手心把活塞顶出，造成漏水。如用碱式滴定管，则用左手轻捏玻璃珠近旁的橡皮管，使溶液从玻璃珠旁边的空隙流出。但须注意不要使玻璃珠上下移动，更不要捏玻璃珠下部的橡皮管，以免空气进入而形成气泡影响准确读数。

滴定时，被滴定的试液一般置于锥形瓶中，在滴定过程中，用右手的拇指、食指和中指拿住锥形瓶，其余两指辅助在下侧使瓶底离桌面约 2～3cm，滴定管下端伸入瓶口约 1cm，如图 2-27 所示。滴定时左手控制滴定管滴加溶液，同时用右手摇动锥形瓶。摇瓶时应微动腕关节，溶液向同一方向旋转，使瓶内溶液混合均匀。在允许的条件下，滴定刚开始时，速度可稍快些，但溶液不能呈流水状地从滴定管放出。近终点时，滴定速度要减慢，其速度从连续加几滴，渐渐减至每次加一滴或半滴。滴定时要注意观察标准溶液滴落点颜色的变化情况，当接近终点时，颜色的变化可能暂时扩散到全部溶液，但一经摇动仍会完全消失。这时就应该加一滴，摇几下，再加一滴，……，并以蒸馏水淋洗锥形瓶内壁，以洗下因摇动而溅起的溶液。然后再加半滴，摇匀溶液，直至溶液出现明显的颜色变化为止。

注意：在整个滴定过程中，左手一直不能离开活塞。在滴定时必须熟练掌握旋转活塞的方法，能根据不同的需求，控制旋转活塞的速度和程度，既能使溶液逐滴滴入，也能只滴加一滴就立即关闭活塞，或使液滴悬而不落。

滴加半滴溶液的操作：当用酸式滴定管时，可轻轻转动活塞，使溶液悬挂在出口的尖嘴上，形成半滴，用锥形瓶内壁将其沾落，再用洗瓶吹洗锥形瓶内壁。使用碱式滴定管时，应先松开拇指和食指，将悬挂的半滴溶液沾在锥形瓶内壁上，这样可以避免尖嘴玻璃管内出现气泡。

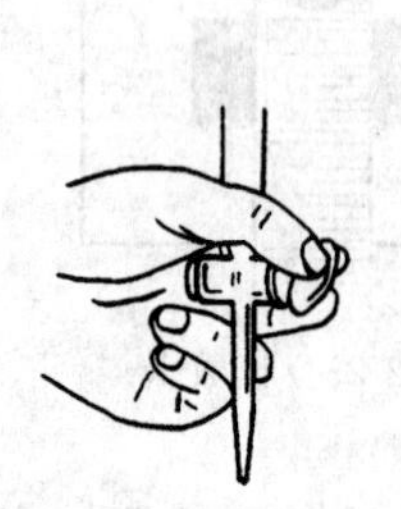

图 2-26　酸式滴定管的操作

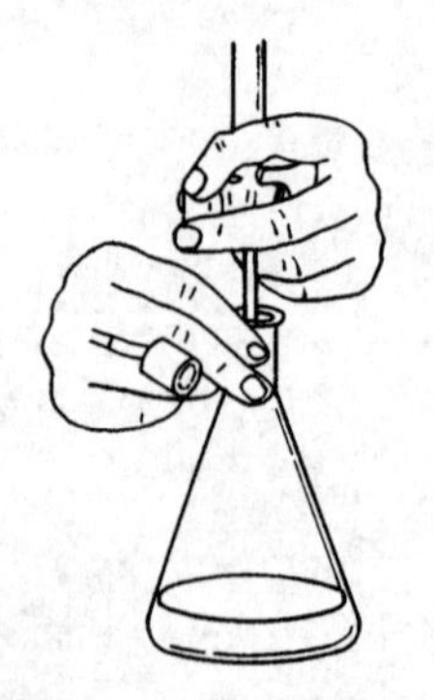

图 2-27　两手操作姿势

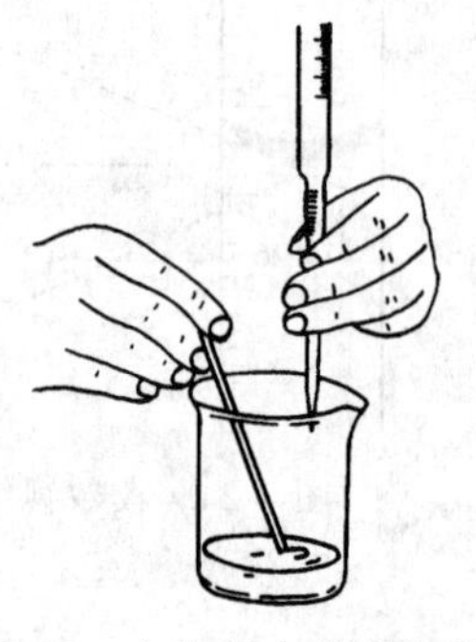

图 2-28　在烧杯中的滴定操作

滴定还可以在烧杯中进行，滴定方法与上述基本相同。左手滴加溶液，右手持玻棒搅拌溶液，如图 2-28 所示。搅拌应作圆周搅动，不要碰到烧杯壁和底部。当滴定近终点时，可用玻棒下端承接悬挂的半滴溶液加入到烧杯中。

滴定结束后，滴定管内剩余的溶液应弃去，不可倒回原瓶中，以免沾污标准溶液，随后洗净滴定管，再装满蒸馏水，罩上滴定管盖，备用。

2.11 天平和称量

天平是一种衡器，用于称量物质的质量。天平的种类很多：有机械式、半自动式、全自动式、电子式等。狭义的天平专指双盘等臂机械天平。常见的天平有：普通的托盘天平、半自动电光阻尼天平和电子天平。

普通的托盘天平和半自动电光阻尼天平是利用等臂杠杆平衡原理，将被测物与相应砝码比较衡量，从而确定被测物质量的衡器。

电子天平是最新一代的天平，它是根据电磁力平衡原理，直接称量，全量程不需要砝码，放上被测物质后，在几秒钟内达到平衡，直接显示读数，具有称量速度快、精度高的特点。它的支撑点采取弹簧片代替机械天平的玛瑙刀口，用差动变压器取代升降枢装置，用数字显示代替指针刻度。因此具有体积小、使用寿命长、性能稳定、操作简便和灵敏度高的特点。此外，电子天平还具有自动校正、自动去皮、超载显示、故障报警等功能。

本书主要介绍托盘天平和电子天平。

2.11.1 托盘天平

托盘天平用于称量精度要求不高的情况，一般能称准至 0.01～0.1g。实验室常用的托盘天平有带游码台秤和快速架盘天平。

称量之前，先要检查托盘天平的指针是否停在刻度盘中间位置，如果不在中间位置，可调节托盘下面的调平螺丝，使指针正好停在中间的位置上，即为托盘天平的零点。称量时，将称量物放在左盘，砝码放在右盘，10g 以上的砝码放在砝码盒内，10g 以下的可以通过移动标尺上的游码来计量。当添加砝码到指针停在刻度盘中间位置时，托盘天平即处于平衡状态，此时砝码的质量就是称量物的质量。托盘天平的零点与停点之间允许有一小格的偏差。

使用托盘天平时，应注意不能称量热的物品，称量物不能直接放在托盘上，根据情况可放在纸上、表面皿或其他容器内。称量结束后，应将砝码放回原处，使托盘天平各部分恢复原状。

2.11.2 电子天平

电子天平有不同的使用精度以及不同的称重对象，根据精度主要可归为两大类：即电子天平和电子分析天平。一般电子天平的称量能力在 200～5000g，其最小显示值（称量精度）在 0.01～0.1g；电子分析天平，其实就是常量天平、半微量天平、微量天平和超微量天平的总称，其称量精度在 0.01～0.1mg，即万分之一至十万分之一。

分析天平的使用

(1) 主要性能和外形结构

以日本岛津公司电子分析天平 AUY220 电子天平为例，做简单介绍。

① 主体的构成　见图 2-29。

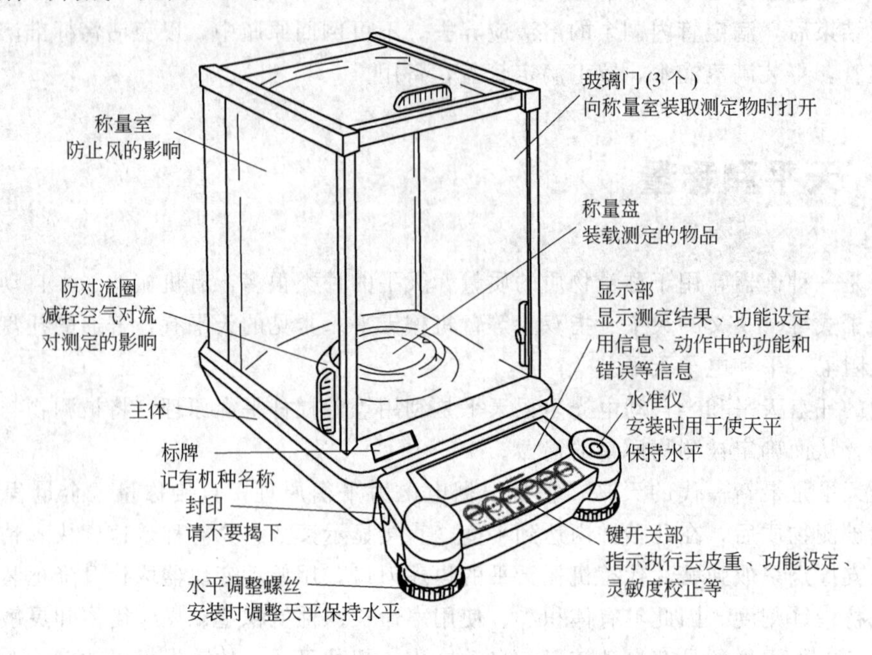

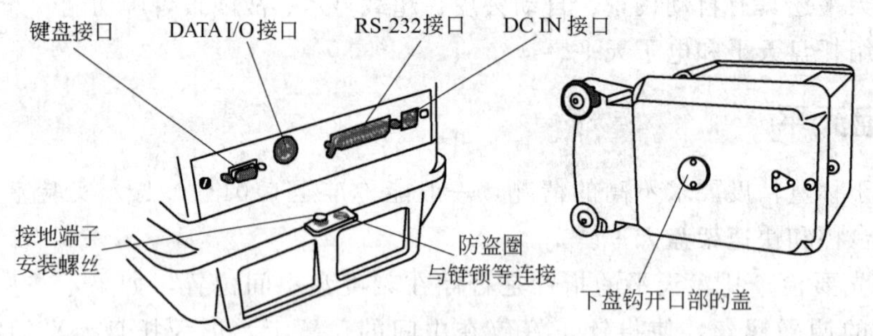

图 2-29　电子天平主体构成及各部件名称

② 按键开关部及其功能　见图 2-30。

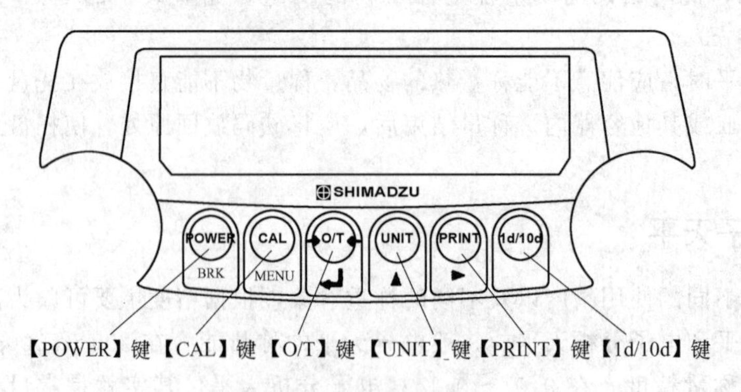

图 2-30　按键开关部

各键功能见表 2-9 和表 2-10。

表 2-9 按键开关部各键功能（一）

操作键	在测定中	
	短按时	连续按约 3s 时
【POWER】	切换动作/待机	切换键探测蜂鸣音的 ON/OFF
【CAL】	进入灵敏度校准或菜单设定	进入灵敏度校准或菜单设定
【O/T】	去皮重(变为零显示)	
【UNIT】	切换测定单位	
【PRINT】	显示值向电子打印机或计算机等外部设备输出	
【1d/10d】	AUY	切换 1d/10d 显示(忽略 1 位最小显示)

表 2-10 按键开关部各键功能（二）

操作键	在菜单选择中	
	短按时	连续按约 30s 时
【POWER】	返回到上一段的菜单	返回到质量显示
【CAL】	移向下一个菜单项目	
【O/T】	确定菜单,或移向下一段菜单	
【UNIT】	数值设定菜单时,在闪烁位的数值上+1	
【PRINT】	数值设定菜单时,移动闪烁中的位	
【1d/10d】	不使用	

③ 显示部及其功能　见图 2-31。

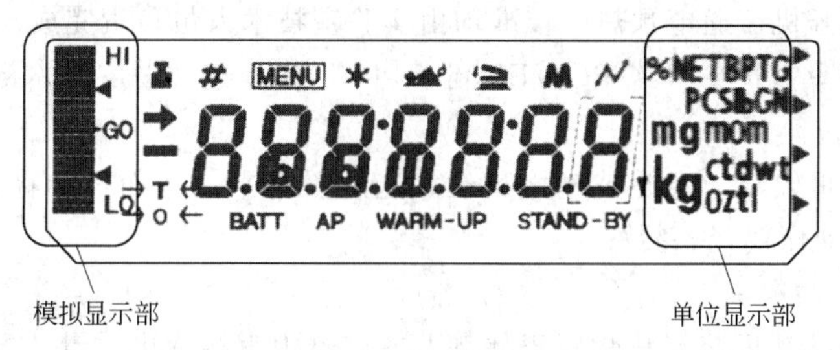

图 2-31　显示部

各显示的意义见表 2-11。

表 2-11 显示的意义

显示	读法	意　义
➡	稳定标志	测定值稳定时,以及在菜单设定上显示现在已设定的项目时亮灯
	砝码标志	灵敏度校正时亮灯。 自动灵敏度校正时刻到达时闪烁。 灵敏度校正的菜单设定中亮灯。 灵敏度需要调整时闪烁告知
#	置数标志	设定数值时亮灯
MENU	菜单标志	菜单设定中亮灯。菜单锁定时通电之后的显示【OFF】中或待机中亮灯
	加载标志	应用测定的加载方式或公式化方式设定为 ON 时亮灯

续表

显示	读法	意　义
M	存储标志	应用测定的公式化方式设定为 ON 时亮灯
⚡	通信标志	经 RS-232C 或 DATA I/O 接口与外围设备通信时亮灯。与通信有关的功能位于 ON 时也亮灯
BATT	电池标志	使用选购件电池组操作天平时，电池电压减弱时亮灯
AP	自动打印标志	应用测定的自动打印功能位于 ON 时亮灯
STAND-BY	待机标志	待机时亮灯。应用测定的间隔时间输出备用时亮灯
▼	倒三角标志	作为固定密度测定的一部分亮灯

（2）电子天平的使用

① 基本使用方法（主要以岛津分析天平 AUY 系列和 AUX 系列为例）

a. 接通电源，充分预热（至少 1h），使用 AUW-D 系列上的小量程（最小显示 0.01mg）时，须预热 4h 以上。

b. 轻按 POWER 操作键，等出现 0.0000g 称量模式后方可称量。若不能出现 0.0000g，再按［O/T］键，直至显示 0.0000g 方可称量。

c. 打开天平称量室的边门，将称量物品放到称量盘上，再将玻璃门关上。

d. 这时显示器上数字不断变化，待显示稳定后，读取显示值。

e. 若用减量法称量时，倾出药品后依次如上称量；若暂时不称量，可按 POWER 操作键，使天平处于待机状态，即在读数显示部右下方显示 STAND-BY。

f. 称量结束，关闭天平，切断电源。

② 使用注意事项

a. 电子天平的开机、通电预热、校准均由实验室技术人员负责完成。

b. 学生称量时只需按 ON 或 POWER 键、［O/T］清零（去皮键）键及 OFF 键就可使用，其他键不许乱按。

c. 电子天平自重较轻，容易被碰撞移位，造成不水平，从而影响称量结果。所以在使用时要特别注意，动作要轻、缓。

（3）称量方法

① 直接法　直接法即将待称物置于秤盘上或容器中直接称出质量的方法。适用于干燥洁净且性能稳定的非粉末状固体物质，如小烧杯、容量瓶、坩埚等。如称量某小烧杯的质量：关好天平门，轻按 O/T 键，清零。打开天平左门，将小烧杯放入托盘中央，关闭天平门，待稳定后读数。记录后打开左门，取出烧杯，关好天平门。

减量法称重

② 减量法　称取试样的量是从两次称量的质量之差来计算的。即先称出试样和称量瓶的准确质量，然后将称量瓶中的试样倾出要称量的质量范围后，盖上称量瓶，放在天平上再准确称出它的质量。两次质量的差值就是试样的质量。减量法适用于易吸潮变质的样品（如各种基准试样和分析试样）的准确称量，是分析化学实验中最常用到的称量方法。

具体称量过程：将适量试样装入洁净、干燥的称量瓶内，用纸条叠成宽度适中（约 1cm）的三四层的纸带，毛边朝下套在称量瓶上。左手拇指与食指拿住纸条，将称量瓶置于天平盘上准确称量。设称得质量为 m_1，然后，左手仍用纸带把称量瓶从盘上取下，置于准备盛放试样的容器上方，右手用小纸片捏住称量瓶盖的尖端，但勿使瓶盖离开容器上方。慢慢倾斜瓶身至接近水平，瓶底略低于瓶口，切勿使瓶底高于瓶口，以防试样冲出。此时，打开瓶盖，并用它轻轻敲击瓶口，使试样慢慢落入容器内，注意不要撒在容器外。当倾出的试样接近所要称取的质量时，把称量瓶慢慢竖起，同时用称量瓶盖继续轻轻敲瓶口上部，使沾附在瓶口的试样落下，然后盖好瓶盖，再将称量瓶放回天平盘上称量，设称得质量为 m_2，两次质量之差即为试样的质量。若不慎倒出的试样超过了所需的量，则应弃之重称，切勿再放回称量瓶。如果倒入的试样不够可再加一次，但次数宜少。按上述方法可连续称取多份试样。

③ 固定质量称量法　用于称量某一固定质量的试剂或试样。适用于不易吸潮、在空气中稳定的试样。

首先，将称量盛试样用的洁净、干燥的容器（如小烧杯）放置于天平的托盘中心，关闭天平门，去皮清零。称量时，右手拿药勺，取出适量的试样，将药勺移至盛试样容器中心的上方，用左手手指轻击右手腕部，将药勺中样品慢慢震落于容器内，当达到所需质量时停止加样，关上天平门，显示平衡后即可记录所称取试样的质量。记录后，取出容器，关好天平门。

固定质量称量法要求称量精度在≤±5%以内。如称取 0.5000g 样品，则允许的质量范围是 0.475～0.525g。超出这个范围的样品均不合格。若加入量超出，则需重称试样，已用试样必须弃去，不能放回到试剂瓶中。操作中不能将试剂撒落到容器以外的地方。称好的试剂必须定量转入接收器中，不能有遗漏。

2.12　误差及数据处理

化学是一门实验性科学，常进行许多定量的测定，然后由测得的数据，经过计算得到分析结果。分析结果是否可靠是一个很重要的问题，不准确的分析结果往往会导致错误的结论。但是，在测定过程中，即使是技术非常熟练的人，用同样的方法，对同一试样进行多次测定，也不可能得到完全一致的结果。这就是说，绝对准确是没有的，分析过程中的误差是客观存在的，应根据实际情况正确测定、记录并处理实验数据，使分析结果达到一定的准确度。所以树立正确的误差及有效数字的概念，掌握分析和处理实验数据的科学方法十分必要。

2.12.1　误差

（1）误差的分类

在定量分析中，由各种原因造成的误差，按照性质可分为系统误差、偶然误差和过失误差三类。

① 系统误差　又称可测误差。它是由某些比较固定的原因引起的，对测定结果的影响比较固定，其大小有一定的规律性，在重复测定时，它会重复出现；且具有单向性，即所有测定结果或者都偏高，或者都偏低。产生系统误差的主要原因有：实验方法、所用仪器、试剂、实验条件的控制以及实验者本身的一些主观因素等。

② 偶然误差　又称随机误差或不定误差。它是由一些偶然的原因造成的，例如，测

量时环境温度、湿度、环境情况、气压的微小变化等都能造成误差。这类误差的性质是：由于来源于随机因素，因此，误差数值不定，且方向也不固定，有时为正误差，有时为负误差。这种误差在实验中无法避免。从表面看，这类误差也无什么规律，但若用统计的方法去研究，可以从多次测量的数据中找到它的规律性。若无系统误差存在，当测定次数无限多时，偶然误差符合正态分布；当测定次数有限多时，则是服从于类似于正态分布的 t 分布。

③ 过失误差　这是由于实验工作者粗枝大叶，不按操作规程办事，过度疲劳或情绪不好等原因造成的。这类错误有时无法找到原因，但是完全可以避免。

(2) 误差的表示方法

① 准确度和误差　准确度表示测定值与真实值接近的程度，表示测定的可靠性，常用误差来表示，它分为绝对误差和相对误差两种。

$$\text{绝对误差}=x_i-x_t \qquad \text{相对误差}=\frac{x_i-x_t}{x_t}\times 100\%$$

式中，x_i 为测定值；x_t 为真实值。

绝对误差表示测定值与真实值之间的差，具有与测定值相同的量纲；相对误差表示绝对误差与真实值之比，一般用百分率或千分率表示，无量纲。绝对误差和相对误差都有正值和负值，正值表示测定结果偏高，负值则反之。

② 精密度和偏差

精密度：精密度表示各次测定结果相互接近的程度，表达了测定数据的再现性，常用偏差来表示，偏差有平均偏差（亦称算术平均偏差）和标准偏差。

平均偏差：分为绝对偏差和相对偏差两种。

平均值：指算术平均值（$\overline{x}$），即测定值的总和除以测定总次数所得的商。

$$\overline{x}=\frac{x_1+x_2+x_3+\cdots+x_n}{n}=\frac{\sum_{i=1}^{n}x_i}{n}$$

式中，x_i 为各次测定值；n 为测定次数。

$$\text{绝对偏差}=x_i-\overline{x} \qquad \text{相对偏差}=\frac{x_i-\overline{x}}{\overline{x}}\times 100\%$$

标准偏差：个别测定数据的精密度是用绝对偏差或相对偏差表示的。对一系列测定数据的精密度则要用统计学上的方法来量度。因为，即使在相同条件下测得的一系列数据，也总会有一定的离散性，分散在总体平均值的两端。样本标准偏差（s）在统计学上用来表示数据的离散程度，也可表示精密度的高低。

当实验次数有限时，计算式为：

$$s=\sqrt{\frac{\sum_{i=1}^{n}(x_i-\overline{x})^2}{n-1}}$$

用平均偏差表示精密度比较简单，但有时数据中的大偏差得不到应有的反映。标准偏差能更灵敏地体现出大偏差的作用，因而能较好地反映测定结果的精密度。同时标准偏差不考虑偏差的正、负号。

准确度和精密度是两个不同的概念，它们是实验结果好坏的主要标志。在分析工作中，最终的要求是测定准确，要做到准确，首先要做到精密度好，没有一定的精密度，也就很难谈得上准确。但是，精密度高的不一定准确，这是由于可能存在系统误差。控制了偶然误差，就可以使测定结果的精密度好，只有同时校正了系统误差，才能得到既精密又准确的分析结果。

2.12.2 测定数据的取舍

在定量分析中，常用统计的方法来评价实验所得的数据，决定测定数据的取舍就是其中的一个内容。

（1）置信度和置信区间

多次测定的平均值比单次测定的更可靠，测定次数愈多，所得的平均值愈可靠。但是平均值的可靠性是相对的，仅有一个平均值不能明确说明测定结果的可靠性。如果再求出平均值的标准偏差$\left(s_{\overline{x}}=\dfrac{s}{\sqrt{n}}\right)$，以（$\overline{x}\pm ts_{\overline{x}}$）来表示测定结果会更好一些。但是要使所有测定结果落在（$\overline{x}\pm\dfrac{ts}{\sqrt{n}}$）这个范围内的机会有多大呢？从误差的概率分布可知，这个机会即概率。如果为68%，也就是说能有68%的测定结果是在（$\overline{x}\pm ts_{\overline{x}}$）范围内；如果为90%，也就是说能有90%的测定结果是在（$\overline{x}\pm ts_{\overline{x}}$）范围内；68%和90%称为置信度或置信水平，（$\overline{x}\pm ts_{\overline{x}}$）称为置信区间。

式中，s为标准偏差；n为测定次数；t为在选定的某一置信度下的概率系数，查表可得。t值随n的增大而减小，随置信度的提高而增大。

（2）可疑数据舍弃的实质

若置信水平确定为95%，有一个可疑数据，如在95%的范围内，则可取；如在其余5%范围内，可认为这个数据的误差不属于偶然误差，而属于过失误差，故这个可疑数据应舍弃。由此可见，可疑数据的舍弃问题，实质上就是区别两种性质不同的偶然误差和过失误差。

（3）可疑数据取舍的方法

在一组平行测定数据中，有时会出现个别离群值。离群值的取舍会影响结果的平均值，尤其当数据少时影响更大。因此在计算前必须对离群值进行合理的取舍。数据取舍的方法通常有：4d准则、Q检验法、Grubbs检验法。从统计观点考虑，比较严格而使用又方便的是Q检验法。介绍如下。

用Q检验法检验时，先求出离群值与其最邻近的一个数值的差，然后将它与极差（最大值与最小值之差）相比，即得$Q_{计算}$值。

$$Q_{计算}=\frac{|x_{离群}-x_{邻近}|}{x_{最大}-x_{最小}}$$

再根据测定次数和置信度查$Q_{表}$值（$Q_{表}$见相关分析化学教科书）。若$Q_{计算}>Q_{表}$，则离群值应弃去，反之则保留。

2.12.3 有效数字

（1）有效数字的位数

有效数字是以数字来表示有效数量，也是指在具体工作中实际能测量到的数字。即在记录测定数据时，测得结果的数值所表示的准确程度应与测试时所用的测量仪器和测试方法的精度相一致。记录测量数据时，只应保留一位不确定数字，其余数字都应是准确的，此时所记录的数字为有效数字。

例如，将一称量瓶用分析天平称量，称得质量为15.5119g，这些数是有效数字，即有六位有效数字。如用台式天平称，称得质量为15.5g，这样有三位有效数字。所以有效数字是随实际情况而定，不是由计算结果决定的。记录和报告的测定结果只应包含有效数字，对有效数字的位数不能随意增删。

化学实验中常用仪器的精度与实测值有效数字位数的关系列于表2-12中。

表2-12 常用仪器的精度与实测值有效数字位数的关系

仪器名称	仪器的精度	实测值	有效数字位数	错误举例
托盘天平	0.1g	12.3g	3位	12.30
电光天平	0.0001g	12.3356g	6位	12.336
10mL量筒	0.1mL	7.2mL	2位	7
100mL量筒	1mL	72mL	2位	72.5
滴定管	0.01mL	20.00mL	4位	20.0

关于有效数字位数的确定，还应注意以下几点：

① 数字“0”在数据中具有双重意义。它可以作为有效数字使用，但有时只起定位作用，就不是有效数字。例如定量分析中所用的0.02010mol·L^{-1}的$KMnO_4$标准溶液，此数据具有4位有效数字。数字前面的“0”只起定位作用，不是有效数字；中间的“0”和后面的“0”均是有效数字。该数据准确到小数点后第四位，第五位可能有±1的误差。

② 改变单位并不改变有效数字的位数，如滴定管读数12.34mL，若该读数改用升为单位，则是0.01234L，这时前面的两个零只起定位作用，不是有效数字，0.01234L与12.34mL一样都是四位有效数字。当需要在数的末尾加“0”作为定位作用时，最好采用指数形式表示，否则有效数字的位数含混不清。例如，质量为25.0g的某物质，若以毫克为单位，则可表示为2.50×10^4mg；若表示为25000mg，就易误解为五位有效数字。

③ 对数值的有效数字位数，仅由小数部分的位数决定，首数（整数部分）只起定位作用，不是有效数字。因此对数运算时，对数小数部分的有效数字位数应与相应的真数的有效数字位数相同。例如：pH=2.38，$c(H^+)=4.2\times10^{-3}$ mol·L^{-1}，有效数字为两位，而不是三位。

（2）数字的修约规则

运算时，以“四舍五入”为原则弃去多余的数字，即当多余尾数≤5时，弃去；当多余尾数≥5时，进位。也有用“四舍六入五留双”的原则，即当多余尾数<5时，弃去；当多余尾数≥6时，进位；多余尾数=5时，如进位后得偶数则进位，如弃去后得偶数，则弃去；多余尾数x，若$5<x<6$时，不管进位后是奇数或是偶数一律进位。

（3）有效数字运算规则

① 几个数值相加或相减时，和或差的有效数字保留位数，取决于这些数值中小数点后位数最少的数字。运算时，首先确定有效数字保留的位数，弃去不必要的数字，然后再做加减运算。例如，35.6208、2.52及30.519相加时，首先考虑有效数字的保留位数。在这三个数中，2.52的小数点后仅有两位数，其位数最少，故应以它作为标准，上述数字取舍后是35.62、2.52、30.52相加，得68.66。

② 几个数字相乘或相除时，积或商的有效数字的保留位数，由其中有效数字位数最少的数值（相对误差最大）所决定，而与小数点的位置无关。例如：

$$0.07825 \times 12.0 \div 6.781 = 0.138$$

在乘除运算中，常会遇到 9 以上的大数，如 9.10、9.81 等。其相对误差约为 0.1%，与 10.08、11.56 等四位有效数字数值的相对误差接近，所以通常将它们作为 4 位有效数字的数值处理。

在较复杂的计算过程中，中间各步可暂时多保留一位不定值数字，以免多次弃舍，造成误差的积累。待到最后结束时，再弃去多余的数字。

目前，电子计算器的应用相当普遍。由于计算器上显示的数值位数较多，虽运算过程中不必对每一步计算结果进行位数确定，但应注意正确保留最后结果的有效数字位数。

注意：在表示分析结果时，组分含量≥10%时取四位有效数字，含量在 1%～10%（应＜10%）时取三位有效数字，含量＜1%时取两位；标准溶液浓度取四位；表示误差时取一位有效数字即已足够，最多取两位。

2.12.4 实验数据的整理与表示

取得实验数据后，应进行整理、归纳，并以简明的方法表达实验结果，通常有列表法、图解法和数学方程表示法三种，可根据具体情况选择使用。本书仅介绍列表法和图解法。

（1）列表法

将一组实验数据中的自变量和因变量的数值按一定形式和顺序一一对应列成表格。制表时需注意以下事项。

① 每一表格应有序号及完整而又简明的表名，在表名不足以说明表中数据含义时，则在表名或表格下方再附加说明，如有关实验条件、数据来源等。

② 表格中每一横行或纵行应标明名称和单位。在不加说明即可了解的情况下，应尽可能用符号表示，如 V/mL、p/kPa、T/K、c/mol·L^{-1} 等，斜线后表示单位。

③ 自变量的数值常取整数或其他方便的值，其间距最好均匀，并按递增或递减的顺序排列。

④ 表中所列数值的有效数字位数应取舍适当；同一纵行中的小数点应上下对齐，以便相互比较；数值为零时应记作“0”，数值空缺时应记一横划“—”。

⑤ 直接测量的数值可与处理的结果并列在一张表上，必要时在表的下方注明数据的处理方法或计算公式。

列表法简单易行，不需要特殊图纸（如方格纸）和仪器，形式紧凑，又便于参考比较，在同一表格内，可以同时表示几个变量间的变化情况。

实验的原始数据一般采用列表法记录。

（2）图解法

通常是在直角坐标系中，用图解法表示实验数据，即将实验数据按自变量与因变量的对应关系标绘成线图，用来描述所研究的变量间的关系，如变量间的变化趋向，极大、极小、转折点、变化速率以及周期性等重要特征，使实验测得的各数据间的关系更为直观，并可由线图求得变量的中间值，确定经验方程中的常数等。图解法是整理实验数据的重要方法。现举例说明图解法在实验中的作用。

① 表示变量间的定量依赖关系　将自变量作为横轴，因变量作为纵轴，所得曲线表示两变量间的定量关系。在曲线所示范围内，对应于任意自变量的因变量值均可方便地从曲线上读得。如温度计校正曲线、光度法中的吸光度-浓度间的工作曲线等。

② 求外推值　对一些不能或不易直接测定的数据，在适当的条件下，可用作图外推的方法取得。所谓外推法，就是将测量数据间的函数关系外推至测量范围以外，以求得测量范围以外的函数值。但必须指出，只有在有充分理由确信外推所得结果是可靠的时，外推法才有实际价值。即外推的那段范围与实测的范围不能相距太远，且在此范围内被测变量间的函数关系应呈线性或可认为是线性。外推值与已有的正确经验不能相抵触。如测定反应热时，两种溶液刚混合时的最高温度不易直接测得，但可测得混合后随时间变化的温度值，通过作温度-时间图，外推得最高温度。

③ 求直线的斜率和截距　对 $y=mx+b$ 来说，y 对 x 作图是一条直线，m 是直线的斜率，b 是截距。两个变量间的关系如符合此式，可用作图法来求得 m 和 b。如电极电势与浓度间的关系可用能斯特方程表示：

$$E=E^{\ominus}+\frac{0.0592\mathrm{V}}{n}\lg\frac{[\text{氧化型}]}{[\text{还原型}]}$$

E 对 lg[还原型]/[氧化型] 作图是一条直线，其截距就是该电对的标准电极电势 $E^{\ominus}$，从斜率可求得得失电子数 n。

若测量数据间的函数关系不符合线性关系，则可适当变换，使新的函数关系符合线性关系。如吸光度和透光率间的关系为对数关系，$A=-\lg T$，不符合线性关系。吸光度和浓度间的关系为线性关系，以吸光度 A 对浓度 c 作图，得一直线。

2.12.5　作图技术简单介绍

利用图解法能否得到良好的结果，与作图技术的高低有十分密切的关系。为了能把实验数据正确地用图形表示出来，需注意以下一些作图要点。

① 图纸的选择　通常多用直角坐标纸，有时也用半对数坐标纸或对数坐标纸，在表达三组分体系相图时，则选用三角坐标纸。在此仅介绍直角坐标纸作图的要点。

② 一般以自变量作为横轴，因变量作为纵轴。

③ 坐标轴比例选择的原则如下：首先要使图上读出的各种量的准确度和测量得到的准确度一致，即使图上的最小分度与仪器的最小分度一致，也要能表示出全部有效数字。其次是要方便易读，例如用 1cm（即一大格）表示 1、2、4、5 这样的数比较好，而表示 3、6、7、9 等数字则不好。通常不一定所有的图都要把坐标原点作为 0，可根据所作的图来确定。若线图系直线或近乎直线，则应使图形位于坐标纸的中央位置或对角线附近。比例尺的选择对于正确表达实验数据及其变化规律也很重要。图 2-32 为同一组苯甲酸的紫外吸收光谱的实验数据所绘制的三个吸收曲线的图形。其中（a）为正确图形，各点数值的精度与实验测量的精度相当，曲线显出吸收峰的情况；（b）的波长坐标轴比例太大，其精度超过实际情况；（c）的波长坐标轴比例太大，而吸光度轴比例又太小，精度与实际情况都不相符，未能充分显示出吸收峰的规律。

④ 把所测得的数值画到图上，就是代表点，这些点要能表示正确的数值。若在同一图纸上画几条直（曲）线时，则每条线的代表点需用不同的符号表示，以示区别。如用●▼▲

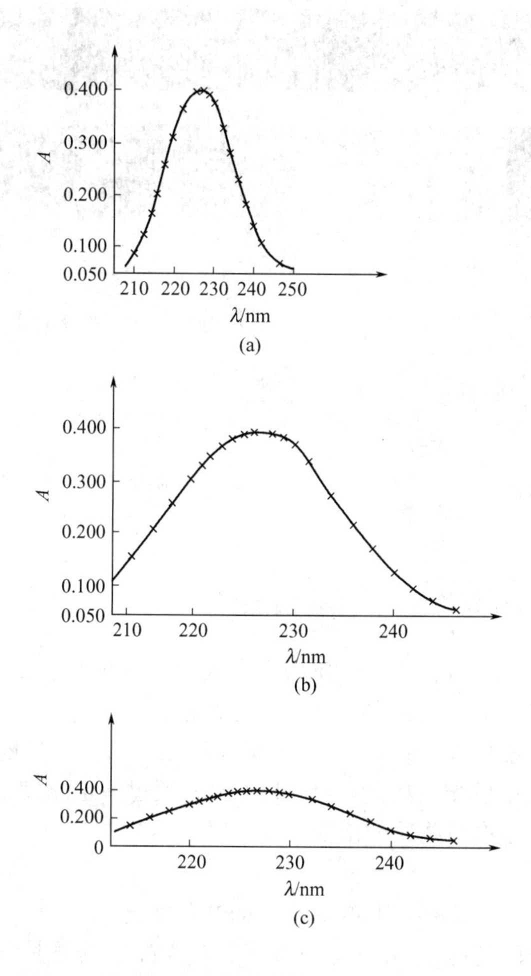

图 2-32　苯甲酸的紫外吸收光谱

（a）为正确图形；（b）的波长坐标轴比例太大；

（c）纵、横坐标比例都不妥

◆■等符号，并在图上注明不同的符号各代表何种情况。

⑤ 在图纸上画好代表点后，根据代表点的分布情况，作出直线或曲线。这些直线或曲线描述了代表点的变化情况，不必要求它们通过全部代表点，而是能够使代表点均匀地分布在线的两边。

曲线的具体画法：先用铅笔轻轻地按代表点的变化趋势，手描一条曲线，然后再用曲线板逐段拟合手描曲线，作出光滑的曲线。

对于曲线，一般在其平缓变化部分，测量点可取得少些，但在关键点，如滴定终点、极大、极小以及转折点等变化较大的区间，应适当增加测量点的密度，以保证曲线所表示的规律是可靠的。

⑥ 图作好后，要写上图的名称，注明坐标轴代表的量的名称、所用单位、数值大小以及主要的测量条件。

为了作好图，对所用的主要工具要有选择。如铅笔硬度以 1H 为好，直尺和曲线板选用透明的比较好，这样在作图时能全面地看到实验点的分布情况。

第 3 章 常用仪器

3.1 分光光度计

分光光度计

3.1.1 基本原理

光通过有色溶液后有一部分被有色物质的质点吸收，如果有色物质浓度越大或液层越厚，即有色质点越多，则对光的吸收也越多，透过的光就越弱。如果 I_0 为入射光的强度，I_t 为透过光的强度，则 I_t/I_0 是透光率，$\lg(I_0/I_t)$ 定义为吸光度 A。吸光度越大，溶液对光的吸收越多。实验证明，当一束单色光（具有一定波长的光）通过一定厚度 l 的有色溶液时，有色溶液对光的吸收程度与溶液中有色物质的浓度 c 成正比：

$$A = \varepsilon bc$$

这就是光的吸收定律（或朗伯-比耳定律）的数学表达式。其中 ε 是一个比例常数，它与入射光的波长以及溶液的性质、温度等因素有关。当光束的波长一定时，ε 即为溶液中有色物质的一个特征常数。这个定律是比色分析的理论基础。

白光通过棱镜或衍射光栅色散，成为不同波长的单色光。将单色光通过待测溶液，经待测液吸收后的透射光射向光电转换元件，变成电信号，在检流计或数字显示器上就可读出吸光度。

有色物质对光的吸收有选择性，通常用光的吸收曲线来描述有色溶液对光的吸收情况。将不同波长的单色光依次通过一定浓度的有色溶液，分别测定吸光度，以波长为横坐标，吸光度为纵坐标作图，所得曲线称为光的吸收曲线（图 3-1）。单色光在最大吸收峰处的波长称为最大吸收波长（λ_{max}），在最大吸收波长（λ_{max}）处进行测量，光的吸收程度最大，测定的灵敏度和准确度最高。

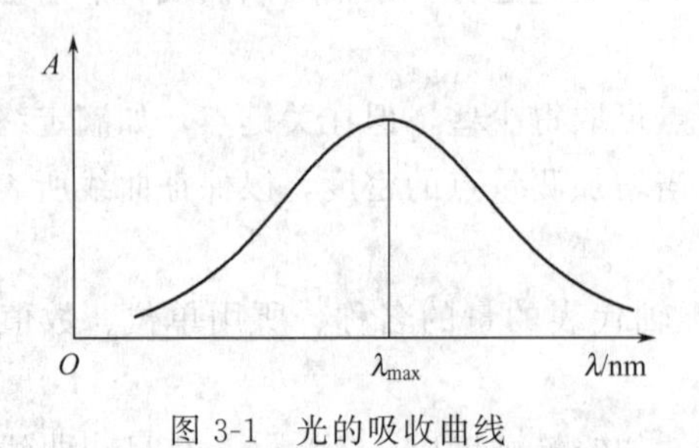

图 3-1　光的吸收曲线

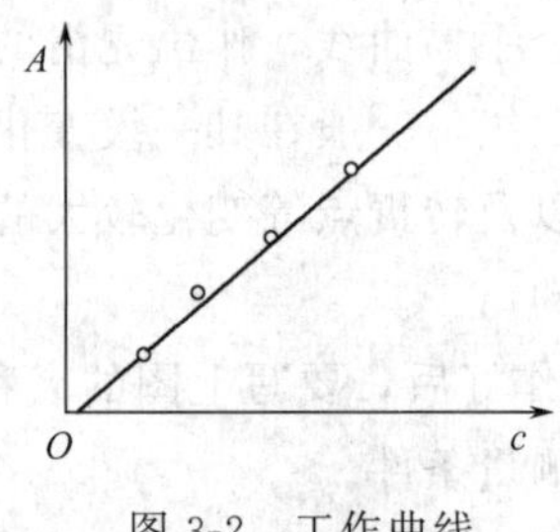

图 3-2　工作曲线

在测定样品前，首先要作工作曲线，即在与试样测定相同的条件下，测量一系列已知准确浓度的标准溶液的吸光度，绘制出吸光度-浓度曲线，即工作曲线（图 3-2），测出试样的吸光度后，就可从工作曲线求出其浓度。

3.1.2 722N 型可见分光光度计

分光光度计有很多种类型，下面仅介绍 722N 型可见分光光度计。

（1）仪器的光学原理

722N 型可见分光光度计采用光栅自准式色散系统和单光束结构光路（图 3-3）。

（2）仪器的使用方法

① 通电预热　接通电源，预热 20min，使仪器稳定。

② 设置波长　调节“波长调节”旋钮将波长设置在将要使用的波长位置上。

③ 调节 0%T　打开样品室盖，按方式设定键“MODE”，选择透光率方式“T”，按“0%T”键，调透光率为零。

④ 调透光率（100%T）　盖上样品室盖，按“100%T”键，调 100%透光率。

通常情况下，仪器开机预热并调零后，只要不停电关机，一般无需再次调零。但当波长被重新设置后，请不要忘记调整“0ABS（零吸光度）”或“100%T”。

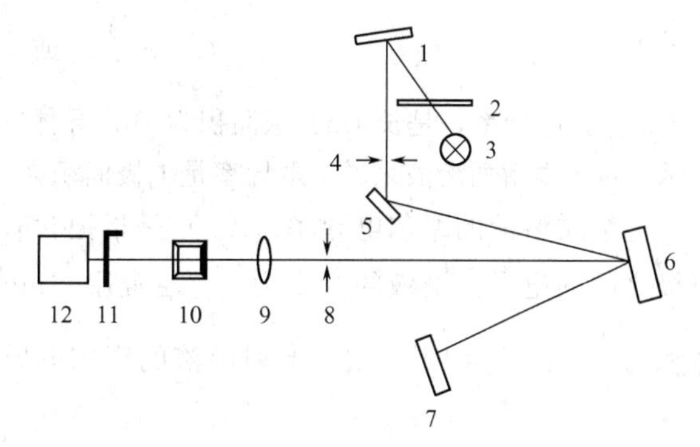

图 3-3　722N 型可见分光光度计光学原理

1—聚光镜；2—滤色片；3—钨卤素灯；4—进光狭缝；5—反射镜；6—准直镜；7—光栅；8—出光狭缝；9—聚光镜；10—样品架；11—光门；12—光电池

⑤ 按模式键“MODE”，将测试方式设置为吸光度方式“A”。将参比溶液推入光路中（参比溶液放在第一个槽位中），按“100%T”键，调 0ABS（吸光度）。当 100%T 调整完成后，显示器显示“0.000”。

⑥ 样品测试　将被测溶液推入光路中，此时，仪器显示被测样品的吸光度参数。

（3）仪器使用的注意事项

① 仪器底部干燥剂一旦变色立即烘干或换新，以防止因光电管暗盒受潮，造成放大器不稳而使电表指针抖动。

② 大幅度改变测试波长时，在调整“0”和“100%”后，指针可能不稳，应稍等片刻，待稳定后重新调整“0”和“100%”。因钨灯在急剧改变亮度后需一段平衡时间。

③ 拿比色皿时，手指只能捏住比色皿的毛玻璃面，不要碰比色皿的透光面，以免沾污。

④ 测有色溶液吸光度时，一定要用有色溶液洗比色皿内壁几次，以免改变有色溶液浓度。另外。在测一系列溶液的吸光度时，通常是按从稀到浓的顺序进行，以减小测量误差。

⑤ 在实际分析工作中，通常根据溶液浓度的大小，选用液层厚度不同的比色皿，使溶液的吸光度控制在 0.15～1.0。

3.2 电导率仪

电导率仪

3.2.1 测量原理

导体导电能力的大小常以电阻（R）或电导（G）表示，电导是电阻的倒数：

$$G=\frac{1}{R} \tag{3-1}$$

电阻、电导的SI单位分别是欧姆（Ω）、西门子（S），显然 $1S=1\Omega^{-1}$。

导体的电阻与其长度（L）成正比，而与其截面积（A）成反比：

$$R\propto\frac{L}{A} \qquad R=\overline{R}\,\frac{L}{A}$$

式中，$\overline{R}$ 为比例常数，称电阻率或比电阻。根据电导与电阻的关系，容易得出：

$$G=\kappa\,\frac{A}{L} \quad 或 \quad \kappa=G\,\frac{L}{A} \tag{3-2}$$

κ 称为电导率，是长1m、截面积为 $1m^2$ 导体的电导，SI单位是西门子每米，用符号 $S \cdot m^{-1}$ 表示。对于电解质溶液来说，电导率是电极面积为 $1m^2$，且两极相距1m时溶液的电导。

电解质溶液的摩尔电导率（Λ_m）是指把含有1mol的电解质溶液置于相距为1m的两个电极之间的电导。溶液的浓度为 c，通常用“$mol \cdot L^{-1}$”表示，则含有1mol电解质溶液的体积为 $\frac{1}{c}$L 或 $\frac{1}{c}\times10^{-3}m^3$，此时溶液的摩尔电导率等于电导率和溶液体积的乘积：

$$\Lambda_m=\kappa\times\frac{10^{-3}}{c} \tag{3-3}$$

摩尔电导率的单位是 $S \cdot m^2 \cdot mol^{-1}$，用式(3-3）计算得到。

测定电导率的方法是用两个电极插入溶液，测出两极间的电阻 R_x。对于一个电极而言，电极面积 A 与间距 L 都是固定不变的，因此 L/A 是常数，称电极常数，以 Q 表示。根据式(3-1）和式(3-2）得：

$$\kappa=\frac{Q}{R_x} \tag{3-4}$$

由于电导的单位西门子太大，常用毫西门子（mS）、微西门子（μS）表示。它们间的关系是 $1S=10^3mS=10^6\mu S$。

$$V_m=\frac{VR_m}{R_m+R_x}=\frac{VR_m}{R_m+(Q/\kappa)} \tag{3-5}$$

式中，R_x 为液体电阻；R_m 为分压电阻。

由式(3-5）可见，当 V、R_x 和 Q 均为常数时，电导率 κ 的变化必将引起 V_m 相应地变化，所以测量 V_m 的大小，也就测得了溶液电导率的数值。

3.2.2 DDS-307型电导率仪简介

3.2.2.1 仪器结构

见图3-4。

3.2.2.2 仪器的使用

（1）开机

电源线（17）插入仪器电源插座（11），仪器必须有良好接地！按电源开关（12），接通电源，预热30min后进行校准。

（2）校准

仪器使用前必须进行校准！

将量程选择开关旋钮（9）指向“检查”，常数补偿调节旋钮（8）指向“1”刻度线，温度补

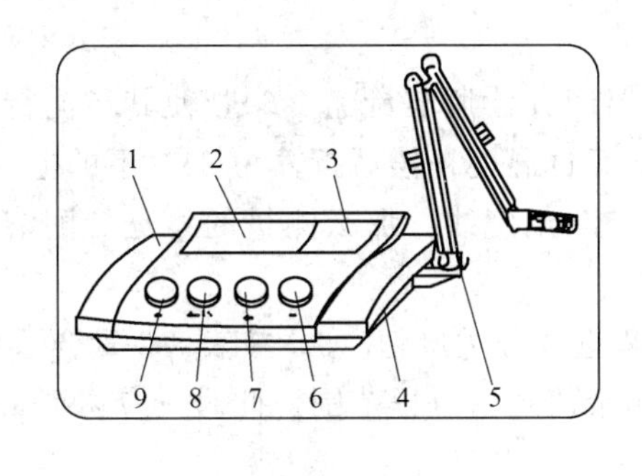

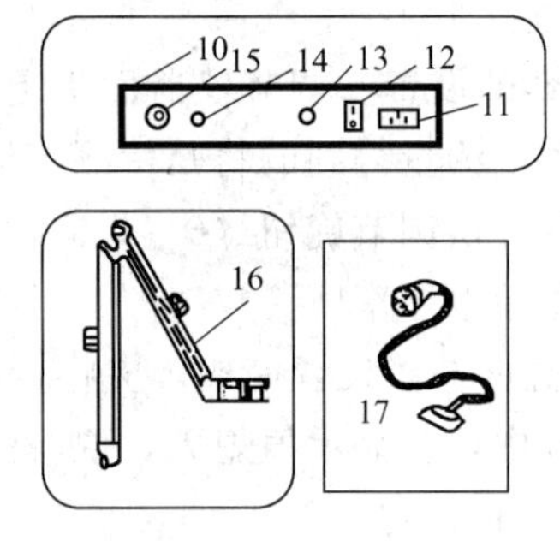

图 3-4　DDS-307 型电导率仪

1—机箱盖；2—显示屏；3—面板；4—机箱底；5—多功能电极架；6—温度补偿调节旋钮；7—校准调节旋钮；8—常数补偿调节旋钮；9—量程选择开关旋钮；10—仪器后面板；11—电源插座；12—电源开关；13—保险丝管座；14—输出插口；15—电极插座；16—多功能电极架；17—电源线

偿调节旋钮（6）指向“25”刻度线，调节校准调节旋钮（7），使仪器显示 100.0$\mu S \cdot cm^{-1}$，至此校准完毕。

（3）测量

① 在电导率测量过程中，正确选择电极常数对获得较高的测量精度是非常重要的。应根据测量范围参照表 3-1 选择不同电极常数的电导电极。

表 3-1　电导电极的选择

测量范围/$\mu S \cdot cm^{-1}$	推荐使用的电极常数的电极
0～2	0.01,0.1
0～200	0.1,1.0
200～2000	1.0
2000～20000	1.0,10
20000～100000	10

注：电极常数为 1.0、10 类型的电导电极有“光亮”和“铂黑”两种，镀铂电极习惯称为铂黑电极，光亮电极测量范围以 0～300$\mu S \cdot cm^{-1}$为宜。

② 电极常数的设置方法　目前电导电极的电极常数有 0.01、0.1、1.0、10 四种不同类型，每支电极具体的电极常数值，制造厂均粘贴在每支电导电极上，可根据电极上所标的电极常数值，调节仪器面板常数补偿调节旋钮（8）到相应的位置。

a. 将量程选择开关旋钮（9）指向“检查”，温度补偿调节旋钮（6）指向“25”刻度线，调节校准调节旋钮（7），使仪器显示 100.0$\mu S \cdot cm^{-1}$。

b. 调节常数补偿调节旋钮（8）使仪器显示值与电极上所标示数值一致。

例如：

(a) 电极常数为 0.01025cm^{-1} 时，调节常数补偿调节旋钮（8）使仪器显示值为 102.5（测量值＝显示值×0.01）。

(b) 电极常数为 0.1025cm^{-1} 时，调节常数补偿调节旋钮（8）使仪器显示值为 102.5（测量值＝显示值×0.1）。

(c) 电极常数为 1.025cm^{-1} 时，调节常数补偿调节旋钮（8）使仪器显示值为 102.5（测量值＝显示值×1）。

(d) 电极常数为 10.25cm^{-1} 时，调节常数补偿调节旋钮（8）使仪器显示值为 102.5

(测量值=显示值×10)。

③ 温度补偿的设置　调节仪器面板上温度补偿调节旋钮(6),使其指向待测溶液的实际温度值,此时,测量得到的将是待测溶液经过温度补偿后折算为25℃下的电导率值。

如果将温度补偿调节旋钮(6)指向"25"刻度线,那么测量的将是待测溶液在该温度下未经补偿的原始电导率值。

④ 常数、温度补偿设置完毕,应将量程选择开关旋钮(9)按表3-2置合适位置。

在测量过程中,若显示值熄灭,说明测量值超出量程范围。此时,应切换量程选择开关旋钮(9)至上一挡量程。

表3-2　选择开关旋钮的位置

序号	选择开关位置	量程范围/$\mu S\cdot cm^{-1}$	被测电导率/$\mu S\cdot cm^{-1}$
1	Ⅰ	0～20.0	显示读数×C
2	Ⅱ	20.0～200.0	显示读数×C
3	Ⅲ	200.0～2000	显示读数×C
4	Ⅳ	2000～20000	显示读数×C

注:C为电导电极常数值。

例:当电极常数为0.01时,$C=0.01$;当电极常数为0.1时,$C=0.1$;当电极常数为1.0时,$C=1.0$;当电极常数为10时,$C=10$。

(4)注意事项

① 在测量高纯水时应避免污染,正确选择电极常数的电导电极最好采用密封、流动的测量方式。

② 因温度补偿系采用固定的2%的温度系数补偿,故对高纯水测量尽量采用不补偿方式进行,测量后查表。

③ 为确保测量精度,电极使用前用$0.5\mu S\cdot cm^{-1}$的去离子水(或蒸馏水)冲洗两次,然后用被测试样冲洗后方可测量。

④ 电极插座绝对防止受潮,以免造成不必要的测量误差。

⑤ 电极应定期进行常数标定。

(5)电导电极的清洗与储存

① 光亮的铂电极,必须储存在干燥的地方。镀铂黑的铂电极不允许干放,必须储存在蒸馏水中。

② 电导电极的清洗:用含用洗涤剂的温水可以清洗电极上的有机成分沾污,也可以用酒精清洗;钙、镁沉淀物最好用10%柠檬酸洗涤;光亮的铂电极,可以用软刷子机械清洗,但在电极表面不可以产生划痕;对于镀铂黑的铂电极,只能用化学方法清洗,用软刷子清洗会破坏镀在电极表面的镀层(铂黑),化学方法清洗可能再生被损坏或被轻度污染的铂黑层。

3.3　酸度计

酸度计

3.3.1　工作原理

酸度计又称pH计,是测量溶液pH值最常用的仪器之一,pH计有一对与仪器相配套的电极——指示电极（常用玻璃电极）和参比电极（如饱和甘汞电极）。将它们插入待测溶液中，可组成原电池。由于玻璃电极的电极电势随待测溶液中［H^+］（或 pH）的改变而改变，故测定该电池的电动势，即可求得该溶液的 pH。

为使用方便，现在经常使用 pH 复合电极测量溶液的 pH 值，pH 复合电极将上述玻璃电极和甘汞电极复合在一起，使用更加方便。

下面以 pHS-25 型酸度计为例加以说明。

3.3.2 外形结构

pHS-25 型酸度计的外形结构见图 3-5。

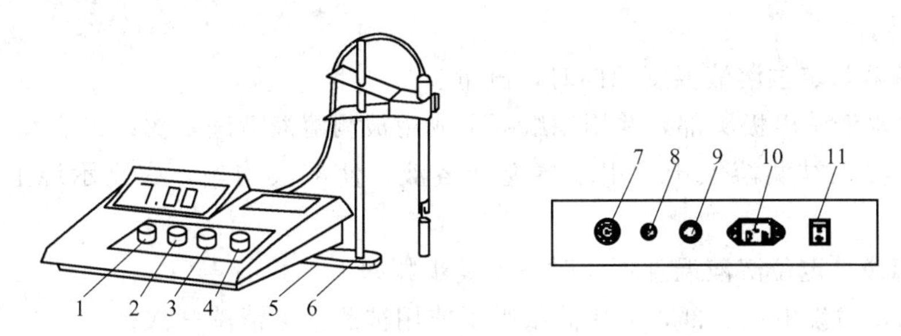

图 3-5 pHS-25 型酸度计的外形结构

1—补偿调节旋钮；2—温度斜率补偿调节旋钮；3—定位调节旋钮；4—选择开关旋钮（pH、mV）；5—电极梗插座；6—电极梗；7—测量电极插座；8—参比电极接口；9—保险盒；10—电源插座；11—电源开关

3.3.3 操作步骤

（1）开机前准备

将多功能电极架插入电极架插座中；将 pH 复合电极下端的电极保护套拔下，并且拉下电极上端的橡皮套使其露出上端小孔；将 pH 复合电极安装在电极架上；用蒸馏水清洗电极。

（2）标定

仪器使用前首先要进行标定。一般情况下仪器在连续使用时，每天要标定一次。

① 在测量电极插座处拔去 Q9 短路插头。

② 在测量电极插座处插上复合电极。

③ 打开电源开关，按“pH/mV”按钮，使仪器进入 pH 测量状态。

④ 按“温度”按钮，使所指示的温度为溶液温度（此时温度指示灯亮），然后按“确认”键，仪器回到 pH 测量状态。

⑤ 将电极用蒸馏水清洗，并用滤纸吸干，然后插入 pH＝6.86 的标准缓冲溶液中，调节“定位”键（此时，pH 指示灯慢闪烁，表明仪器在定位标定状态），使仪器读数与该缓冲溶液当时温度下的 pH 值一致（例如 pH＝6.86），然后按“确认”键。

⑥ 用蒸馏水清洗电极，并用滤纸吸干，再用与被测溶液相近的缓冲溶液（如 pH＝4.00 或 pH＝9.18）进行第二次标定。方法是：按“斜率”键，使读数为该溶液当时温度下的 pH 值（例如邻苯二钾酸氢钾溶液温度为 10℃时，pH＝4.00），然后按“确认”键，标定完成。

如果在标定过程中操作失误或按键错误而使仪器测量不正常，可关闭电源。然后按住“确认”键再开启电源，使仪器恢复初始状态，然后重新标定。注意：经标定后，“定位”键和“斜率”键不能再按，如果触动此键，此时仪器 pH 指示灯闪烁，请不要按“确认”键，而是按“pH/mV”键，使仪器重新进入 pH 测量即可，而无需再进行标定。

标定用的缓冲溶液一般第一次用 pH=6.86 的溶液，第二次用接近被测溶液 pH 值的缓冲溶液，如被测溶液为酸性时，应选用 pH=4.00 的缓冲溶液；如被测溶液为碱性时，则选 pH=9.18 的缓冲溶液。一般情况下，在 24h 内仪器不需要再标定。

(3) 测量 pH 值

经标定过的仪器即可用来测量被测溶液，根据被测溶液与标定溶液温度相同与否，测量步骤也有所不同。

① 被测溶液与定位溶液温度相同时，测量步骤如下：

a. 用蒸馏水清洗电极头部，并用滤纸吸干或用被测溶液清洗一次；

b. 把电极浸入被测溶液中，用玻棒搅拌溶液，使溶液均匀，在显示屏上读出溶液的 pH 值。

② 被测溶液与定位溶液温度不同时，测量步骤如下：

a. 用蒸馏水清洗电极头部，并用滤纸吸干或用被测溶液清洗一次；

b. 用温度计测出被测溶液的温度值；

c. 按“温度”键，使仪器显示为被测溶液的温度值，然后按“确认”键；

d. 把电极插入被测溶液中，用玻棒搅拌溶液，使溶液均匀后读出该溶液的 pH 值。

(4) 仪器维护

① 仪器的输入端（测量电极插座）必须保持干燥清洁。仪器不用时，将 Q9 短路插头插入插座，防止灰尘及水汽侵入。

② 测量时，电极的引入导线应保持静止，否则会引起测量不稳定。

③ 仪器采用了 MOS 集成电路，因此，在检修时应保证电路有良好的接地。

④ 用缓冲溶液标定仪器时，要保证缓冲溶液的可靠性，不能配错缓冲溶液，否则将导致测量结果产生误差。

3.4 离心机

少量沉淀与溶液分离时，使用离心机，外观见图 3-6，使用方法如下：

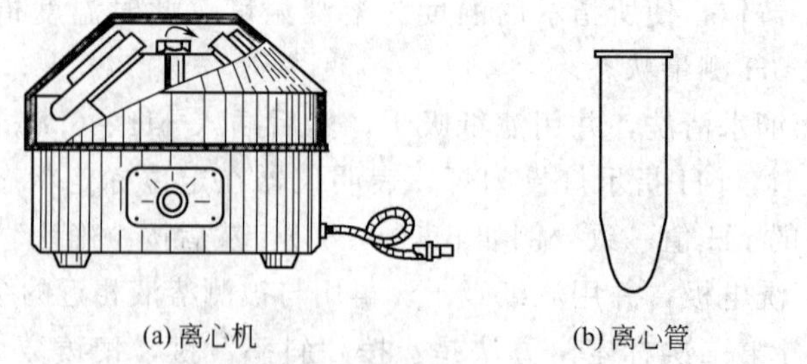

(a) 离心机　　(b) 离心管　　离心操作

图 3-6　离心机和离心管

① 试管放在金属或塑料套管中，位置要对称，质量要平衡，否则易损坏离心机的轴。

如果只有一支试管中的沉淀需要分离，则可取一支空的试管盛以相应质量的水，以维持平衡。

② 打开旋钮，逐渐旋转变阻器，速度由小到大。1min 后慢慢恢复变阻器到原来的位置令其自行停止。

③ 离心时间与转速应由沉淀的性质来决定。结晶形的紧密沉淀，大约 $1000r \cdot min^{-1}$，1～2min；无定形疏松沉淀，沉降时间稍长些，转速一般为 $2000r \cdot min^{-1}$。如经 3～4min 仍不能分离，则应通过加入电解质或者加热的方法促使沉淀沉降，然后离心分离。

与离心机配套使用的是离心管，其下端为锥形，便于少量沉淀的辨认和分离。

第4章 无机化学实验

实验1 称量练习

【实验目的】

1. 学习天平的构造和使用方法。

2. 掌握直接称量法和减量称量法称量试样。

【仪器与试剂】

仪器：分析天平、台秤、称量瓶、烧杯（100mL)、表面皿。

试剂：邻苯二甲酸氢钾（A.R.)。

【实验步骤】

1. 在天平室学习天平的构造、使用规则、称量方法和注意事项。

2. 直接称量法练习

取一个干燥、洁净的称量瓶，可先在台秤上称出其大致质量，然后在分析天平上分别称出称量瓶、称量瓶盖、称量瓶及盖的质量。将分别称量的结果相加后与总质量进行核对。

3. 减量称量法练习

取一洁净、干燥的称量瓶，加入约1g邻苯二甲酸氢钾，在分析天平上准确称量并记录其质量 m_1。用纸条套住称量瓶，从天平中取出，用小纸条夹住瓶盖，打开，用盖子轻轻敲击称量瓶，从称量瓶内转移0.2～0.4g试样于一干燥洁净的烧杯中，然后准确称出称量瓶和剩余试样的质量 m_2。以同样方法转移0.2～0.4g试样于另一烧杯中，准确称出称量瓶和剩余试样的质量 m_3。

4. 指定质量称量法练习

取一个干燥洁净的表面皿，在台秤上称出其大致质量，然后在分析天平上准确称量后，将要称量的邻苯二甲酸氢钾慢慢加入到表面皿中，准确称取试样0.5000g。

5. 天平称量后检查

每次称量结束后，应检查自己所用的天平。主要包括：

（1）天平是否关闭。

（2）天平盘上的物品是否取出。

（3）天平箱内及桌面上有无脏物，若有要用毛刷及时清除干净。

（4）指数盘是否回归零位。

（5）天平各部件是否都在正常位置。

最后将天平罩罩好。检查完毕后，在“使用登记本”上签名。

注意：在准确称量试样时，应先在台秤上称出其粗略质量，再用分析天平准确称量其质量，以便加快称量速度并保护分析天平。

【数据记录与处理】

1. 直接称量法

将实验结果填入表4-1。

表4-1　实验结果记录（一）

称量瓶盖质量/g	
称量瓶质量/g	
称量瓶及盖的质量/g	
（盖＋瓶）加和质量/g	
称量与加和质量之差/g	

2. 减量称量法

将实验结果填入表4-2。

表4-2　实验结果记录（二）

记录项目	第一份	第二份
倒出前（称量瓶＋试样）质量/g	m_1	m_2
倒出后（称量瓶＋试样）质量/g	m_2	m_3
试样质量/g		

【思考题】

1. 称量前应如何检查天平？
2. 称量方法有几种？在什么情况下使用直接称量法？在什么情况下使用减量法？
3. 进行减量称量时，从称量瓶向器皿中转移试样时，能否用药勺取样？为什么？
4. 转移试样时，如果有少许试样洒落在外边，此次称量数据还能否使用？

实验2　二氧化碳分子量的测定

【实验目的】

1. 了解利用气体相对密度测定气体分子量的原理和方法。

2. 进一步熟悉分析天平的使用方法。

【实验原理】

根据阿伏伽德罗定律，在同温同压下，同体积的任何气体含有相同数目的分子。因此，在同温同压下，同体积的两种气体的质量之比等于分子量之比。其关系可用下式表示：

$$\frac{m_1}{m_2}=\frac{M_1}{M_2}$$

式中 m_1——第一种气体的质量；

M_1——第一种气体的分子量；

m_2——同温同压下，同体积的第二种气体的质量；

M_2——第二种气体的分子量。

如果以 D 表示气体相对密度，则

$$D=\frac{m_1}{m_2}=\frac{M_1}{M_2} \quad 或 \quad M_1=DM_2$$

所以某气体的分子量等于该气体对另一气体的相对密度乘上后一气体的分子量。

如以 $D_{空气}$ 表示某气体对空气的相对密度，则该气体的分子量（M_x）可以由下式求得：

$$M_x=28.98D_{空气}$$

因此，本实验中只要测出一定体积的二氧化碳的质量，并根据实验时的大气压和温度计算出同体积的空气的质量，即可求出二氧化碳对空气的相对密度，从而求出二氧化碳的分子量。

【仪器与试剂】

仪器：二氧化碳钢瓶或启普发生器，缓冲瓶，洗气瓶，150mL 锥形瓶，分析天平，台秤。

试剂：饱和碳酸氢钠，浓硫酸，盐酸溶液（$6mol\cdot L^{-1}$），大理石。

【实验步骤】

1. 二氧化碳的制备

方法 1：由盐酸和大理石（$CaCO_3$）反应制得

在启普发生器中放入大理石（图 4-1），加入盐酸溶液（$6mol\cdot L^{-1}$），打开旋塞，盐酸即从底部上升与大理石反应，产生 CO_2。生成的二氧化碳气体通过洗气瓶 2（瓶内盛有碳酸氢钠饱和溶液，用于除去二氧化碳气体中的 HCl 和其他可溶性杂质）和洗气瓶 3（瓶内盛有浓硫酸，用来干燥二氧化碳气体），经由导管放出。

方法 2：由储存二氧化碳的钢瓶直接取得

由钢瓶出来的 CO_2 经过缓冲瓶、洗气瓶，然后分成几路导出，可供几个学生同时使用。每一路导管都应装有止水夹，使用时打开，不用时关闭。钢瓶的阀门应由教师控制，二氧化碳的流速可以根据浓硫酸中冒出的气泡的快慢来控制。二氧化碳的流速不宜太快，否则钢瓶内二氧化碳的迅速蒸发可能导致二氧化碳气体温度过低，影响称量的准确度。

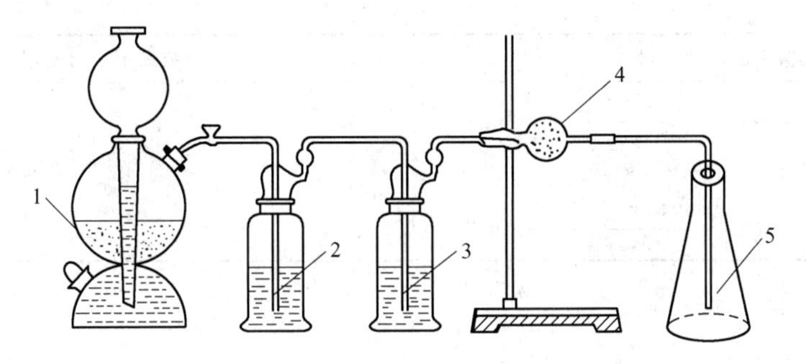

图 4-1　二氧化碳的制备与接收装置

1—大理石＋稀盐酸；2—饱和 $NaHCO_3$；3—浓 H_2SO_4；4—玻璃丝；5—收集器

2. 二氧化碳分子量的测定

取一只 150mL 干燥、洁净的锥形瓶，用一个紧密合适的橡皮塞塞紧（塞子塞入瓶颈的深度应作标记），放在分析天平上称出质量 m_1。

拔出塞子，将气体导管插入锥形瓶的底部，打开止水夹，通入二氧化碳气体约 1～2min，将橡皮塞塞到标记位置处，在分析天平上称出质量 $m_{2(1)}$。

拔出塞子，将二氧化碳气体导管插入锥形瓶底部，打开止水夹，通入二氧化碳约 1min 后，将塞子塞到标记位置上，再在原来的天平上称量 $m_{2(2)}$。如果两次称量结果的差值超过 0.001g，需重复上述操作。直至两次称量的结果相差不超过 0.001g，最后一次称得的质量即为装满二氧化碳时锥形瓶的质量 m_2。

为了测定锥形瓶的体积，可将锥形瓶装水至标记处，塞上塞子，然后在台秤上称出装满水的锥形瓶的质量 m_3。m_3-m_1 即为瓶中水的质量（空气的质量可忽略不计），由水的质量可求出锥形瓶的容积$\left(V=\dfrac{m_3-m_1}{1.00}\text{mL}\right)$（水的密度以 $1.00\text{g}\cdot\text{mL}^{-1}$ 计算），观察并记录实验室的室温和气压计读数。

【数据记录与处理】

将二氧化碳分子量测定实验结果填入表 4-3。

表 4-3　二氧化碳分子量测定数据记录与处理表

实　验　项　目		数据记录与处理
室温 T/K		
气压 p/Pa		
空气＋瓶＋瓶塞质量 m_1/g		
二氧化碳＋瓶＋瓶塞质量 m_2/g	$m_{2(1)}$	
	$m_{2(2)}$	
	$m_{2(3)}$	
水＋瓶＋瓶塞质量 m_3/g		
锥形瓶的容积 V/mL$\left(V=\dfrac{m_3-m_1}{1.00\text{g}\cdot\text{mL}^{-1}}\right)$		
锥形瓶内空气的质量 $m_{空气}$/g$\left(m_{空气}=\dfrac{pVM_{空气}}{RT}\right)$		
空瓶(瓶＋瓶塞)的质量 $m_{空瓶}$/g($m_{空瓶}=m_1-m_{空气}$)		
锥形瓶中二氧化碳的质量 m_{CO_2}/g($m_{CO_2}=m_2-m_{空瓶}$)		

续表

实 验 项 目	数据记录与处理
二氧化碳对空气的相对密度 $D_{空气}=\frac{m_{CO_2}}{m_{空气}}$ 二氧化碳的分子量 $M_{CO_2}=28.98D_{空气}$ 相对误差($M_{CO_2,理论}=44.02$)$=\frac{\mid M_{理论值}-M_{CO_2}\mid}{M_{理论值}}\times100\%$	

【思考题】

1. 用启普发生器制取的二氧化碳为什么要先用饱和碳酸氢钠溶液和浓硫酸洗涤？

2. 怎样判断锥形瓶是否充满二氧化碳？

3. 为什么充满二氧化碳的锥形瓶和塞子的质量要在分析天平上称量，而装满水的锥形瓶和塞子的质量可以在台秤上称量？

4. 怎样从实验结果计算二氧化碳的分子量？

实验3 氯化钠提纯

氯化钠提纯

【实验目的】

1. 学习氯化钠的提纯及纯度检验的方法。

2. 学习加热、溶解、常压过滤、减压过滤、沉淀、蒸发浓缩、结晶、干燥等基本操作。

3. 了解食盐中 SO_4^{2-}、Ca^{2+}、Mg^{2+} 等的定性检验方法。

【实验原理】

粗食盐中常含有难溶性的杂质如泥沙和一些可溶性杂质如 SO_4^{2-}、Ca^{2+}、K^+、Mg^{2+} 等。将粗食盐溶于水后，用过滤的方法可以除去难溶性杂质，可溶性杂质则可以通过化学方法除去。具体方法是：在粗食盐中加入稍微过量的 $BaCl_2$ 溶液，可将溶液中的 SO_4^{2-} 沉淀为难溶的 $BaSO_4$ 沉淀而除去：

$$Ba^{2+}+SO_4^{2-}\longrightarrow BaSO_4\downarrow$$

对于溶液中的 Ca^{2+}、Mg^{2+} 及多余的 Ba^{2+}，可加入 NaOH 和 Na_2CO_3 的混合液使其沉淀：

$$Ca^{2+}+CO_3^{2-}\longrightarrow CaCO_3\downarrow$$

$$Ba^{2+}+CO_3^{2-}\longrightarrow BaCO_3\downarrow$$

$$4Mg^{2+}+3CO_3^{2-}+2OH^-+3H_2O\longrightarrow Mg(OH)_2\cdot3MgCO_3(s)\cdot3H_2O$$

过量的 NaOH 和 Na_2CO_3 会使产品呈碱性，必须用稀盐酸中和除去：

$$Na_2CO_3+2HCl\longrightarrow 2NaCl+H_2O+CO_2\uparrow$$

少量的可溶性杂质 KCl，由于含量少，且溶解度较大，在最后蒸发浓缩和结晶的过程中仍留在母液中，不会与 NaCl 同时结晶出来，从而达到提纯的目的。KCl 和 NaCl 在不同温度下的溶解度见表 4-4。

表 4-4　KCl 和 NaCl 在不同温度下的溶解度　　单位：$g/100gH_2O$

盐＼温度/℃	10	20	30	40	50	60	80	100
KCl	25.8	34.2	37.2	40.1	42.9	45.8	51.3	56.3
NaCl	35.7	35.8	36.0	36.2	36.7	37.1	38.0	39.2

【仪器与试剂】

仪器：台秤、烧杯（100mL）、玻璃漏斗、漏斗架、布氏漏斗、抽滤瓶、蒸发皿、石棉网、电炉、循环水真空泵、量筒（10mL、50mL）、试管。

试剂：粗食盐、HCl（$2mol \cdot L^{-1}$）、NaOH（$2mol \cdot L^{-1}$）、$BaCl_2$（$1mol \cdot L^{-1}$）、Na_2CO_3（$1mol \cdot L^{-1}$）、$(NH_4)_2C_2O_4$（$0.5mol \cdot L^{-1}$）、镁试剂（对硝基偶氮间苯二酚）。

材料：pH 试纸、滤纸。

【实验步骤】

1. 粗食盐的提纯

（1）粗食盐的溶解及 SO_4^{2-} 的去除　在台秤上称取 8g 粗食盐，放入 100mL 烧杯中，加入 30mL 蒸馏水，加热、搅拌使其溶解。加热至溶液沸腾时，边搅拌边逐滴加入 $1mol \cdot L^{-1}$ $BaCl_2$ 溶液约 1mL，待沉淀完全后，继续加热 3min，以使 $BaSO_4$ 颗粒长大易于过滤（注意：防止溅出）。为了检验 SO_4^{2-} 是否沉淀完全，可将烧杯从石棉网上拿开，待沉淀沉降后，在上层清液中加入 1～2 滴 $BaCl_2$ 溶液，仔细观察溶液是否有浑浊现象。如清液不变浑浊，证明 SO_4^{2-} 已沉淀完全，如有浑浊，则要继续滴加 $BaCl_2$ 溶液，直到沉淀完全为止。然后用小火加热 3～5min，以使沉淀颗粒长大而便于过滤。注意补充蒸馏水，保持滤液体积不少于 30mL。用普通漏斗过滤，保留滤液，弃去沉淀。

（2）Ca^{2+}、Mg^{2+}、Ba^{2+} 的去除　在滤液中加入 1mL $2mol \cdot L^{-1}$ NaOH 和 3mL $1mol \cdot L^{-1}$ Na_2CO_3 溶液，加热至沸腾。仿照（1）中方法用 $1mol \cdot L^{-1}$ Na_2CO_3 溶液检验 Ca^{2+}、Mg^{2}、Ba^{2+} 是否沉淀完全。继续加热煮沸 5min（注意：保持滤液体积，防止溅出）。用普通漏斗过滤，保留滤液，弃去沉淀。

（3）除去过量的 CO_3^{2-}　在滤液中逐滴加入 $2mol \cdot L^{-1}$ HCl 溶液，充分搅拌，然后用玻棒蘸取滤液在 pH 试纸上检验，直到溶液呈弱酸性（pH 值约 4～6）为止。

（4）蒸发浓缩　将溶液转移至蒸发皿中，用小火加热，蒸发浓缩至溶液呈稀糊状为止（**小心！不要停止搅拌**），但一定不要把溶液蒸干。

（5）结晶、减压过滤、干燥　浓缩液冷却至室温，将溶液与晶体全部转入布氏漏斗减压过滤，尽可能抽干。然后将晶体转移到蒸发皿中，在石棉网上以小火加热干燥。冷却后，用台秤称出产品的质量，计算收率。

2. 产品纯度的检验

称取粗食盐和提纯后的精盐各 1g，分别用 5mL 蒸馏水溶解，然后各分盛于 3 支试管中。按照下列方法对照检验它们的纯度。

（1）SO_4^{2-} 的检验　在第一组溶液中，分别加入 2 滴 $1mol \cdot L^{-1}$ $BaCl_2$ 溶液，观察有无白色沉淀产生。

（2）Ca^{2+} 的检验　在第二组溶液中，分别加入 2 滴 0.5mol·L^{-1} $(NH_4)_2C_2O_4$ 溶液，观察有无白色沉淀产生。

（3）Mg^{2+} 的检验　在第三组溶液中，分别加入 2～3 滴 2mol·L^{-1} NaOH 溶液，使溶液呈碱性，再加入几滴镁试剂，若有蓝色沉淀产生，表示有 Mg^{2+} 存在。

【思考题】

1. 除去 SO_4^{2-}、Ca^{2+}、K^+、Mg^{2+} 的先后顺序是否可以倒置？比如说先除去 Ca^{2+}、Mg^{2+}，再除 SO_4^{2-}、K^+？有何不同？
2. Na_2CO_3 沉淀剂为什么要过量？为什么要用盐酸中和到溶液呈微酸性？
3. 蒸发时为什么不可将溶液蒸干？

实验 4　醋酸解离常数的测定（酸度计法）

醋酸解离常数测定

【实验目的】

1. 学习溶液的配制方法和有关量器的使用。
2. 了解用酸度计法测定解离常数的原理。
3. 学习酸度计的使用方法。

【实验原理】

醋酸（CH_3COOH，简写为 HAc 或 HOAc）是一元弱酸，在水溶液中存在如下解离平衡：

$$HAc \rightleftharpoons H^+ + Ac^-$$

其解离常数的表达式为

$$K_a^\ominus(HAc)=\frac{[H^+][Ac^-]}{[HAc]} \tag{1}$$

若 HAc 的起始浓度为 c，并且忽略水解离的 H^+，达到平衡时 $[H^+]=[Ac^-]$，代入式(1)，则

$$K_a^\ominus(HAc)=\frac{[H^+]^2}{c-[H^+]} \tag{2}$$

在一定温度下，用酸度计测定一系列已知浓度的醋酸溶液的 pH 值，根据 $pH=-\lg[H^+]$，计算出 $[H^+]$，代入式(2)，可求得一系列对应的 $K_a^\ominus$ 值，取其平均值，即为该温度下醋酸的解离常数。

【仪器与试剂】

仪器：酸度计（pH 计）、容量瓶（50mL）、烧杯（50mL）、移液管（25mL）、吸量管（5mL）、洗耳球。

试剂：HAc 标准溶液（0.2mol·L^{-1}，已标定浓度）。

材料：滤纸条。

【实验步骤】

1. 配制不同浓度的醋酸溶液

(1) 取4个干燥洁净的烧杯并编号。向4号烧杯中倒入已知准确浓度的0.2mol·L^{-1} HAc溶液约50mL。

(2) 用移液管或吸量管从4号烧杯中分别吸取2.50mL、5.00mL、25.00mL HAc溶液，放入1～3号容量瓶中，用蒸馏水稀释至刻度，摇匀，制得0.01mol·L^{-1}、0.02mol·L^{-1}和0.1mol·L^{-1} HAc溶液。

2. 醋酸溶液pH的测定

将上述1～3号容量瓶内的HAc溶液分别倒入干燥的1～3号烧杯中。用pH计按照浓度由稀到浓的顺序，依次测定1～4号烧杯内醋酸溶液的pH值，并记录测定时的温度。

【数据记录与处理】

将实验结果填入表4-5。

表4-5 醋酸解离常数数据记录与处理

温度______℃　pH计型号____________　醋酸标准溶液的浓度______ mol·L^{-1}

烧杯编号	c(HAc)/mol·L^{-1}	pH	$[H^+]$/mol·L^{-1}	$K_a^\ominus$	$\overline{K}_a^\ominus$
1					
2					
3					
4					

【思考题】

1. 本实验所用的移液管、吸量管各用哪种HAc溶液润洗？容量瓶是否需要用HAc溶液润洗？为什么？

2. 测定HAc溶液的pH值时，为什么要按溶液浓度由稀到浓的顺序测定？

3. 试总结测定结果与理论值发生偏差的原因。

实验5　缓冲溶液缓冲容量的测定

【实验目的】

1. 学习酸度计的使用方法。

2. 测定不同配比HAc-NaAc缓冲溶液的缓冲容量。

【实验原理】

缓冲容量是指缓冲溶液的pH值每升高或降低一个单位时，所需加入强酸或强碱的物质的量浓度，一般用β表示：

$$\beta = c_B/\Delta pH \quad 或 \quad \beta = -c_A/\Delta pH$$

式中　c_A、c_B——加入的强酸或强碱的物质的量浓度；

ΔpH——溶液相应的 pH 变化值；

β——一般取正值，当溶液 pH 值随着酸的加入降低时，式中添加一个负号，β 值越大说明缓冲溶液的缓冲作用越好。

【仪器与试剂】

仪器：酸度计 1 台，100mL 容量瓶 4 个，50mL 烧杯 5 个（干燥），1mL、25mL 移液管各 1 个，10mL 刻度移液管 2 个。

试剂：HAc（$1.0mol \cdot L^{-1}$），NaAc（$1.0mol \cdot L^{-1}$），NaOH（$0.10mol \cdot L^{-1}$）。

【实验步骤】

1. 用 10mL 移液管按表 4-6 中 1 号的体积比，分别吸取 2.50mL HAc（$1.0mol \cdot L^{-1}$）溶液和 7.50mL NaAc（$1.0mol \cdot L^{-1}$）溶液加入到 100mL 容量瓶中，用蒸馏水稀释至刻度。用同样方法配制 2～4 号缓冲溶液（表 4-6）。

表 4-6　缓冲溶液配制比例表

项目＼编号	1	2	3	4
HAc($1.0mol \cdot L^{-1}$)/mL	2.50	5.00	7.50	1.00
NaAc($1.0mol \cdot L^{-1}$)/mL	7.50	5.00	2.50	1.00
总浓度/$mol \cdot L^{-1}$	0.10	0.10	0.10	0.020
总体积/mL	100.0	100.0	100.0	100.0

2. 用移液管移取 25.00mL 1 号缓冲溶液于 50mL 洁净、干燥烧杯中，用酸度计测其 pH 值，并记录数据；用移液管吸取 1.00mL NaOH（$0.10mol \cdot L^{-1}$）溶液加入到小烧杯中，轻轻摇动，使其充分反应，然后重新测定溶液的 pH 值，记录数据。

用同样方法分别移取 2～4 号缓冲溶液于 50mL 洁净、干燥烧杯中，重复上述操作，并记录数据。

3. 用移液管移取 25.00mL 蒸馏水于 50mL 洁净、干燥烧杯中，用酸度计测其 pH 值，并记录数据；用移液管吸取 1.00mL NaOH（$0.10mol \cdot L^{-1}$）溶液加入到小烧杯中，轻轻摇动，使其充分反应，然后重新测定溶液的 pH 值，记录数据，与上述缓冲溶液进行比较。

【数据记录与处理】

将所得数据按表 4-7 处理，计算并比较不同缓冲溶液的 β 值。

表 4-7　缓冲溶液相关数据记录表

项目＼编号	1	2	3	4	蒸馏水
理论 pH 值					
实验 pH 值					
加入 NaOH 后溶液的 pH 值					
ΔpH					
$\beta/mol \cdot L^{-1}$					

注：ΔpH＝加入 NaOH 后溶液的 pH 值－实验 pH 值。

β 值的计算：$\beta=\dfrac{c_B}{\Delta pH}=\dfrac{\frac{0.10\times1.00}{25.00+1.00}}{\Delta pH}$。

【思考题】

1. 通过实验，说明 HAc-NaAc 配比或浓度不同时，对缓冲溶液的缓冲容量有何影响。
2. 缓冲溶液的实验与理论 pH 值为什么会有一定的偏差？

实验 6 磺基水杨酸合铁(Ⅲ)配合物的组成及稳定常数的测定

磺基水杨酸合铁（Ⅲ）配合物的组成

【实验目的】

1. 了解分光光度法测定配合物的组成和配离子的稳定常数的原理和方法。
2. 学习分光光度计的使用方法。

【实验原理】

根据朗伯-比耳定律，$A=\varepsilon bc$，在一定波长下，如液层的厚度 b 不变，吸光度 A 只与有色物质的浓度 c 成正比。

设中心离子（M）和配位体（L）在某种条件下反应，只生成一种配合物 ML_n（略去电荷）：

$$M+nL \rightleftharpoons ML_n$$

如果 M 和 L 都是无色的，而 ML_n 有色，则此溶液的吸光度与配合物的浓度成正比。本实验采用等物质的量系列法对配合物的组成和稳定常数进行测定。

所谓等物质的量系列法，就是保持溶液中中心离子浓度和配体浓度之和不变，改变中心离子与配位体的相对量，配制成一系列溶液。其中在一些溶液中中心离子是过量的，还有一些溶液中配位体是过量的。在这两种情况下配离子的浓度都不能达到最大值，只有当溶液中心离子与配位体的物质的量之比与配离子的组成一致时，配离子的浓度才能达到最大，吸光度也最大。

若以吸光度对中心离子的摩尔分数作图，则从图上最大吸收处可以求得配合物的配位数 n。如图 4-2 所示，在摩尔分数为 0.5 处为最大吸收，则

$$\frac{\text{中心离子物质的量}}{\text{总物质的量}}=0.5$$

$$\frac{\text{配位体物质的量}}{\text{总物质的量}}=0.5$$

所以 $$n=\frac{\text{配位体物质的量}}{\text{中心离子物质的量}}=1$$

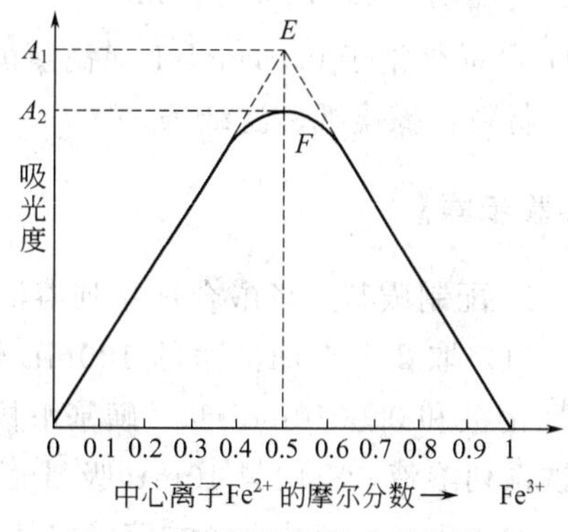

图 4-2 等物质的量系列法图示

即求出配合物的组成为 ML 型。由图 4-2 可看出，E 处对应的最大吸光度可认为是 M 和 L 全部形成配合物 ML 时的吸光度，其值为 A_1，在 F 处的吸光度是由于 ML 发生部分解离而剩下的那部分配合物的吸光度，其值为 A_2，因此配合物的解离度 α 为：

$$\alpha=\frac{A_1-A_2}{A_1}$$

配合物 ML 的稳定常数可由下列平衡关系导出：

$$M \quad + \quad L \rightleftharpoons ML$$

平衡浓度 $\qquad c\alpha \qquad c\alpha \qquad c-c\alpha$

$$K_{稳}=\frac{[ML]}{[M][L]}=\frac{1-\alpha}{c\alpha^2}$$

其中 c 对应于 E 点的中心离子浓度。

注意：这里求出的 $K_{稳}$ 是表观稳定常数，欲求得热力学常数，必须根据综合实验条件（离子强度、pH 等）进行校正。

磺基水杨酸（$C_7H_6O_6S$，简写式为 H_3R）与 Fe^{3+} 可以形成稳定的配合物，配合物的组成因 pH 值的改变而有所不同。pH＜4 时，形成 1∶1 的螯合物，呈紫红色，配合反应为：

Fe^{3+} + HO_3S—(苯环)—OH (COOH) ⇌ [HO_3S—(苯环)—O—Fe—O—C(=O)]$^+$ + $2H^+$

紫红色

pH 值为 4～9 时生成 1∶2 的螯合物，呈红色；pH 值为 9～11.5 时可形成 1∶3 的螯合物，呈黄色。本实验选择的测定条件为 pH 值＝2.0，通过加入 $0.01mol \cdot L^{-1}$ $HClO_4$ 保证测定时所需的 pH 值。

【仪器与试剂】

仪器：721 型（或 722 型）分光光度计、比色皿（1cm）、吸量管（10mL）、烧杯（100mL、50mL）、洗耳球。

试剂：$0.01mol \cdot L^{-1}$ $HClO_4$ 溶液（将 4.4mL 70% $HClO_4$ 加入到 50 mL 水中，再稀释到 5000mL）；$0.0010mol \cdot L^{-1}$ 磺基水杨酸溶液（将分析纯磺基水杨酸溶于 $0.01mol \cdot L^{-1}$ 高氯酸中配制而成）；$0.0010mol \cdot L^{-1}$ Fe^{3+} 溶液［将分析纯硫酸铁铵 $(NH_4)Fe(SO_4)_2 \cdot 12H_2O$ 晶体溶于 $0.01mol \cdot L^{-1}$ 高氯酸中配制而成］。

材料：擦镜纸、滤纸条。

【实验步骤】

1. 配制磺基水杨酸合铁系列溶液

（1）取 2 个干燥洁净的 100mL 烧杯，编号 1～2 号。各量取约 60mL $0.0010mol \cdot L^{-1}$ Fe^{3+} 溶液和 $0.0010mol \cdot L^{-1}$ 磺基水杨酸溶液，分别放入烧杯 1～2 号，用于配制磺基水杨酸合铁系列溶液。将两只 10mL 吸量管编号 1～2 号，分别用于量取 $0.0010mol \cdot L^{-1}$ Fe^{3+} 和 $0.0010mol \cdot L^{-1}$ 磺基水杨酸溶液（切勿混用!）。

（2）取 9 个干燥、洁净的 50mL 烧杯，编号 1～9 号。按照表 4-8 所列的用量，用 1～2 号吸量管分别量取上述 $0.0010mol \cdot L^{-1}$ Fe^{3+} 和 $0.0010mol \cdot L^{-1}$ 磺基水杨酸（H_3R）溶液，依次放入 9 个烧杯中，混合均匀后待用。

2. 测定磺基水杨酸合铁系列溶液的吸光度

以蒸馏水为参比溶液，用 1cm 比色皿，在波长 500nm 处，分别测定各溶液的吸光度 A。

【数据记录与处理】

将实验结果记录在表 4-8 中。

表 4-8 Fe^{3+} 与磺基水杨酸的配制比例及相应吸光度 A

室温________℃

溶液编号	0.0010mol·L^{-1} Fe^{3+}/mL	0.0010mol·L^{-1} H_3R/mL	Fe^{3+} 摩尔分数	吸光度 A
1	9.00	1.00		
2	8.00	2.00		
3	7.00	3.00		
4	6.00	4.00		
5	5.00	5.00		
6	4.00	6.00		
7	3.00	7.00		
8	2.00	8.00		
9	1.00	9.00		

以吸光度 A 为纵坐标对 Fe^{3+} 摩尔分数作图，从图中找出最大吸收处，求出配合物的组成及其稳定常数。

【思考题】

1. 在测定溶液的吸光度时，如果未用擦镜纸将比色皿光面外的水擦干，对测定的吸光度值 A 有何影响？取用比色皿时应注意什么问题？

2. 每次测定吸光度后，为什么要随时关上分光光度计的光路闸门？

3. 为什么要用 0.01mol·L^{-1} $HClO_4$ 溶液作为溶剂来配制 0.0010mol·L^{-1} Fe^{3+} 和 0.0010mol·L^{-1}磺基水杨酸溶液？能否用蒸馏水配制 Fe^{3+} 和磺基水杨酸溶液？为什么？

实验 7 硫酸钡溶度积的测定（电导率仪法）

【实验目的】

硫酸钡溶度积的测定

1. 了解利用电导率仪测定难溶电解质溶度积的原理。

2. 学习电导率仪的使用方法。

3. 掌握沉淀的生成、陈化、离心分离、洗涤等基本操作。

【实验原理】

难溶电解质的溶解度很小，其离子浓度很难直接测定，目前的测定方法主要有分光光度法、电导率仪法、离子交换法等，本实验采用电导率仪法测定难溶强电解质硫酸钡的溶度积。首先测定饱和溶液的电导或电导率，根据电导与浓度之间的关系，计算难溶电解质的溶解度，进而计算出溶度积。

电解质溶液的摩尔电导 Λ_m 可由下式计算出：

$$\Lambda_m = \frac{\kappa}{c} \times 10^{-3} (S \cdot m^2 \cdot mol^{-1})$$

当溶液无限稀释时，每种电解质的极限摩尔电导 Λ_0 是每种离子的极限摩尔电导的简单加和：

$$\Lambda_0=\Lambda_{0,+}+\Lambda_{0,-}$$

离子的极限摩尔电导可从物理化学手册上查到。

由于 $BaSO_4$ 溶解度很小，其饱和溶液可以近似地看成无限稀释溶液，故有

$$\begin{aligned}\Lambda_0&=\Lambda_0(Ba^{2+})+\Lambda_0(SO_4^{2-})\\&=287.28\times10^{-4}S\cdot m^2\cdot mol^{-1}\end{aligned}$$

因此，只需测得 $BaSO_4$ 饱和溶液的电导率或电导，即可计算出 $BaSO_4$ 饱和溶液的浓度。

$$c(BaSO_4)=\frac{\kappa(BaSO_4)}{1000\Lambda_0(BaSO_4)}(mol\cdot L^{-1})$$

应该注意的是，测定得到的 $BaSO_4$ 饱和溶液的电导率或电导值，包括了溶剂水解离出的 H^+ 和 OH^-，因此计算时必须减去：

$$\kappa(BaSO_4)\approx\kappa(BaSO_4\ 溶液)-\kappa(H_2O)$$

在 $BaSO_4$ 饱和溶液中，存在如下平衡：

$$BaSO_4\rightleftharpoons Ba^{2+}+SO_4^{2-}$$

$$\begin{aligned}K_{sp}^{\ominus}&=c(Ba^{2+})c(SO_4^{2-})=c^2(BaSO_4)\\&=\left[\frac{\kappa(BaSO_4\ 溶液)-\kappa(H_2O)}{1000\Lambda_0(BaSO_4)}\right]^2\end{aligned}$$

【仪器与试剂】

仪器：DDS-307 型电导率仪、离心机、离心试管、烧杯（50mL、100mL）、量筒（100mL）、表面皿、电炉、石棉网。

试剂：H_2SO_4（$0.05mol\cdot L^{-1}$）、$BaCl_2$（$0.05mol\cdot L^{-1}$）、$AgNO_3$（$0.01mol\cdot L^{-1}$）。

【实验步骤】

1. $BaSO_4$ 沉淀的制备

量取 30mL $0.05mol\cdot L^{-1}$ H_2SO_4 溶液加入到 100mL 烧杯中，加热至近沸时，一边搅拌一边将 30mL $0.05mol\cdot L^{-1}$ $BaCl_2$ 溶液逐滴加入到 H_2SO_4 溶液中，加完后盖上表面皿，继续加热煮沸 5min（**小心溶液溅出!**），小火保温 10min，搅拌数分钟后，取下烧杯静置、陈化。当沉淀上面的溶液澄清时，用倾析法倾去上层清液。

将沉淀和少量余液用玻棒搅成乳状，分次转移到离心管中，离心分离，弃去溶液。向离心管中加入约 4～5mL 近沸的蒸馏水，用玻棒充分搅拌沉淀，再离心分离，弃去洗涤液。重复洗涤直至洗涤液中无 Cl^- 为止（一般洗涤至第四次时，就可用 $0.01mol\cdot L^{-1}$ $AgNO_3$ 进行有无 Cl^- 的检验）。

2. $BaSO_4$ 饱和溶液的制备

将上述制得的 $BaSO_4$ 沉淀全部转移到烧杯中，加蒸馏水 60mL，搅拌均匀后，盖上表面皿，加热煮沸 3～5min。稍冷后，再置于冷水浴中搅拌 5min，重新浸在少量冷水中，静置、冷却至室温。当沉淀上面的溶液澄清时，即可进行电导率的测定。

3. 电导率的测定

（1）测定 $BaSO_4$ 饱和溶液的电导率。

（2）测定用于配制 $BaSO_4$ 饱和溶液的蒸馏水的电导率。

【数据记录与处理】

将实验结果填入表 4-9。

表 4-9　实验结果记录表

温度 T/℃	$\kappa(BaSO_4$ 溶液$)/S \cdot m^{-1}$	$\kappa(H_2O)/S \cdot m^{-1}$	$K_{sp}^{\ominus}(BaSO_4)$

【思考题】

1. 制备 $BaSO_4$ 时，为什么要洗至无 Cl^-？

2. 测定蒸馏水和 $BaSO_4$ 饱和溶液的电导率时，若水的纯度不高，或所用玻璃器皿不够洁净，将对实验结果有何影响？

3. 试讨论实验结果与理论值产生偏差的原因。

实验 8　硫酸亚铁铵的制备

硫酸亚铁铵的制备

【实验目的】

1. 了解复盐的一般特征和制备方法。

2. 掌握加热、减压过滤、蒸发、结晶等操作。

【实验原理】

用废铁屑与稀硫酸作用可得硫酸亚铁，然后将所得硫酸亚铁与等物质的量的硫酸铵在水溶液中相互作用，冷却结晶，最后得到浅绿色、含有六个结晶水的硫酸亚铁铵晶体。

$$Fe + H_2SO_4 \longrightarrow FeSO_4 + H_2\uparrow$$

$$FeSO_4 + (NH_4)_2SO_4 + 6H_2O \longrightarrow FeSO_4 \cdot (NH_4)_2SO_4 \cdot 6H_2O$$

硫酸亚铁铵，又称摩尔盐，是浅绿色单斜晶体，在空气中比一般亚铁盐稳定，不易被氧化，易溶于水，难溶于乙醇。硫酸亚铁、硫酸铵、硫酸亚铁铵在水中的溶解度见表 4-10。

表 4-10　硫酸亚铁、硫酸铵、硫酸亚铁铵在水中的溶解度

单位：$g/100gH_2O$

盐 \ 温度/℃	0	10	20	30	40	50	70
$FeSO_4 \cdot 7H_2O$	15.7	20.5	26.6	33.2	40.2	48.6	56.0
$(NH_4)_2SO_4$	70.6	73.0	75.4	78.0	81.0	84.5	91.9
$FeSO_4 \cdot (NH_4)_2SO_4 \cdot 6H_2O$	12.5	18.1	21.2	24.5	27.8	31.3	38.5

【仪器与试剂】

仪器：台秤，烧杯（250mL 一个），量筒（10mL、100mL 各一个），布氏漏斗，吸滤瓶，蒸发皿，表面皿，比色管（25mL 共 4 个），比色管架，电炉，石棉网，刻度移液管（1mL、2mL 各一个）。

试剂：Na_2CO_3（10%），H_2SO_4（$3.0mol \cdot L^{-1}$），$(NH_4)_2SO_4$ 固体，Fe^{3+} 标准溶液（$0.10mg \cdot mL^{-1}$），KSCN（$1.0mol \cdot L^{-1}$），铁屑。

材料：滤纸，广泛 pH 试纸。

【实验步骤】

1. 铁屑表面油污的去除

用台秤称取 2.0g 碎铁屑（或铁片）放入 250mL 烧杯中，加入 10% Na_2CO_3 溶液约 10mL，在电炉上煮沸。倾析法倾去碱液，用蒸馏水洗至中性，备用。

2. 硫酸亚铁的制备

加入 $3.0mol \cdot L^{-1}$ H_2SO_4 溶液约 18mL 于放有铁屑的烧杯中，盖上表面皿，小火加热（由于铁屑中的杂质在反应中会产生一些有毒气体，最好在通风橱中进行），使铁屑与稀硫酸反应，在加热过程中应不时补加少量的蒸馏水，以补充被蒸发掉的水分（溶液总体积不要超过 150mL），防止 $FeSO_4$ 提前结晶。待反应基本完成（反应完成的程度可通过产生的细碎的氢气气泡来判断，如果几乎没有细碎的气体产生，则反应基本完成，而水本身沸腾的气泡为大气泡，与氢气细碎的气泡显著不同），趁热减压过滤，并用少量热蒸馏水洗涤。过滤后的溶液转移至蒸发皿中，此时溶液应为淡绿色（pH 值约为 1）。若溶液颜色发黄，则可能溶液酸度不足，部分 Fe^{2+} 被氧化，须补加少量硫酸溶液。

3. 硫酸亚铁铵的制备

根据铁屑的质量或生成 $FeSO_4$ 的理论产量，计算出制备硫酸亚铁铵所需 $(NH_4)_2SO_4$ 的量。称取小于理论计算量的 $(NH_4)_2SO_4$ 固体，直接加入到硫酸亚铁溶液中，加热搅拌使之溶解。然后小火加热浓缩（硫酸铵固体溶解后，不得再进行搅拌），当溶液表面出现晶体膜或溶液出现浑浊时即停止加热。静置，自然冷却至室温，析出淡绿色的 $FeSO_4 \cdot (NH_4)_2SO_4 \cdot 6H_2O$ 晶体（注意观察晶体的生长过程与晶体的形状）。待晶体充分析出，减压抽滤，用滤纸将晶体中母液尽量吸干，在台秤上称重，计算理论产量和产率：

$$产率=\frac{实际产量(g)}{理论产量(g)}\times 100\%$$

4. 产品检验

（1）溶液的配制　Fe^{3+} 贮备溶液的配制：称取 0.8634g $NH_4Fe(SO_4)_2 \cdot 12H_2O$ 固体溶于不含氧、并用 2.5mL 浓硫酸酸化了的蒸馏水中，转移至 1000mL 容量瓶中，稀释至刻度（每毫升含 Fe^{3+} 0.1mg）。

标准溶液的配制：用 2mL 移液管依次量取上述 Fe^{3+} 标准溶液 0.50mL、1.00mL、2.00mL，分别置于三支 25mL 的比色管中，各加 1.0mL $3.0mol \cdot L^{-1}$ H_2SO_4 溶液和 1.00mL $1.0mol \cdot L^{-1}$ KSCN 溶液，用不含氧的蒸馏水稀释至刻度，摇匀。

（2）产品检验　称取 1.0g 产品，置于 25mL 比色管中，加入 1.0mL $3.0mol \cdot L^{-1}$ H_2SO_4 溶液和 20mL 不含氧的蒸馏水，振荡，溶解后加入 1.00mL $1.0mol \cdot L^{-1}$ KSCN 溶

液，用不含氧的蒸馏水稀释至刻度，摇匀，与标准溶液进行颜色比较，确定产品的等级（表4-11）。

表 4-11　不同等级 $FeSO_4 \cdot (NH_4)_2SO_4 \cdot 6H_2O$ 中 Fe^{3+} 含量

规格	Ⅰ级	Ⅱ级	Ⅲ级
Fe^{3+} 含量/$mg \cdot g^{-1}$	0.050	0.10	0.20

【思考题】

1. 为什么硫酸亚铁溶液都要保持较强的酸性？
2. 为什么在检验产品中 Fe^{3+} 含量时，要用不含 O_2 的蒸馏水溶解样品？

实验 9　明矾的制备

【实验目的】

1. 了解由金属铝制备明矾的原理及过程。
2. 练习结晶、减压过滤等基本操作。

【实验原理】

硫酸铝钾俗称明矾、铝钾矾，无色透明晶体，化学式 $K_2SO_4 \cdot Al_2(SO_4)_3 \cdot 24H_2O$，是工业上十分重要的铝盐，用作净水剂、填料、媒染剂等。

本实验是利用金属铝溶于强碱溶液，先将金属铝溶于 KOH 溶液，制得四羟基合铝酸钾：

$$2Al + 2KOH + 6H_2O \xlongequal{} 2K[Al(OH)_4] + 3H_2 \uparrow$$

金属铝中的其他金属杂质，如 Fe 等，不能溶于强碱溶液而被除去。

生成的四羟基合铝酸钾用硫酸溶液中和，可制得硫酸铝钾晶体。若经重结晶，可制得纯净的明矾晶体。$KAl(SO_4)_2$ 在水中的溶解度见表 4-12。

表 4-12　$KAl(SO_4)_2$ 在水中的溶解度　　单位：g/100g H_2O

T/℃	0	10	20	30	40	50	60	70	80	90
溶解度	3.0	4.0	5.9	8.4	11.7	17.0	24.8	40.0	71.0	109.0

【仪器与试剂】

仪器：锥形瓶（250mL，1 个），烧杯（100mL，2 个），玻璃漏斗，漏斗架，台秤，抽滤瓶，布氏漏斗，循环水真空泵。

试剂：铝片（可用废弃铝制易拉罐代替），H_2SO_4(1+1)，KOH 固体。

【实验步骤】

1. 将铝片用剪刀剪碎，备用。

2. 称取 2.5g KOH 固体于 250mL 锥形瓶中，加入 30mL 蒸馏水使之溶解。称取 1g 剪碎的铝片，分次加入到溶液中（反应剧烈，防止溶液溅出，最好在通风橱内进行）。待反应趋于缓和时，可用水浴加热，使之进行完全。

3. 反应完毕后，将溶液趁热过滤，滤液转入 100mL 烧杯中，在不断搅拌下，慢慢滴加 10mL(1+1)H_2SO_4 溶液（注意：反应剧烈，防止溶液溅出）。加完后小火加热，使生成的沉淀完全溶解，冷至室温，冰水冷却充分结晶，减压抽滤，称重。

4. 重结晶。如果产品纯度较差，可通过重结晶的方法得到颗粒较大、纯度较好的晶体。

将制得的粗明矾晶体，参照溶解度表 4-12，用少量水重新加热溶解。先自然冷却，待产生大量晶体时，可用冰水冷却。待充分结晶后，减压抽滤，将晶体用滤纸吸干，称重，计算产率。

【思考题】

1. 本实验为什么用氢氧化钾溶解金属铝，而不直接用硫酸溶解金属铝？
2. 重结晶时，为什么先采取自然冷却的方法，而不直接用冰水冷却？

实验 10　硫代硫酸钠的制备

【实验目的】

1. 学习 $Na_2S_2O_3 \cdot 5H_2O$ 的制备方法。
2. 掌握蒸发浓缩、结晶、减压过滤等基本操作。

【实验原理】

硫代硫酸钠（$Na_2S_2O_3 \cdot 5H_2O$）俗称大苏打或海波，无色透明单斜晶体。在 33℃ 以上的干燥空气中风化，48℃分解。硫代硫酸钠易溶于水，难溶于乙醇，具有较强的配位能力和还原性。

硫代硫酸钠的制备一般是将硫粉与亚硫酸钠溶液直接加热反应，然后经过滤、浓缩、结晶，得到 $Na_2S_2O_3 \cdot 5H_2O$ 晶体。

$$Na_2SO_3 + S = Na_2S_2O_3$$

【仪器与试剂】

仪器：台秤，烧杯，150mL 圆底烧瓶，回流冷凝管，真空泵，抽滤瓶，布氏漏斗，蒸发皿等。

试剂：$Na_2SO_3 \cdot 6H_2O$（固），硫粉（固），乙醇（95%），氢氧化钠，活性炭，$AgNO_3$ 溶液等。

【实验步骤】

1. 硫代硫酸钠的制备

称取 10g $Na_2SO_3 \cdot 6H_2O$ 于小烧杯中，加入 80mL 蒸馏水（用 NaOH 调节 pH≈10）溶

解。在 150mL 圆底烧瓶中放入 3g 研细的硫粉（可加入少量乙醇润湿，使硫粉易于分散到溶液中）。将亚硫酸钠溶液转移到圆底烧瓶中，加装回流冷凝管，加热回流 30min。反应结束后，加少量粉状活性炭至溶液略变黑色，继续煮沸 2min 脱色。趁热过滤除去活性炭和未反应完的硫粉。将滤液在水浴上蒸发浓缩至液面有晶体产生为止。冷却后即有结晶析出。减压过滤，将晶体在 40℃下干燥 30min，称重，计算产率。

2. 产品检验

取少量 $Na_2S_2O_3 \cdot 5H_2O$ 晶体溶于试管中，加入少量 $AgNO_3$ 溶液，观察生成的沉淀由白→黄→棕→黑的过程。$Na_2S_2O_3 \cdot 5H_2O$ 在水中的溶解度见表 4-13。

表 4-13　$Na_2S_2O_3 \cdot 5H_2O$ 在水中的溶解度　　单位：g/100g H_2O

T/℃	0	10	20	25	35	45	75
溶解度	50.15	59.66	70.07	75.90	91.24	120.9	233.3

【思考题】

1. 为什么硫代硫酸钠不能在高于 40℃的温度下干燥？
2. 写出产品检验的反应方程式。

实验 11　硫酸铜的制备

硫酸铜的制备

【实验目的】

1. 了解以废铜和工业硫酸为主要原料制备 $CuSO_4 \cdot 5H_2O$ 的原理和方法。
2. 掌握灼烧、蒸发浓缩、结晶、减压过滤等基本操作。
3. 学习重结晶法提纯物质的原理和方法。

【实验原理】

$CuSO_4 \cdot 5H_2O$ 俗称胆矾、蓝矾，为蓝色晶体，易溶于水，难溶于乙醇。在水中的溶解度见表 4-14。

表 4-14　$CuSO_4 \cdot 5H_2O$ 在水中的溶解度　　单位：g/100g H_2O

T/℃	0	20	40	60	80	100
溶解度	23.1	32.0	44.6	61.8	83.8	114

$CuSO_4 \cdot 5H_2O$ 在干燥空气中缓慢风化，加热至 218℃以上失去全部结晶水成为白色无水 $CuSO_4$。无水 $CuSO_4$ 易吸水变蓝，利用此性质可以检验某些液态有机物中微量的水。$CuSO_4 \cdot 5H_2O$ 用途广泛，是制备其他铜盐的基本原料，常用作印染工业的媒染剂、农业杀虫剂、水的杀菌剂、木材防腐剂，并且是电镀铜的主要原料。

制备 $CuSO_4 \cdot 5H_2O$ 常用的方法是氧化铜法。先将铜氧化为氧化铜，然后将氧化铜溶于硫酸而制得。其反应方程式如下：

$$2Cu + O_2 \xrightarrow{灼烧} 2CuO$$

$$CuO + H_2SO_4 \longrightarrow CuSO_4 + H_2O$$

由于废铜及工业硫酸不纯，制得的硫酸铜溶液中常含有难溶性和可溶性杂质（一般是 Fe^{2+} 和 Fe^{3+}）。难溶性杂质可在过滤时除去，对于可溶性杂质 Fe^{2+} 和 Fe^{3+}，一般是先将 Fe^{2+} 用氧化剂 H_2O_2 氧化为 Fe^{3+}，然后调节溶液的 pH 值，使 Fe^{3+} 水解生成 $Fe(OH)_3$ 沉淀，再过滤除去。其反应方程式为：

$$2Fe^{2+} + 2H^+ + H_2O_2 \longrightarrow 2Fe^{3+} + 2H_2O$$

$$Fe^{3+} + 3H_2O \xrightarrow{\triangle} Fe(OH)_3 \downarrow + 3H^+$$

溶液的 pH 值越高，Fe^{3+} 除得越干净。但是 pH 值过高时，Cu^{2+} 也会水解，特别是在加热的情况下，其水解程度更大。本实验控制 pH≈3。

将除去杂质的 $CuSO_4$ 溶液蒸发浓缩、冷却、结晶，制得蓝色 $CuSO_4 \cdot 5H_2O$ 晶体。

【仪器与试剂】

仪器：台秤、瓷坩埚、泥三角、坩埚钳、酒精喷灯、烧杯（100mL）、量筒（10mL、100mL）、布氏漏斗、吸滤瓶、蒸发皿、水浴锅、循环水真空泵、石棉网、三脚架。

试剂：H_2SO_4（$3mol \cdot L^{-1}$）、3% H_2O_2 溶液、$CuCO_3$ 固体、氨水（$6\ mol \cdot L^{-1}$）、KSCN 溶液（$1mol \cdot L^{-1}$）、HCl（$2mol \cdot L^{-1}$）、废铜粉。

材料：滤纸、pH 试纸。

【实验步骤】

1. 氧化铜的制备

在台秤上称取 3.0g 废铜粉，放入干燥、洁净的瓷坩埚中。将坩埚置于泥三角上，用酒精喷灯高温灼烧，并不断搅拌，直至 Cu 粉完全转化为黑色 CuO（约 20min），停止加热，冷却。

2. 粗 $CuSO_4$ 溶液的制备

将冷却后的 CuO 倒入 100mL 烧杯中，加入 20mL $3mol \cdot L^{-1}$ H_2SO_4，再加 10mL 蒸馏水，微热使之溶解。

3. $CuSO_4$ 溶液的精制

在粗 $CuSO_4$ 溶液中，边加热边搅拌下滴加 2mL 3% H_2O_2 溶液，使 Fe^{2+} 氧化为 Fe^{3+}。然后慢慢加入 $CuCO_3$ 粉末，并不断搅拌至溶液 pH≈3 为止，再加热至沸（防止溶液溅出！）。趁热减压过滤，滤液转移至洁净的蒸发皿中。

4. $CuSO_4 \cdot 5H_2O$ 晶体的制备

在精制的 $CuSO_4$ 溶液中，滴加 $3mol \cdot L^{-1}$ H_2SO_4 酸化，将滤液 pH 值调节到 1～2。然后将蒸发皿放在石棉网上，用小火加热，蒸发浓缩至液面出现晶膜时，即可停止加热。冷却至室温，使蓝色晶体充分析出，减压过滤，抽滤至干。取出晶体，用滤纸吸干晶体表面的水分。

5. 重结晶法提纯 $CuSO_4 \cdot 5H_2O$

按 $CuSO_4 \cdot 5H_2O : H_2O = 1 : 1.2$ 的质量比，将制备的 $CuSO_4 \cdot 5H_2O$ 溶于蒸馏水中，加热溶解后，趁热过滤。滤液转移至烧杯中，慢慢冷却至室温，待蓝色晶体充分析出后，减压过滤，尽量抽干，用滤纸吸干后称重，计算产率。

6. $CuSO_4 \cdot 5H_2O$ 的纯度鉴定

（1）称取 1g 提纯后的 $CuSO_4 \cdot 5H_2O$ 晶体，放入烧杯中，用 10mL 蒸馏水溶解，加入

1mL 3mol·L^{-1} H_2SO_4 酸化，然后加入 2mL 3% H_2O_2 溶液，煮沸片刻。

(2) 待溶液冷却后，搅拌加入 6mol·L^{-1}氨水，直至生成的浅蓝色沉淀完全溶解，溶液变为深蓝色为止，此时 Fe^{3+} 转化为 $Fe(OH)_3$ 沉淀。过滤，用少量蒸馏水洗涤滤纸上的沉淀物，直到蓝色洗去为止。

(3) 将 3mL 2mol·L^{-1}热 HCl 滴在滤纸上，使 $Fe(OH)_3$ 沉淀溶解。如果一次不能完全溶解，可将滤下的滤液加热，再滴到滤纸上。

(4) 在滤液中滴入 2 滴 1mol·L^{-1} KSCN 溶液，观察溶液颜色变化及深浅程度。

(5) 称取 1g 分析纯 $CuSO_4·5H_2O$ 晶体，重复 (1) ～ (4) 的操作，比较两种溶液血红色的深浅，评定产品的纯度。

【思考题】

1. 除铁时为什么控制溶液的 pH≈3，pH 值太大或太小有何影响？为什么在蒸发浓缩 $CuSO_4$溶液前又把 pH 值调至 1～2?

2. 蒸发、浓缩、结晶时，为什么刚出现晶膜就要停止加热，而不能将溶液蒸干？

实验 12　十二钨磷酸和十二钨硅酸的制备

【实验目的】

1. 了解十二钨杂多酸的制备方法。
2. 学习萃取等基本操作。

【实验原理】

杂多酸作为一种新型催化剂，已经广泛应用于石油化工、医药等领域。过渡元素钒、铌、钼、钨等易形成同多酸和杂多酸。在碱性溶液中，W(Ⅵ) 以正钨酸根 WO_4^{2-} 存在，随着溶液 pH 值的减小，逐渐聚合成多酸根离子。在聚合过程中，加入一定量磷酸盐或硅酸盐，则可生成有确定组成的钨杂多酸盐，在水溶液中结晶时，得到水合状态的杂多酸（盐）结晶 $H_m[XW_{12}O_{40}]·nH_2O$，该物质易溶于水及含氧有机溶剂（如乙醚、丙酮等），遇强碱分解，在酸性水溶液中较稳定。本实验利用钨杂多酸在强酸溶液中易与乙醚生成加合物而被乙醚萃取的性质来制备十二钨磷酸和十二钨硅酸。

【仪器与试剂】

仪器：烧杯、分液漏斗、布氏漏斗、吸滤瓶、循环水真空泵、蒸发皿、恒温水浴锅、量筒。

试剂：Na_2HPO_4、$Na_2WO_4·2H_2O$、$Na_2SiO_3·9H_2O$、浓 HCl、HCl（6mol·L^{-1}）、3% H_2O_2 溶液、乙醚。

【实验步骤】

1. 十二钨磷酸（$H_3PW_{12}O_{40}·nH_2O$）的制备

台秤称取 5.0g $Na_2WO_4·2H_2O$ 和 0.8g Na_2HPO_4，溶于 20mL 的 60～70℃热水中，边

搅拌边加入 5mL 浓 HCl，继续加热半分钟，溶液呈淡黄色，冷却至 40℃。

将烧杯中的溶液转移至分液漏斗，待溶液降至室温后，先加入 7mL 乙醚，再加入 2mL $6mol \cdot L^{-1}$ HCl，剧烈振荡 15min，静置分层，分去水层，将乙醚层转移到蒸发皿中。把蒸发皿放在装有沸水的烧杯上，水浴蒸发乙醚，直至液体表面出现晶膜为止。将蒸发皿在通风处放置，待乙醚完全挥发后，得到淡黄色固体。如果在蒸发时液体变蓝，可加入少量 3% H_2O_2 溶液使蓝色褪去。称重。

2. 十二钨硅酸（$H_4SiW_{12}O_{40} \cdot nH_2O$）的制备

台秤称取 5.0g $Na_2WO_4 \cdot 2H_2O$ 和 0.4g $Na_2SiO_3 \cdot 9H_2O$ 于 10mL 蒸馏水中，加热搅拌使其溶解。在微沸下边搅拌边缓慢滴加浓 HCl，直至生成的黄色沉淀消失，便可停止滴加浓 HCl（此过程大约需要 10min）。

将溶液减压过滤，滤液冷却至室温后，转移至分液漏斗中，加入 4mL 乙醚，再加入 1mL $6mol \cdot L^{-1}$ HCl，剧烈振荡，静置分层。分去水层，将乙醚层放入另一分液漏斗中，再加入 1mL 浓 HCl、4mL 水和 2mL 乙醚，充分振荡后静置，此时乙醚层应澄清无色（若颜色偏黄，可继续同样的萃取操作 1～2 次，直至乙醚层澄清无色为止）。将乙醚层转移至蒸发皿中，加入 15～20 滴蒸馏水，在 60℃恒温水浴中蒸发浓缩，直至液体表面有晶膜出现。冷却，待乙醚完全挥发后，得到无色透明的晶体。称重。

【思考题】

1. 萃取分离时，乙醚溶液应在上层还是下层？
2. 使用乙醚时要注意哪些问题？

实验 13　单、多相离子平衡

单、多相离子平衡

【实验目的】

1. 通过实验进一步加深对同离子效应、缓冲溶液缓冲性能的理解，了解盐类水解平衡的影响因素及沉淀的生成和溶解的影响因素等。
2. 掌握无机基本验证实验的规范操作。

【实验原理】

1. 弱电解质在溶液中的解离平衡及移动

在弱电解质溶液中存在着解离平衡，以 HAc 为例，有：

$$HAc \rightleftharpoons H^+ + Ac^-$$

若在平衡体系中加入含有相同离子的易溶强电解质（如 NaAc 等），则解离平衡向生成弱电解质（HAc）的方向移动，使弱电解质的解离度降低，这种效应叫作同离子效应。

弱酸及其盐（如 HAc 和 NaAc）或弱碱及其盐（如 $NH_3 \cdot H_2O$ 和 NH_4Cl）的混合溶液在一定程度上对外来的少量强酸或强碱具有一定的缓冲作用，即当外加少量强酸或强碱或加水稀释时，此混合溶液的 pH 值基本保持不变，这类溶液叫作缓冲溶液。

2. 盐类水解平衡及其移动

盐类水解是由组成盐的阴、阳离子与水作用，生成弱电解质（弱酸或弱碱）的过程。水解反应的结果往往使溶液呈酸性或碱性。水解反应是相应酸、碱中和反应的逆反应，水解后溶液的酸碱性取决于盐的类型。水解后生成的弱酸或弱碱越弱，或水解产物的溶解度越小，则对应盐的水解度越大。升高温度或稀释盐溶液都会使盐的水解度增大。

某些盐如 $BiCl_3$、$SnCl_2$ 等，水解后不仅改变溶液的 pH 值，还能生成沉淀：

$$BiCl_3 + H_2O \rightleftharpoons BiOCl\downarrow + 2HCl$$

在配制这些盐溶液时，要加入相应的强酸（或强碱）溶液，以防止水解。如在配制 $BiCl_3$ 溶液时，要先将 $BiCl_3$ 固体加入到一定浓度的盐酸溶液中，然后再稀释到所需浓度。

当弱酸盐溶液与弱碱盐溶液混合时，由于弱酸盐水解产生的 OH^- 与弱碱盐水解产生的 H^+ 的强烈作用，会加剧水解反应。

3. 难溶电解质的多相离子平衡及其移动

（1）溶度积规则

难溶盐在其饱和溶液中存在着如下平衡：

$$A_mB_n(s) \rightleftharpoons mA^{n+}(aq) + nB^{m-}(aq)$$

其平衡常数表达式为：

$$K_{sp}^{\ominus}(A_mB_n) = [c(A^{n+})]^m[c(B^{m-})]^n$$

$K_{sp}^{\ominus}$ 称为标准溶度积常数，简称溶度积。

在任意条件下，难溶盐 A_mB_n 在溶液中相应离子浓度幂的乘积称为离子积或浓度积，用 Q_c 表示：

$$Q_c(A_mB_n) = [c(A^{n+})]^m[c(B^{m-})]^n$$

离子积与溶度积之间的关系，遵从溶度积规则：

$Q_c(A_mB_n) > K_{sp}^{\ominus}(A_mB_n)$ 时，过饱和溶液，有沉淀产生；

$Q_c(A_mB_n) = K_{sp}^{\ominus}(A_mB_n)$ 时，饱和溶液，固液两相达平衡；

$Q_c(A_mB_n) < K_{sp}^{\ominus}(A_mB_n)$ 时，溶液未饱和，沉淀溶解。

利用溶度积规则，可以判断沉淀的生成和溶解。

（2）分步沉淀

如果溶液中同时含有多种离子，都能与某种沉淀剂生成沉淀，而且生成的沉淀物的溶解度相差较大，则利用溶度积规则可以判断沉淀反应进行的先后次序。哪种难溶电解质的离子积先达到它的溶度积，这种难溶电解质先被沉淀出来。或者说在不断地缓缓加入沉淀剂时，哪种离子生成沉淀所需沉淀剂的浓度最小，哪种离子就先生成沉淀而析出。然后当第二种难溶电解质的离子积达到其溶度积时，第二种沉淀又开始析出。在实验室常利用分步沉淀进行混合离子的分析和分离。

（3）沉淀的转化

对于同类型的电解质，溶度积较大的难溶电解质易转化为溶度积较小的难溶电解质，若难溶电解质的类型不同，就不能仅根据溶度积的大小进行判断，而应该根据具体的计算来说明。一般来说，溶解度（而不是溶度积）较大的难溶电解质易转化为溶解度较小的难溶电解质。

【仪器与试剂】

仪器：离心机等。

试剂：NaAc(s)，$FeCl_3 \cdot 6H_2O$ (s)，$NaHCO_3$ (s)，$NaNO_3$ (s)，HAc（0.1mol·L^{-1}），HCl（0.1mol·L^{-1}，2mol·L^{-1}），$NH_3 \cdot H_2O$（0.1mol·L^{-1}），NaOH（0.1mol·L^{-1}，2mol·L^{-1}），NaAc(0.1mol·L^{-1})，$BiCl_3$（0.1mol·L^{-1}），$Al_2(SO_4)_3$（0.1mol·L^{-1}），NH_4Cl（1mol·L^{-1}），Na_2CO_3(1mol·L^{-1})，$AgNO_3$(0.1mol·L^{-1})，K_2CrO_4(0.1mol·L^{-1})，NaCl(0.1mol·L^{-1})，KI（0.01mol·L^{-1}），$Pb(NO_3)_2$（0.5mol·L^{-1}），KCl（1mol·L^{-1}）。

指示剂：甲基橙，酚酞，百里酚蓝。

材料：pH 试纸。

【实验步骤】

1. 同离子效应

（1）在试管中加入 2mL HAc（0.1mol·L^{-1}）溶液和 1～2 滴甲基橙指示剂，摇匀后观察溶液颜色。然后分盛两支试管，在其中 1 支试管中加入少量 NaAc 晶体，摇动试管使其溶解，与另 1 支进行比较，观察颜色的变化，并解释原因。

（2）以 $NH_3 \cdot H_2O$（0.1mol·L^{-1}）溶液为例设计一个实验，证明同离子效应使 $NH_3 \cdot H_2O$ 的解离度降低（应选用哪种指示剂?）。

2. 缓冲溶液

在试管中加入 5mL HAc（0.1mol·L^{-1}）溶液和 5mL NaAc（0.1mol·L^{-1}）溶液，配制成 HAc-NaAc 缓冲溶液。加入数滴百里酚蓝指示剂，混匀，观察混合溶液的颜色（判断其 pH 值范围，参见表 4-15）。然后把溶液分盛于 4 支试管中，留下 1 支做比较，在另外 3 支试管中各加入 2 滴 HCl 溶液（0.1mol·L^{-1}）、2 滴 NaOH 溶液（0.1mol·L^{-1}）和少量蒸馏水，与原缓冲溶液的颜色进行比较，判断其 pH 值的变化。然后在加入 HCl 溶液（0.1mol·L^{-1}）和 NaOH 溶液（0.1mol·L^{-1}）的两支试管中，再分别加入几滴 HCl 溶液（2mol·L^{-1}）和 NaOH 溶液（2mol·L^{-1}），观察溶液颜色的变化，并与原缓冲溶液颜色进行比较，判断其 pH 值的变化。

根据实验现象，对缓冲溶液的缓冲性能做出结论。

表 4-15　百里酚蓝的变色范围

pH 值	<2.8	2.8～9.6	>9.6
颜色	红色	黄色	蓝色

3. 盐类水解平衡及其移动

（1）浓度、酸度、温度对水解平衡的影响

① 在试管中加入少量 $FeCl_3 \cdot 6H_2O$ 固体，用蒸馏水溶解后观察其颜色。然后将溶液分盛于 3 支试管，在第 1 支试管中加入 HCl（2mol·L^{-1}）溶液数滴，摇匀；第 2 支试管用小火加热，分别观察这两支试管中溶液的变化，并与第 3 支试管中的溶液进行比较，解释现象。

② 在试管中加入 1 滴 $BiCl_3$ 溶液（0.1mol·L^{-1}），加入少量蒸馏水稀释，观察白色沉淀的产生。逐滴加入 HCl 溶液（2mol·L^{-1}）至白色沉淀刚刚消失（不可多加），再加水稀释，观察现象，解释发生变化的原因。

（2）相互水解

① 在 1mL $Al_2(SO_4)_3$ 溶液（0.1mol·L^{-1}）中，加入少量 $NaHCO_3$ 固体，观察有何现象发生，并用水解平衡移动的观点解释之，写出反应方程式。

② 在 1mL NH_4Cl 溶液（1mol·L^{-1}）中，加入 1mL Na_2CO_3 溶液（1mol·L^{-1}），验证有无 NH_3 的生成，并写出离子方程式。

4. 多相离子平衡

（1）沉淀的生成和溶解

① 在试管中加入 2 滴 $AgNO_3$（0.1mol·L^{-1}）溶液和 2 滴 K_2CrO_4（0.1mol·L^{-1}）溶液，仔细观察实验现象，记录生成沉淀的颜色。

② 在试管中加入 2 滴 $AgNO_3$（0.1mol·L^{-1}）溶液和 2 滴 NaCl（0.1mol·L^{-1}）溶液，记录生成沉淀的颜色。

③ 取 2 支试管，各加入 5 滴 $Pb(NO_3)_2$ 溶液（0.5mol·L^{-1}），在其中一支试管中加入几滴 KCl（1mol·L^{-1}）溶液，观察有无 $PbCl_2$ 白色沉淀产生；在另一支试管中加入 5 滴 KCl（0.01mol·L^{-1}，用 1mol·L^{-1}KCl 溶液稀释得到）溶液，观察有无 $PbCl_2$ 白色沉淀产生，然后在试管中滴加 KI（0.01mol·L^{-1}）溶液，观察有无 PbI_2 沉淀产生。解释实验现象，并写出有关的反应方程式。

④ 在试管中加入 1 滴 $Pb(NO_3)_2$［0.01mol·L^{-1}，用 0.5mol·L^{-1} $Pb(NO_3)_2$ 溶液稀释得到］和 1 滴 KI 溶液（0.01mol·L^{-1}），观察现象，然后加入 0.5mL 蒸馏水和少量 $NaNO_3$ 固体，振荡，直到沉淀逐渐消失。解释沉淀溶解的原因。

（2）分步沉淀和沉淀的转化（选做）

用下列试剂设计两组实验，验证分步沉淀的规律。

$AgNO_3$(0.1mol·L^{-1})、K_2CrO_4（0.1mol·L^{-1}）、NaCl（0.1mol·L^{-1}）、KI（0.01mol·L^{-1}）、$Pb(NO_3)_2$（0.5mol·L^{-1}）、KCl（1mol·L^{-1}）。

要求：查找相关数据，并根据数据设计出实验步骤，注明试剂用量。根据实验现象给出结论。

5. 利用沉淀反应设计分离混合离子（选做）

（1）设计分离 Pb^{2+}、Ag^{+}、K^{+} 混合离子。

（2）设计分离 Fe^{3+}、Ag^{+}、Al^{3+} 混合离子。

【思考题】

1. 实验室如何配制 $SnCl_2$、$Bi(NO_3)_3$、$SbCl_3$、Na_2S 溶液？

2. 何谓分步沉淀？沉淀转化的条件是什么？

实验 14　氧化还原反应

氧化还原反应

【实验目的】

1. 了解电极电势、反应介质的酸度、反应物浓度对氧化还原反应的影响。

2. 熟悉几种重要的氧化剂和还原剂。

【实验原理】

氧化还原反应的本质特征是在反应过程中有电子的转移。在氧化还原反应中，还原剂失去电子被氧化，元素的氧化值升高；氧化剂得到电子被还原，元素的氧化值降低。物质的氧化还原能力的高低可以根据相关电对的电极电势的高低来判断。电极电势越高，电对中的氧化型物质的氧化能力越强；反之，电对中还原型物质的还原能力越强。因此，根据电极电势的高低可以判断氧化还原反应的方向，即氧化还原反应的自发方向总是电极电势较高的电对中的氧化型物质与电极电势较低的电对中的还原型物质反应，分别转化为相应的还原型物质和氧化型物质。

物质的浓度与电极电势的关系可用能斯特方程（Nernst equation）表示：

$$\varphi=\varphi^{\ominus}+\frac{0.0592\text{V}}{z}\lg\frac{[\text{氧化型}]}{[\text{还原型}]}\quad(298.15\text{K})$$

【仪器与试剂】

仪器：试管、烧杯、酒精灯、水浴锅、石棉网、试管架、量筒（10mL）。

试剂：CCl_4、Fe 屑、3% H_2O_2 溶液、NaF(s)、H_2SO_4（$3mol\cdot L^{-1}$）、NaOH（$6mol\cdot L^{-1}$）、HAc（$3mol\cdot L^{-1}$）、Na_2SO_3（s）、$Na_2S_2O_3$（$0.5mol\cdot L^{-1}$）、$CuSO_4$（$0.1mol\cdot L^{-1}$）、$KMnO_4$（$0.01mol\cdot L^{-1}$）、KI（$0.1mol\cdot L^{-1}$）、KBr（$0.1mol\cdot L^{-1}$）、Na_2S（$0.1mol\cdot L^{-1}$）、$Pb(NO_3)_2$（$0.1mol\cdot L^{-1}$）、$FeCl_3$（$0.1mol\cdot L^{-1}$）、1%淀粉溶液。

【实验步骤】

1. 电极电势与氧化还原反应的关系

（1）试管中加入 1mL $0.1mol\cdot L^{-1}$ $CuSO_4$ 溶液，放入少量 Fe 屑，观察试管内的变化。

（2）将 2 滴 $0.1mol\cdot L^{-1}$ $FeCl_3$ 和 10 滴 $0.1mol\cdot L^{-1}$ KI 溶液在试管中混合均匀后，加入 5 滴 CCl_4，充分振荡，放置片刻，观察 CCl_4 层的变化。

将 $0.1mol\cdot L^{-1}$ KBr 代替 KI，重复上述操作。

根据实验结果，定性比较 φ_{Br_2/Br^-}、φ_{I_2/I^-}、$\varphi_{Fe^{3+}/Fe^{2+}}$ 的高低，并指出其中最强的氧化剂和还原剂。

（3）在试管中加入 2 滴 $0.1mol\cdot L^{-1}$ KI 溶液和 1 滴 $3mol\cdot L^{-1}$ H_2SO_4 后，滴入数滴 3% H_2O_2 溶液，观察溶液的颜色变化。再加入 1 滴 1%淀粉溶液，有何现象？往溶液中再滴加数滴 $6mol\cdot L^{-1}$ NaOH 溶液，观察现象，并用碘在碱性介质中的标准电极电势图来解释。

2. 氧化剂和还原剂的相对性

（1）在盛有 5 滴 $0.1mol\cdot L^{-1}$ $Pb(NO_3)_2$ 溶液的试管中，滴加 5 滴 $0.1mol\cdot L^{-1}$ Na_2S 溶液。静置后，倾出上清液，在沉淀上滴加数滴 3% H_2O_2 溶液，水浴微热片刻。观察现象。

（2）滴加 5 滴 $0.01mol\cdot L^{-1}$ $KMnO_4$ 溶液于试管中，加入 2 滴 $3mol\cdot L^{-1}$ H_2SO_4 溶液后，再逐滴加入 3% H_2O_2 溶液，观察现象。指出 H_2O_2 在上述实验中的作用。

3. 介质的酸度对氧化还原反应的影响

（1）在两支试管中各滴入 3 滴 $0.1mol\cdot L^{-1}$ KBr 溶液，分别滴入 3 滴 $3mol\cdot L^{-1}$ H_2SO_4

溶液和 3 滴 $3mol \cdot L^{-1}$ HAc 溶液，然后各滴入 2 滴 $0.01mol \cdot L^{-1}$ $KMnO_4$ 溶液，观察现象。写出相关的反应方程式，并加以解释。

（2）在三支试管中各滴入 3 滴 $0.01mol \cdot L^{-1}$ $KMnO_4$ 溶液，再分别滴入 3 滴 $3mol \cdot L^{-1}$ H_2SO_4 溶液、3 滴 H_2O、4 滴 $6mol \cdot L^{-1}$ NaOH 溶液，最后再分别滴入 $0.5mol \cdot L^{-1}$ Na_2SO_3 溶液（或少量 Na_2SO_3 固体），观察现象。写出相关的反应方程式，并加以解释。

4. 配位反应、沉淀反应对氧化还原反应的影响

（1）在盛有 5 滴 $0.1mol \cdot L^{-1}$ $FeCl_3$ 溶液的试管中，加入少量的 NaF 固体，再加入 5 滴 $0.1mol \cdot L^{-1}$ KI 溶液和 5 滴 CCl_4，观察现象，并与前面步骤 1 中（2）比较，试加以解释。

（2）在试管中加入 5 滴 $0.1mol \cdot L^{-1}$ $CuSO_4$ 溶液，然后滴入 10 滴 $0.1mol \cdot L^{-1}$ KI 溶液，再逐滴滴加 $0.5mol \cdot L^{-1}$ $Na_2S_2O_3$ 溶液，以除去反应中生成的碘。离心分离，观察现象。试根据电极电势解释此现象。

【思考题】

1. H_2O_2 为什么既具有氧化性又具有还原性？反应后生成何种产物？

2. 以 $KMnO_4$ 为例，说明 pH 对氧化还原产物的影响。

实验 15　配位化合物

配位化合物

【实验目的】

1. 加深理解配离子的生成、组成和稳定性。

2. 了解配合物与复盐、配离子和简单离子的区别。

3. 学习利用配位反应分离和鉴定混合离子。

【实验原理】

配位化合物是由中心离子或原子与一定数目的配位体以配位键结合而形成的一类复杂的化合物。其组成分为内界和外界两部分，中心离子和配位体组成配合物的内界，不在内界的其他离子距离中心离子较远，构成外界。配合物的内界和外界之间以离子键结合，在水溶液中完全解离。配合物的内界和外界可以通过实验来确定。

配合物在形成时，常常出现颜色、溶解度、电极电势、酸碱性、氧化还原性等发生改变的现象。

在一定条件下，中心离子、配位体和配离子之间达到配位平衡，例如：

$$Cu^{2+} + 4NH_3 \rightleftharpoons [Cu(NH_3)_4]^{2+}$$

其平衡常数表达式为：

$$K_{稳} = \frac{[Cu(NH_3)_4^{2+}]}{[Cu^{2+}][NH_3]^4}$$

不同的配离子具有不同的稳定常数。对于同类型的配离子，$K_{稳}$ 值越大，配离子越稳定。

利用配位反应可分离和鉴定某些离子。例如，Ag^+、Cu^{2+}、Fe^{3+}混合溶液的分离，先加入稀 HCl，将 Ag^+ 转化为 AgCl 沉淀。分离出沉淀后，在溶液中加入过量氨水，Cu^{2+} 与过量的氨水反应生成易溶于水的 $[Cu(NH_3)_4]^{2+}$，而 Fe^{3+} 则与过量的氨水反应生成难溶于水的 $Fe(OH)_3$，从溶液中沉淀出来，从而使得 Cu^{2+} 和 Fe^{3+} 分离。

【仪器与试剂】

仪器：离心机、试管、石棉网。

试剂：HNO_3（$6mol \cdot L^{-1}$）、浓 HCl、$NH_3 \cdot H_2O$（$2mol \cdot L^{-1}$、$6mol \cdot L^{-1}$）、NaOH（$2mol \cdot L^{-1}$）、$AgNO_3$（$0.1mol \cdot L^{-1}$）、$CuSO_4$（$0.1mol \cdot L^{-1}$）、$BaCl_2$（$1.0mol \cdot L^{-1}$）、$FeCl_3$（$0.1mol \cdot L^{-1}$）、$HgCl_2$（$0.1mol \cdot L^{-1}$）、KSCN（$0.1mol \cdot L^{-1}$）、KI（$0.1mol \cdot L^{-1}$、$2.0mol \cdot L^{-1}$）、$K_3[Fe(CN)_6]$（$0.1mol \cdot L^{-1}$）、NaCl（$0.1mol \cdot L^{-1}$、s）、$CuCl_2$（$1.0mol \cdot L^{-1}$）、$Pb(NO_3)_2$（$0.1mol \cdot L^{-1}$）、$NH_4Fe(SO_4)_2$（$0.1mol \cdot L^{-1}$）、NaF（$0.1mol \cdot L^{-1}$）、Na_2S（$0.1mol \cdot L^{-1}$）、$SnCl_2$（$0.1mol \cdot L^{-1}$）、KBr（$0.1mol \cdot L^{-1}$）、$Na_2S_2O_3$（$0.5mol \cdot L^{-1}$）、Ag^+、Cu^{2+}、Al^{3+} 的 NO_3^- 混合溶液（$0.1mol \cdot L^{-1}$）。

【实验步骤】

1. 配位化合物的生成

在三支试管中各加入 3 滴 $0.1mol \cdot L^{-1}$ $CuSO_4$ 溶液，然后分别加入 2 滴 $1.0mol \cdot L^{-1}$ $BaCl_2$ 溶液、$2mol \cdot L^{-1}$ NaOH 溶液、$0.1mol \cdot L^{-1}$ Na_2S 溶液，观察现象。在试管中加入 20 滴 $0.1mol \cdot L^{-1}$ $CuSO_4$ 溶液，滴加 $6mol \cdot L^{-1}$ $NH_3 \cdot H_2O$ 溶液直至生成深蓝色溶液时，再多加数滴。然后将深蓝色溶液分别盛于三支试管中，分别加入 2 滴 $1.0mol \cdot L^{-1}$ $BaCl_2$ 溶液、$2mol \cdot L^{-1}$ NaOH 溶液、$0.1mol \cdot L^{-1}$ Na_2S 溶液，观察现象，写出有关的反应方程式。

2. 配位离子的解离

在两支试管中各加入 3 滴 $0.1mol \cdot L^{-1}$ $AgNO_3$ 溶液，再分别加入 1 滴 $2mol \cdot L^{-1}$ NaOH 和 $0.1mol \cdot L^{-1}$ KI 溶液，观察现象。

在试管中加入 5 滴 $0.1mol \cdot L^{-1}$ $AgNO_3$ 溶液，然后滴加 $2mol \cdot L^{-1}$ $NH_3 \cdot H_2O$ 直至生成的沉淀又溶解时，再多加几滴。将所得的溶液分别盛于两个试管中，各加入 2 滴 $2mol \cdot L^{-1}$ NaOH 溶液和 $0.1mol \cdot L^{-1}$ KI 溶液，观察现象，并写出反应方程式。

3. 简单离子和配离子的区别

（1）在试管中加入 2 滴 $0.1mol \cdot L^{-1}$ $FeCl_3$ 溶液，然后加 1 滴 $0.1mol \cdot L^{-1}$ KSCN 溶液。观察现象。将溶液保留供下面步骤 4（2）使用。

（2）以 $0.1mol \cdot L^{-1}$ $K_3[Fe(CN)_6]$ 代替 $FeCl_3$ 溶液，重复上面的实验，观察现象。

根据实验现象，说明简单离子和配位离子的区别。

4. 配合物形成时颜色的改变

（1）在试管中加入 5 滴 $1.0mol \cdot L^{-1}$ $CuCl_2$ 溶液，逐滴加入浓 HCl 或 NaCl 固体，观察溶液颜色变化。然后逐滴加水稀释，观察现象变化。解释原因。

（2）在步骤 3（1）保留的溶液中，逐滴加入 $0.1mol \cdot L^{-1}$ NaF 溶液，观察现象并解释原因。

5. 配合物与复盐的区别

在三支试管中各滴入 10 滴 0.1mol·L^{-1} $NH_4Fe(SO_4)_2$ 溶液，分别检验溶液中含有的 NH_4^+、Fe^{3+}、SO_4^{2-}。比较步骤 3（2）和本实验的结果，说明配合物和复盐的区别。

6. 利用配位反应使难溶物质溶解

（1）在试管中加入 5 滴 0.1mol·L^{-1} $AgNO_3$ 溶液，加入等量的 0.1mol·L^{-1} NaCl 溶液，离心分离，弃去清液。在沉淀中加入 6mol·L^{-1} $NH_3 \cdot H_2O$，观察沉淀是否溶解。然后在此溶液中加入 6mol·L^{-1} HNO_3，又有何现象发生？解释这些现象。

（2）在试管中加 2 滴 0.1mol·L^{-1} $Pb(NO_3)_2$ 溶液，逐滴加入 2mol·L^{-1} KI 溶液至沉淀刚好溶解。然后逐滴加水稀释。观察现象，并解释原因。

（3）试用实验证明 HgI_2 沉淀能溶解于过量的 KI 溶液中，解释现象，写出反应方程式。

7. 配合物形成体氧化还原性质的改变

（1）在试管中加 1 滴 0.1mol·L^{-1} $HgCl_2$ 溶液，逐滴加入 0.1mol·L^{-1} $SnCl_2$ 溶液，观察现象，写出反应方程式。

（2）在试管中加 1 滴 0.1mol·L^{-1} $HgCl_2$ 溶液，加 2mol·L^{-1} KI 溶液直至生成的沉淀溶解，再过量几滴，然后滴加 0.1mol·L^{-1} $SnCl_2$ 溶液，与步骤 7（1）比较有何不同？写出反应方程式。

8. 在两支试管中各加 5 滴 0.1mol·L^{-1} $AgNO_3$ 溶液，各加 1～2 滴 0.1mol·L^{-1} KBr 溶液。然后在一个试管中滴加 0.5mol·L^{-1} $Na_2S_2O_3$ 溶液，边加边摇，直至刚好溶解。在另一支试管中加同样滴数的 2mol·L^{-1} $NH_3 \cdot H_2O$。观察现象，解释原因。

9. 利用配位反应分离混合离子（选做）

对于 $AgNO_3$、$Cu(NO_3)_2$、$Al(NO_3)_3$ 皆为 0.1mol·L^{-1}的混合物溶液，试设计方法将 Ag^+、Cu^{2+}、Al^{3+}分离，并图示分离步骤，写出相关的反应方程式。

【思考题】

1. 配合物与复盐有何区别？试设计一实验证明。

2. 锌可以从硫酸亚铁溶液中置换出铁，却不能从 $K_4[Fe(CN)_6]$ 溶液中置换出铁，为什么？通过电极电势加以说明。

实验 16　卤　素

【实验目的】

1. 比较卤化物的还原能力强弱，掌握 Cl^-、Br^-、I^- 的鉴定方法。

2. 学习氯的含氧酸及其盐的性质。

【实验原理】

氯、溴、碘是周期表ⅦA 族元素，价电子构型为 ns^2np^5，其氧化性的强弱次序为 Cl_2＞

$Br_2>I_2$。卤化氢还原性强弱次序为：HI>HBr>HCl。

次氯酸及其盐具有强氧化性。氯酸盐在中性溶液中氧化能力很弱，但在酸性介质中表现出较强氧化性。

Cl^-、Br^-、I^-能与Ag^+反应分别生成AgCl（白）、AgBr（淡黄）、AgI（黄色）沉淀，其溶度积依次减小，且难溶于稀HNO_3。AgCl能溶于稀氨水或碳酸铵溶液中，生成配离子$[Ag(NH_3)_2]^+$，再加入稀HNO_3，AgCl会重新沉淀出来。而AgBr和AgI则难溶于稀氨水或碳酸铵溶液。在酸性介质中，AgBr和AgI能被锌还原为Ag，使Br^-和I^-转入溶液中，加入氯水可将其氧化为单质。单质Br_2和I_2易溶于CCl_4中，分别呈现出棕色和紫色，可以鉴定Br^-和I^-的存在。

【安全知识】

1. 氯气有毒和有刺激性，吸入人体会刺激气管，引起咳嗽和哮喘。进行有关氯气的实验时，必须在通风橱内操作。闻氯气时，不能直接对着管口或瓶口。

2. 液溴具有很强的腐蚀性，能灼烧皮肤，严重时会使皮肤溃烂。移取液溴时，须戴橡胶手套。溴水的腐蚀性虽比液溴弱，但使用时，也不能直接由瓶内倒出，而应该用滴管移取，以免溴水接触皮肤。如果不慎把溴水溅在手上，可用水冲洗，再用酒精洗涤。

3. 氯酸钾是强氧化剂，保存不当容易爆炸，不宜大力研磨、烘干或烤干，如果要烘干，温度一定要严格控制，不能过高。氯酸钾与硫、磷的混合物可用作炸药，绝对不容许把它们混在一起放置。有关氯酸钾的实验，要注意安全，实验结束要把剩下的氯酸钾放入专用的回收瓶内。

【仪器与试剂】

仪器：离心机、水浴锅、试管、试管架、试管夹、离心管。

试剂：HNO_3（$2mol\cdot L^{-1}$）、浓HCl、HCl（$2mol\cdot L^{-1}$）、浓H_2SO_4、H_2SO_4（$2mol\cdot L^{-1}$、1+1）、$NH_3\cdot H_2O$（$2mol\cdot L^{-1}$）、NaOH（$2mol\cdot L^{-1}$）、KI（$0.1mol\cdot L^{-1}$、s）、KBr（$0.1mol\cdot L^{-1}$、s）、NaCl（$0.1mol\cdot L^{-1}$、s）、$KClO_3$（饱和、s）、KIO_3（$0.1mol\cdot L^{-1}$）、$NaHSO_3$（$0.1mol\cdot L^{-1}$）、$AgNO_3$（$0.1mol\cdot L^{-1}$）、$(NH_4)_2CO_3$溶液（12%）、锌粒、硫粉、氯水、品红溶液、淀粉溶液（1%）、CCl_4。

材料：广泛pH试纸、淀粉-KI试纸、$Pb(Ac)_2$试纸。

工具：铁锤、铁块。

【实验步骤】

1. 卤化氢的还原性

取三支干燥、洁净的试管，分别加入黄豆大小的NaCl、KBr、KI固体，然后各加入3～4滴浓H_2SO_4，微热，观察现象，并分别用湿润的pH试纸、淀粉-KI试纸、$Pb(Ac)_2$试纸检验试管中产生的气体（应在通风橱内进行实验，并立即清洗试管）。写出反应方程式。

2. 次氯酸盐的氧化性

量取2mL氯水，逐滴加入$2mol\cdot L^{-1}$ NaOH至溶液呈弱碱性为止（用pH试纸检验）。将溶液分盛于3支试管中，在第一个试管中加10滴$2mol\cdot L^{-1}$ HCl溶液，用湿润的淀粉-KI

试纸检验逸出的气体。在第二个试管中加 5 滴 0.1mol·L^{-1} KI 溶液及 1～2 滴 1%淀粉溶液，观察现象。在第三个试管中加入 3 滴品红溶液，观察现象，写出有关的反应方程式。

3. 氯酸盐的氧化性

(1) 在试管中滴入 10 滴饱和 $KClO_3$ 溶液后，加入 2～3 滴浓 HCl，检验逸出的气体，并写出反应方程式。

(2) 滴入 2～3 滴 0.1mol·L^{-1} KI 溶液于试管中，加入 3～4 滴饱和 $KClO_3$ 溶液，再逐滴加入 1+1 H_2SO_4 溶液，不断振荡，观察溶液颜色的变化。写出相关的反应方程式。

(3) 取绿豆大小的干燥 $KClO_3$ 晶体与硫粉在纸上均匀混合并包好（$KClO_3$ 与 S 的质量比约为 2∶3)，用铁锤在铁块上捶打，注意捶打时即爆炸（注意：用量要少，混合时要小心)。

4. 碘酸钾的氧化性

在试管中滴入 5 滴 0.1mol·L^{-1} KIO_3 溶液，加几滴 2mol·L^{-1} H_2SO_4 酸化后，加入 1mL CCl_4，再加数滴 0.1mol·L^{-1} $NaHSO_3$ 溶液，振荡，观察 CCl_4 层的颜色。写出离子反应方程式。

5. Cl^-、Br^-、I^- 的鉴定

(1) Cl^- 的鉴定　在试管中滴加 2 滴 0.1mol·L^{-1} NaCl 和 1 滴 2mol·L^{-1} HNO_3 溶液，加入 2 滴 0.1mol·L^{-1} $AgNO_3$ 溶液。观察现象。在沉淀中加入数滴 2mol·L^{-1} 氨水，振荡使沉淀溶解，再加数滴 2mol·L^{-1} HNO_3 溶液，观察有何变化。写出离子反应方程式。

(2) Br^- 的鉴定　在试管中滴入 2 滴 0.1mol·L^{-1} KBr 溶液，加 1 滴 2mol·L^{-1} H_2SO_4 和 5 滴 CCl_4，再逐滴加入氯水，边加边摇，若 CCl_4 层出现棕色至黄色，确认有 Br^- 存在。写出有关的离子反应方程式。

(3) I^- 的鉴定　用 0.1mol·L^{-1} KI 溶液代替 KBr 溶液重复上述步骤 (2)，若 CCl_4 层出现紫色，表示有 I^- 存在（若加入过量氯水，紫色又褪去，因为生成了 IO_3^-）。写出有关的离子反应方程式。

6. Cl^-、Br^-、I^- 的分离和鉴定

在试管中各加入 2 滴浓度均为 0.1mol·L^{-1} 的 NaCl、KBr、KI 溶液，混合均匀。设计方法将其分离并鉴定。图示分离和鉴定步骤，写出现象和有关的反应方程式。

分析方法示例

在混合溶液中加入 2 滴 2mol·L^{-1} HNO_3 溶液，再滴加 0.1mol·L^{-1} $AgNO_3$ 溶液至沉淀完全，离心分离，弃去清液，沉淀用蒸馏水洗涤两次。

(1) 在上面的沉淀中加入 15～20 滴 12% $(NH_4)_2CO_3$ 溶液，充分振荡后在水浴中加热 1min，离心分离，吸取清液，保留沉淀。在清液中加入 2 滴 0.1mol·L^{-1} KI 溶液，若有黄色沉淀生成，则表示有 Cl^- 存在（或者在清液中加入数滴 2mol·L^{-1} HNO_3 溶液，有白色沉淀表示有 Cl^- 存在）。

(2) 将保留的沉淀用蒸馏水洗涤两次，弃去清液，在沉淀中加 5 滴蒸馏水和少量锌粉，再加入 1～2 滴 2mol·L^{-1} H_2SO_4，加热、搅拌，离心分离。吸取清液于另一试管中，加入 6 滴 CCl_4，再逐滴加入氯水，边加边摇，观察 CCl_4 层颜色从紫红色变为棕黄色，表示有 Br^- 和 I^- 存在。

【思考题】

1. NaClO 与 KI 反应时，若溶液的 pH 值过高会有何结果？

2. 在水溶液中氯酸盐的氧化性与介质有何关系？

3. 鉴定Cl^-时，先加稀HNO_3溶液，为什么？鉴定Br^-和I^-时，先加稀H_2SO_4溶液，为什么？

实验 17　氧和硫

【实验目的】

1. 掌握过氧化氢的主要化学性质。

2. 了解硫化氢、硫代硫酸盐的还原性和过二硫酸盐的氧化性以及重金属硫化物的难溶性。

3. 学习H_2O_2、S^{2-}、SO_3^{2-}、$S_2O_3^{2-}$的鉴定方法。

【实验原理】

过氧化氢既有氧化性，又有还原性。无论在酸性还是在碱性溶液中，过氧化氢都是强氧化剂，只有当H_2O_2遇到更强的氧化剂时才表现出还原性。在酸性溶液中，H_2O_2能与重铬酸盐反应生成蓝色的过氧化铬CrO_5，这一反应可用于鉴定H_2O_2。

H_2S具有强还原性。在含有S^{2-}的溶液中加入稀盐酸，生成的H_2S气体使湿润的$Pb(Ac)_2$试纸变黑。

$Na_2S_2O_3$常用作还原剂，还能与某些金属离子形成配合物。$S_2O_3^{2-}$与Ag^+反应生成白色的$Ag_2S_2O_3$沉淀，$Ag_2S_2O_3$能迅速分解为Ag_2S和H_2SO_4，反应方程式如下：

$$2Ag^+ + S_2O_3^{2-} \longrightarrow Ag_2S_2O_3(s)\downarrow$$

$$Ag_2S_2O_3(s) + H_2O \longrightarrow Ag_2S(s) + H_2SO_4$$

这一过程中，颜色由白色变为黄色、棕色，最后变为黑色。该方法用于鉴定$S_2O_3^{2-}$。

过二硫酸盐是强氧化剂，在酸性条件下能将Mn^{2+}氧化为MnO_4^-。

【仪器与试剂】

仪器：烧杯、试管、水浴锅、离心机、离心试管。

试剂：HNO_3($6mol\cdot L^{-1}$)、浓硝酸、HCl（$6mol\cdot L^{-1}$、$2mol\cdot L^{-1}$、$1mol\cdot L^{-1}$）、浓盐酸、H_2SO_4（$1mol\cdot L^{-1}$）、$NH_3\cdot H_2O$（$2mol\cdot L^{-1}$）、NaOH（$2mol\cdot L^{-1}$）、3% H_2O_2、KI（$0.1mol\cdot L^{-1}$）、$Pb(NO_3)_2$（$0.1mol\cdot L^{-1}$）、饱和H_2S、$KMnO_4$（$0.01mol\cdot L^{-1}$、$0.1mol\cdot L^{-1}$）、$K_2Cr_2O_7$($0.1mol\cdot L^{-1}$)、$MnSO_4$($0.1mol\cdot L^{-1}$)、$ZnSO_4$（$0.1mol\cdot L^{-1}$）、$CdSO_4$（$0.1mol\cdot L^{-1}$）、$CuSO_4$（$0.1mol\cdot L^{-1}$）、$Hg(NO_3)_2$（$0.1mol\cdot L^{-1}$）、$Na_2S_2O_3$（$0.1mol\cdot L^{-1}$）、$AgNO_3$（$0.1mol\cdot L^{-1}$）、碘水、1%淀粉溶液、戊醇、无水乙醇、氯水、$(NH_4)_2S_2O_8$固体。

材料：pH试纸、$Pb(Ac)_2$试纸、蓝色石蕊试纸。

【实验步骤】

1. 过氧化氢的性质

(1) 酸性　往试管中加入 5 滴 2mol·L^{-1} NaOH 溶液和 10 滴 3% H_2O_2 溶液，再加入 10 滴无水乙醇。振荡试管，观察现象。

(2) 氧化性

① 在试管中加入 2 滴 0.1mol·L^{-1} KI 溶液和 2 滴 1mol·L^{-1} H_2SO_4 溶液，摇匀后再加入 10 滴 3% H_2O_2 溶液，观察现象，写出反应方程式。

② 在试管中滴入 5 滴 0.1mol·L^{-1} $Pb(NO_3)_2$ 溶液，加入 10 滴饱和 H_2S，观察棕黑色沉淀产生。待沉淀沉降后，用吸管吸去上清液，然后逐滴加入 3% H_2O_2 溶液，观察现象，写出反应方程式。

(3) 还原性

在试管中加入 5 滴 3% H_2O_2 溶液，滴入 2 滴 1mol·L^{-1} H_2SO_4 溶液酸化，再加入 2 滴 0.01mol·L^{-1} $KMnO_4$ 溶液，观察现象，写出反应方程式。

(4) CrO_5 的生成

在试管中加入 5 滴 3% H_2O_2 溶液和 5 滴戊醇，加 2 滴 1mol·L^{-1} H_2SO_4 溶液酸化，再滴加 1 滴 0.1mol·L^{-1} $K_2Cr_2O_7$ 溶液，振荡试管，观察现象，写出反应方程式。

2. 硫化氢的还原性

(1) 在两支试管中分别加入 3～4 滴 0.1mol·L^{-1} $KMnO_4$ 和 $K_2Cr_2O_7$ 溶液，加 1 滴 1mol·L^{-1} H_2SO_4 溶液酸化，分别滴加 H_2S 饱和溶液，观察溶液的变化，写出反应方程式。

(2) 在试管中加几滴 0.1mol·L^{-1} Na_2S 溶液和几滴 2mol·L^{-1} HCl 溶液，用湿润 $Pb(Ac)_2$ 试纸检查逸出的气体。写出反应方程式。

3. 难溶硫化物的生成和溶解

取四支试管并编号，依次加入 5 滴 0.1mol·L^{-1} $ZnSO_4$、$CdSO_4$、$CuSO_4$ 和 $Hg(NO_3)_2$ 溶液，然后各滴加 10 滴 H_2S 饱和溶液，观察现象并写出反应方程式。分别将沉淀离心分离，弃去清液，用蒸馏水洗涤沉淀，留待做下面的实验。

往 1 号试管中加入 10 滴 1mol·L^{-1} HCl，观察沉淀的变化。然后再加 10 滴 2mol·L^{-1} $NH_3·H_2O$ 以中和 HCl，观察现象并写出反应方程式。

往 2 号试管中加入 10 滴 1mol·L^{-1} HCl，观察沉淀的变化。如不溶解，离心分离，弃去溶液。再往沉淀中加入 10 滴 6mol·L^{-1} HCl，观察现象并写出反应方程式。

往 3 号试管中加入 10 滴 6mol·L^{-1} HCl，观察沉淀的变化。如不溶解，离心分离，弃去溶液。再往沉淀中加入 10 滴 6mol·L^{-1} HNO_3，并水浴加热，观察现象并写出反应方程式。

往 4 号试管中加入 5 滴浓 HNO_3，观察沉淀的变化。如不溶解，再往沉淀中加入 15 滴浓 HCl，并搅拌，观察现象并写出反应方程式。

比较四种金属硫化物与酸反应的情况，并加以解释。

4. 硫代硫酸钠的性质

(1) 在试管中加入几滴 0.1mol·L^{-1} $Na_2S_2O_3$ 溶液和 2mol·L^{-1} HCl，振荡片刻，观察现象，并用湿润的蓝色石蕊试纸检验逸出的气体。写出反应方程式。

(2) 在试管中加入几滴碘水，加 1 滴 1%淀粉溶液，逐滴加入 0.1mol·L^{-1} $Na_2S_2O_3$ 溶液，观察现象。写出反应方程式。

(3) 在试管中加入几滴氯水，逐滴加入 0.1mol·L^{-1} $Na_2S_2O_3$ 溶液，观察现象并检验是否有 SO_4^{2-} 生成。写出反应方程式（注意：不要放置太久才检验 SO_4^{2-}，否则有少量的

$Na_2S_2O_3$ 分解，从而干扰 SO_4^{2-} 的检验)。

5. 过硫酸盐的氧化性

在试管中加入 5 滴 0.1mol·L^{-1} $MnSO_4$ 溶液，用 2mL 1mol·L^{-1} H_2SO_4 溶液酸化，然后加入 1 滴 0.1mol·L^{-1} $AgNO_3$ 溶液，再加入少量的 $(NH_4)_2S_2O_8$ 固体，在水浴中加热片刻，观察现象并写出有关的反应方程式。

6. 鉴别实验

现有五种溶液：Na_2S，Na_2SO_4，Na_2SO_3，$Na_2S_2O_3$，$K_2S_2O_8$。试设计方案通过实验进行鉴别，写出现象和有关的反应方程式。

【思考题】

1. 在硫化氢的相关实验操作中，应注意哪些问题？

2. 鉴定 $S_2O_3^{2-}$ 时，$AgNO_3$ 溶液必须过量。若 $AgNO_3$ 溶液未过量，会出现哪些问题？为什么？

实验 18　硼、碳、硅、氮、磷

【实验目的】

1. 了解硼酸和硼砂的重要性质、可溶性硅酸盐的水解性和难溶硅酸盐的生成与性质。

2. 熟悉硝酸、亚硝酸及其盐的重要性质。

3. 掌握 CO_3^{2-}、NH_4^+、NO_3^-、NO_2^-、PO_4^{3-} 的鉴定方法。

【实验原理】

硼酸是一元弱酸，在水溶液中的解离不同于一般的一元弱酸。它能与多羟基醇发生加合反应，使溶液的酸性增强。硼砂的水溶液因水解而呈碱性。硼砂受强热脱水熔化为玻璃体，与不同金属的氧化物或盐类熔融生成具有不同特征颜色的偏硼酸复盐，即硼砂珠试验。

活性炭是通过特殊的方法制成的多孔性炭黑，有较大的吸附能力，用于脱色和选择性分离，也用作催化剂的载体。

将碳酸盐溶液与盐酸反应生成的 CO_2 通入 $Ba(OH)_2$ 溶液中，能使 $Ba(OH)_2$ 溶液变浑浊，这一方法用于鉴定 CO_3^{2-}。

硅酸钠水解作用明显，大多数硅酸盐难溶于水，过渡金属的硅酸盐随金属种类的不同而呈现不同的颜色。

鉴定 NH_4^+ 的常用方法有两种：一是 NH_4^+ 与 OH^- 反应，生成的 NH_3 使红色的石蕊试纸变蓝；二是 NH_4^+ 与奈斯勒（Nessler）试剂（$K_2[HgI_4]$的碱性溶液）反应，生成红棕色沉淀。

亚硝酸盐在酸性溶液中作为氧化剂，一般被还原为 NO；与强氧化剂作用时则生成硝酸盐。硝酸具有强氧化性，它与非金属反应，主要还原产物是 NO。浓硝酸与金属反应主要生成 NO_2，稀硝酸与金属反应通常生成 NO，活泼金属能将稀硝酸还原为 N_2O、NH_4^+ 等。

NO_2^- 与 $FeSO_4$ 溶液在 HAc 介质中反应生成棕色的 $[Fe(NO)(H_2O)_5]^{2+}$（简写为 $[Fe(NO)]^{2+}$）：

$$Fe^{2+} + NO_2^- + 2HAc \longrightarrow Fe^{3+} + NO + H_2O + 2Ac^-$$

$$Fe^{2+} + NO \longrightarrow [Fe(NO)]^{2+}$$

NO_3^- 与 $FeSO_4$ 溶液在浓 H_2SO_4 介质中反应生成棕色 $[Fe(NO)]^{2+}$：

$$3Fe^{2+} + NO_3^- + 4H^+ \longrightarrow 3Fe^{3+} + NO + 2H_2O$$

$$Fe^{2+} + NO \longrightarrow [Fe(NO)]^{2+}$$

在试液与浓硫酸液层界面处生成的 $[Fe(NO)]^{2+}$ 呈棕色环状，此方法用于鉴定 NO_3^-，称为“棕色环”实验。NO_2^- 的存在干扰 NO_3^- 的鉴定，可加入尿素并微热，以除去 NO_2^-。

PO_4^{3-} 与 $(NH_4)_2MoO_4$ 溶液在硝酸介质中反应，生成黄色的磷钼酸铵沉淀，此反应可用于鉴定 PO_4^{3-}。

【仪器与试剂】

仪器：试管、水浴锅、长颈漏斗、漏斗架、烧杯、试管架、试管夹。

试剂：浓硝酸、HNO_3($2mol \cdot L^{-1}$)、HCl（$6mol \cdot L^{-1}$、$2mol \cdot L^{-1}$）、NaOH（$2mol \cdot L^{-1}$）、浓硫酸、H_2SO_4（$6mol \cdot L^{-1}$、$1mol \cdot L^{-1}$）、$Ba(OH)_2$（饱和）、HAc（$2mol \cdot L^{-1}$）、KI（$0.1mol \cdot L^{-1}$）、$Pb(NO_3)_2$（$0.001mol \cdot L^{-1}$）、Na_2CO_3（$0.5mol \cdot L^{-1}$）、$KMnO_4$（$0.1mol \cdot L^{-1}$）、K_2CrO_4（$0.1mol \cdot L^{-1}$）、Na_2SiO_3（$0.5mol \cdot L^{-1}$、20%）、硼酸（s）、硼砂（s）、$CaCl_2$（s、$0.1mol \cdot L^{-1}$）、$CuSO_4 \cdot 5H_2O(s)$、$NiSO_4 \cdot 7H_2O$（s）、$ZnSO_4 \cdot 7H_2O$（s）、$Fe_2(SO_4)_3 \cdot 12H_2O(s)$、$Co(NO_3)_2 \cdot 6H_2O(s)$、$FeSO_4 \cdot 7H_2O(s)$、$NH_4Cl$（$0.1mol \cdot L^{-1}$）、$AgNO_3$（$0.1mol \cdot L^{-1}$）、$NaNO_2$（$0.1mol \cdot L^{-1}$）、$KNO_3$（$0.1mol \cdot L^{-1}$）、$Na_3PO_4$（$0.1mol \cdot L^{-1}$）、$Na_2HPO_4$（$0.1mol \cdot L^{-1}$）、$NaH_2PO_4$（$0.1mol \cdot L^{-1}$）、氨水、尿素、靛蓝溶液、淀粉溶液、甘油、活性炭、奈斯勒试剂、钼酸铵试剂、铜片、锌片。

材料：广泛 pH 试纸、蓝色石蕊试纸、红色石蕊试纸、橡胶管、橡皮塞。

【实验步骤】

1. 硼酸和硼砂的性质

（1）在试管中放入约 0.5g 硼酸晶体，加入 2mL 水，搅拌，观察晶体的溶解情况。将试管放在水浴中加热，再观察晶体的溶解情况。然后取出试管，冷却至室温，用 pH 试纸测定其 pH 值。然后向硼酸溶液中加入几滴甘油，再测 pH 值，酸性有何变化？写出反应的离子方程式。

（2）在试管中放入约 1g 硼砂晶体，加入 2mL 水，微热使其溶解，用 pH 试纸测定溶液 pH 值。然后加入 1mL $6mol \cdot L^{-1}$ H_2SO_4 溶液，将试管放在冷水中冷却，并用玻棒不断搅拌，片刻后观察硼酸晶体的析出。写出反应的离子方程式。

2. CO_3^{2-} 的鉴定

在试管中加入 1mL $0.5mol \cdot L^{-1}$ Na_2CO_3 溶液，再加入半滴管 $2mol \cdot L^{-1}$ HCl 溶液，立

即用带导管的塞子盖紧试管口，将产生的气体通入 $Ba(OH)_2$ 饱和溶液中，观察现象。写出反应方程式。

3. 活性炭的吸附作用

(1) 在试管中加入 2mL 靛蓝溶液，然后放入一小勺活性炭，振荡试管后，滤去活性炭。观察溶液的颜色变化。

(2) 在试管中加入 2mL 0.001mol·L^{-1} $Pb(NO_3)_2$ 溶液和几滴 0.1mol·L^{-1} K_2CrO_4 溶液，观察黄色 $PbCrO_4$ 沉淀的生成。

往盛有 2mL 0.001mol·L^{-1} $Pb(NO_3)_2$ 溶液的试管中加入一小勺活性炭。振荡试管，然后滤去活性炭。往清液中加入几滴 0.1mol·L^{-1} K_2CrO_4 溶液，观察有何变化。与未加活性炭的实验相比，有何不同？

4. 硅酸盐的性质

(1) 试管中加入 1mL 0.5mol·L^{-1} Na_2SiO_3 溶液，用 pH 试纸测定溶液 pH 值。然后逐滴加入 6mol·L^{-1} HCl，使溶液的 pH 值在 6～9，观察硅酸凝胶的生成（若无凝胶生成，可微热）。

(2) 难溶硅酸盐的生成——“水中花园” 在 50mL 烧杯中加入约 2/3 体积的 20% Na_2SiO_3 溶液，然后把固体 $CaCl_2$、$CuSO_4·5H_2O$、$NiSO_4·7H_2O$、$ZnSO_4·7H_2O$、$Fe_2(SO_4)_3·12H_2O$、$Co(NO_3)_2·6H_2O$ 晶体各一小粒分散投入到烧杯中，记住各晶体投放的位置，静置 1～2h 后，观察现象。

实验完毕倒出 Na_2SiO_3 溶液回收，并随即洗净烧杯。

5. NH_4^+ 的鉴定

(1) 在试管中加入少量 0.1mol·L^{-1} NH_4Cl 溶液和 2mol·L^{-1} NaOH 溶液，微热，用湿润的红色石蕊试纸在试管口检验逸出的气体。观察现象并写出反应方程式。

(2) 在滤纸上加 1 滴奈斯勒试剂，代替红色石蕊试纸在试管口检验逸出的气体。观察现象并写出反应方程式。

6. 亚硝酸盐的氧化还原性质

(1) 在试管中加入 5 滴 0.1mol·L^{-1} KI 溶液和 2 滴 1mol·L^{-1} H_2SO_4 溶液，然后逐滴滴加 0.1mol·L^{-1} $NaNO_2$ 溶液，观察现象。再加入淀粉溶液，又有何变化？写出反应方程式。

(2) 在试管中加入 5 滴 0.1mol·L^{-1} $KMnO_4$ 溶液和 2 滴 1mol·L^{-1} H_2SO_4 溶液，然后逐滴滴加 0.1mol·L^{-1} $NaNO_2$ 溶液，观察现象，写出反应方程式。

7. 硝酸的氧化性

(1) 浓硝酸与金属的反应 取一小块铜片放入试管中，滴加浓硝酸，观察放出的气体和溶液的颜色。然后迅速加水稀释，倒掉溶液，回收铜片。写出反应方程式。

(2) 稀硝酸与金属的反应 取一小块铜片放入试管中，滴加 2mol·L^{-1} HNO_3，在水浴中微热，与前一实验比较，观察两者有何不同。写出反应方程式。

另取一小块锌片，滴加 2mol·L^{-1} HNO_3，放置几分钟，观察现象（如不反应可微热）。然后取出少许反应后的溶液，检验有无 NH_4^+ 生成。写出反应方程式。

8. NO_3^- 和 NO_2^- 的鉴定

(1) 取 1mL 0.1mol·L^{-1} KNO_3 溶液放入试管中，加入少量的 $FeSO_4·7H_2O$ 晶体，振

荡试管使其溶解。然后倾斜试管，沿管壁小心滴加 1mL 浓 H_2SO_4，静置片刻，观察两种液体界面处的棕色环。写出有关的反应方程式。

（2）取 1 滴 0.1mol·L^{-1} $NaNO_2$ 溶液稀释至 1mL，加少量的 $FeSO_4 \cdot 7H_2O$ 晶体，振荡试管使其溶解。然后加入 2mol·L^{-1} HAc 溶液，观察现象。写出有关的反应方程式。

（3）取 0.1mol·L^{-1} KNO_3 溶液和 0.1mol·L^{-1} $NaNO_2$ 溶液各 2 滴，稀释至 1mL，再加入少量尿素及 2 滴 1mol·L^{-1} H_2SO_4 溶液以消除 NO_2^- 对 NO_3^- 的干扰，然后进行棕色环实验。

9. 磷酸盐的性质

（1）用 pH 试纸分别测定 0.1mol·L^{-1} Na_3PO_4 溶液、0.1mol·L^{-1} Na_2HPO_4 溶液和 0.1mol·L^{-1} NaH_2PO_4 溶液的 pH 值。然后分别取此三种溶液各 10 滴放入 3 支试管中，各滴加 10 滴 0.1mol·L^{-1} $AgNO_3$ 溶液，观察现象。再用 pH 试纸分别测定它们的酸碱性，前后对比各有何变化？试加以解释。

（2）在 3 支试管中各滴入几滴 0.1mol·L^{-1} $CaCl_2$ 溶液，然后分别滴加 0.1mol·L^{-1} Na_3PO_4 溶液、0.1mol·L^{-1} Na_2HPO_4 溶液和 0.1mol·L^{-1} NaH_2PO_4 溶液，观察现象。写出有关的反应方程式。加入氨水后，各有何变化？在分别加入 2mol·L^{-1} HCl 后，又有何变化？写出相关的反应方程式。

10. PO_4^{3-} 的鉴定

取 10 滴 0.1mol·L^{-1} Na_3PO_4 溶液于试管中，加 5 滴浓 HNO_3，然后加入 10 滴钼酸铵试剂，在水浴中微热到 40～45℃，观察现象并写出反应方程式。

【思考题】

1. 如何用简单的方法区别硼砂、Na_2CO_3 和 Na_2SiO_3 三种盐的溶液？
2. 鉴定 NH_4^+ 时，为什么将奈斯勒试剂滴在滤纸上检验逸出的 NH_3，而不是将奈斯勒试剂直接加到含 NH_4^+ 的溶液中？
3. NO_3^- 的存在是否干扰 NO_2^- 的鉴定？
4. 用钼酸铵溶液鉴定 PO_4^{3-} 时，为什么要在硝酸介质中进行？
5. 使用浓硝酸和硝酸盐时，应注意哪些安全问题？
6. 实验室中为什么可以用磨口玻璃器皿储存酸液而不能用来储存碱液？

实验 19　锡和铅

【实验目的】

1. 了解锡(Ⅱ）的还原性和铅(Ⅳ）的氧化性。
2. 熟悉锡和铅硫化物的溶解性。
3. 掌握 Sn^{2+}、Pb^{2+} 的鉴定方法。

【实验原理】

锡和铅属于周期表ⅣA族元素，能形成氧化值为+2和+4的化合物。$Sn(OH)_2$ 和 $Pb(OH)_2$ 都是两性氢氧化物。Sn^{2+} 盐在水溶液中发生显著的水解反应，加入相应的酸可以抑制其水解。

Sn(Ⅱ)化合物具有较强的还原性。Sn^{2+} 与 $HgCl_2$ 反应可用于鉴定 Sn^{2+} 或 Hg^{2+}。PbO_2 是强氧化剂，在酸性溶液中能将 Mn^{2+} 氧化为 MnO_4^-。

SnS、SnS_2、PbS都难溶于水和稀盐酸，但能溶于较浓的盐酸。SnS_2 还能溶于NaOH溶液或 Na_2S 溶液中。铅的许多盐难溶于水，$PbCl_2$ 能溶于热水。利用 Pb^{2+} 和 CrO_4^{2-} 的反应可以鉴定 Pb^{2+}。

【仪器与试剂】

仪器：离心机、试管、烧杯、离心试管、试管架、试管夹。

试剂：浓硝酸、HNO_3 (6mol·L^{-1})、浓盐酸、HCl (6mol·L^{-1}、2mol·L^{-1})、NaOH (6mol·L^{-1}、2mol·L^{-1})、H_2SO_4 (3mol·L^{-1})、$Pb(NO_3)_2$ (0.1mol·L^{-1})、$SnCl_2$ (0.1mol·L^{-1})、$FeCl_3$ (0.1mol·L^{-1})、$HgCl_2$ (0.1mol·L^{-1})、$BiCl_3$ (0.1mol·L^{-1})、$MnSO_4$ (0.1mol·L^{-1})、PbO_2 (s)、H_2S (饱和)、Na_2S_x (0.1mol·L^{-1})、$SnCl_4$ (0.1mol·L^{-1})、Na_2S (0.1mol·L^{-1})、KI (0.1mol·L^{-1})、K_2CrO_4 (0.1mol·L^{-1})、NH_4Ac (饱和)。

【实验步骤】

1. Sn(Ⅱ)和Pb(Ⅱ)氢氧化物的酸碱性

(1) 在试管中加入1mL 0.1mol·L^{-1} $SnCl_2$ 溶液，然后逐滴滴加2mol·L^{-1} NaOH溶液，直至沉淀完全。离心分离，弃去清液，将沉淀分成两份，选择适当的试剂分别检验它们的酸碱性。写出有关的反应方程式。

(2) 试由 $Pb(NO_3)_2$ 溶液制备 $Pb(OH)_2$ 沉淀。通过实验证明 $Pb(OH)_2$ 具有两性（注意：检验其碱性时应该选用何种酸），写出反应方程式。

根据上面的实验，对 $Sn(OH)_2$ 和 $Pb(OH)_2$ 的酸碱性做出结论。

2. Sn(Ⅱ)的还原性和Pb(Ⅳ)的氧化性

(1) 在试管中加入2滴0.1mol·L^{-1} $FeCl_3$ 溶液，逐滴滴加0.1mol·L^{-1} $SnCl_2$ 溶液，观察现象。写出反应方程式。

(2) 在试管中加入2滴0.1mol·L^{-1} $HgCl_2$ 溶液，逐滴滴加0.1mol·L^{-1} $SnCl_2$ 溶液，观察现象。继续滴加 $SnCl_2$ 溶液，又有什么变化？写出反应方程式。

(3) 自制少量的 $Na_2[Sn(OH)_4]$ 溶液，然后在溶液中滴加0.1mol·L^{-1} $BiCl_3$ 溶液，观察现象。写出反应方程式。

(4) 取少量的 PbO_2 固体，加入6mol·L^{-1} HNO_3 和1滴0.1mol·L^{-1} $MnSO_4$ 溶液，微热后静置片刻，观察现象。写出反应方程式。

3. 锡和铅的硫化物

(1) 在两支试管中各加入2滴0.1mol·L^{-1} $SnCl_2$ 溶液后，分别加入 H_2S 饱和溶液，观察现象。离心分离，弃去清液，用蒸馏水洗涤沉淀，分别加入6mol·L^{-1} HCl和0.1mol·L^{-1}

Na_2S_x 溶液，观察现象。写出有关的离子反应方程式。

(2) 在3支试管中各加入2滴 $0.1mol \cdot L^{-1}$ $SnCl_4$ 溶液，分别加入 H_2S 饱和溶液，观察现象。离心分离，弃去清液，用蒸馏水洗涤沉淀。1号试管中加入浓 HCl，2号试管加入 $2mol \cdot L^{-1}$ NaOH 溶液，3号试管加入 $0.1mol \cdot L^{-1}$ Na_2S 溶液，观察现象。然后在3号试管中再加入 $2mol \cdot L^{-1}$ HCl 溶液，观察有何变化。写出有关的离子反应方程式。

(3) 在两支试管中各加入2滴 $0.1mol \cdot L^{-1}$ $Pb(NO_3)_2$ 溶液，分别加入 H_2S 饱和溶液，观察现象。离心分离，弃去清液，用蒸馏水洗涤沉淀，分别加入 $6mol \cdot L^{-1}$ HCl 和 $6mol \cdot L^{-1}$ HNO_3 溶液，观察现象。写出有关的离子反应方程式。

4. Pb(Ⅱ) 的难溶盐

(1) 在1mL水中加数滴 $0.1mol \cdot L^{-1}$ $Pb(NO_3)_2$ 溶液，再加几滴 $2mol \cdot L^{-1}$ HCl。观察沉淀的颜色。然后加热，观察沉淀的变化情况；再把溶液冷却，又有什么变化？根据实验结果，说明 $PbCl_2$ 的溶解度与温度的关系。取沉淀少许，加入浓盐酸，观察沉淀的变化情况。

(2) 在试管中加入数滴 $0.1mol \cdot L^{-1}$ $Pb(NO_3)_2$ 溶液，用水稀释至1mL后，加入1～2滴 $0.1mol \cdot L^{-1}$ KI 溶液，观察沉淀的颜色。离心分离，弃去清液，分别检验沉淀在热水和冷水中的溶解度。

(3) 在试管中加入数滴 $0.1mol \cdot L^{-1}$ $Pb(NO_3)_2$ 溶液，加入 $0.1mol \cdot L^{-1}$ K_2CrO_4 溶液，观察沉淀的颜色。离心分离，弃去清液，分别检验沉淀在浓 HNO_3 和 $6mol \cdot L^{-1}$ NaOH 溶液中的溶解情况。

(4) 在1mL水中加数滴 $0.1mol \cdot L^{-1}$ $Pb(NO_3)_2$ 溶液，加入几滴 $3mol \cdot L^{-1}$ H_2SO_4 溶液，观察沉淀的颜色。离心分离，弃去清液，分别检验沉淀在 NH_4Ac 饱和溶液和 $6mol \cdot L^{-1}$ NaOH 溶液中的溶解情况。

5. Sn^{2+} 和 Pb^{2+} 的鉴别

现有两种溶液，一种含有 Sn^{2+}，另一种含有 Pb^{2+}。试根据它们的特征反应设计实验方案加以区分。写出现象和有关反应的方程式。

【思考题】

1. 实验室配制 $SnCl_2$ 溶液时，往往既加盐酸，又加锡粒，为什么？
2. 在检验 $Pb(OH)_2$ 碱性时，应该选用什么酸为宜？
3. 如何鉴别 $SnCl_2$ 和 $SnCl_4$？如何分离 PbS 和 SnS？
4. 用 PbO_2 和 $MnSO_4$ 溶液反应时为什么用硝酸酸化而不用盐酸酸化？

实验20　铬、锰、铁、钴、镍

【实验目的】

1. 了解铬、锰、铁、钴、镍的一些常见化合物、配合物的性质。
2. 掌握铬、锰、铁、钴、镍主要氧化态之间的转化条件。

3. 掌握铬、锰化合物的氧化还原性及介质对氧化还原产物的影响。

4. 学习 Cr^{3+}、Mn^{2+}、Fe^{2+}、Fe^{3+}、Co^{2+}、Ni^{2+} 的鉴定方法。

【实验原理】

铬、锰是周期表第四周期ⅥB、ⅦB族元素，铁、钴、镍是周期表第四周期Ⅷ族元素。它们的特点是能够生成多种氧化值的化合物，其中铬的重要氧化值是＋3和＋6，锰的主要氧化值是＋2、＋4、＋6和＋7，铁、钴、镍的主要氧化值是＋2和＋3。

1. 铬

灰绿色的 $Cr(OH)_3$ 是典型的两性化合物：

$$Cr(OH)_3 + 3H^+ = Cr^{3+} + 3H_2O$$

$$Cr(OH)_3 + OH^- = [Cr(OH)_4]^-\text{(亮绿色)}$$

Cr(Ⅲ) 在酸性溶液中很稳定，只有遇到强氧化剂如 $K_2S_2O_8$、$KMnO_4$ 等时才被氧化；但在碱性溶液中具有较强还原性，易被 H_2O_2 氧化成 CrO_4^{2-}：

$$2[Cr(OH)_4]^- + 3H_2O_2 + 2OH^- = 2CrO_4^{2-} + 8H_2O$$

铬酸根遇到 Ag^+、Pb^{2+}、Ba^{2+} 生成相应的 Ag_2CrO_4（砖红色）、$PbCrO_4$（铬黄）、$BaCrO_4$（柠檬黄）沉淀。

铬酸根与重铬酸根可以相互转化，在溶液中存在着如下平衡：

$$2CrO_4^{2-}\text{（黄色）} + 2H^+ \rightleftharpoons Cr_2O_7^{2-}\text{（橙色）} + H_2O$$

因为铬酸根与重铬酸根之间的平衡，向重铬酸根溶液中加入 Ag^+、Pb^{2+}、Ba^{2+} 时也会生成相应的溶解度更小的铬酸盐沉淀：

$$Cr_2O_7^{2-} + 2Ba^{2+} + H_2O = 2BaCrO_4\downarrow + 2H^+$$

在酸性溶液中，$Cr_2O_7^{2-}$ 与 H_2O_2 反应生成蓝色的 CrO_5 [即 $CrO(O_2)_2$]，CrO_5 易溶于水，但稳定性很差，会很快分解为 Cr^{3+} 和 O_2：

$$Cr_2O_7^{2-} + 4H_2O_2 + 2H^+ = 2CrO(O_2)_2\text{(深蓝色)} + 5H_2O$$

$$4CrO(O_2)_2 + 12H^+ = 4Cr^{3+} + 7O_2 + 6H_2O$$

但 CrO_5 在乙醚或戊醇中比较稳定，所以常用乙醚或戊醇将其萃取至有机相：

$$CrO(O_2)_2 + (C_2H_5)_2O = CrO(O_2)_2\cdot(C_2H_5)_2O\text{（深蓝色）}$$

在酸性条件下，$Cr_2O_7^{2-}$ 具有强氧化性，可以将乙醇氧化，可用于判断司机是否酒后驾车或酒精中毒：

$$2Cr_2O_7^{2-}\text{(橙色)} + 3C_2H_5OH + 16H^+ = 4Cr^{3+}\text{(绿色)} + 3CH_3COOH + 11H_2O$$

2. 锰

Mn(Ⅱ) 在碱性条件下稳定性差，易被空气中的氧气氧化，逐渐变成棕色的二氧化锰水合物：

$$Mn^{2+} + 2OH^- = Mn(OH)_2\downarrow\text{(白色)}$$

$$2Mn(OH)_2 + O_2 = 2MnO(OH)_2\text{(棕色)}$$

Mn(Ⅱ) 在酸性条件下稳定性较强，只有强氧化剂如 $NaBiO_3$、PbO_2、$(NH_4)_2S_2O_8$ 等才能将它氧化成 MnO_4^-：

$$5NaBiO_3 + 2Mn^{2+} + 14H^+ = 2MnO_4^- + 5Bi^{3+} + 5Na^+ + 7H_2O$$

MnO_2 在酸性溶液中具有较强的氧化性：

$$2MnO_2 + 2H_2SO_4(浓) \xrightarrow{\triangle} 2MnSO_4 + O_2\uparrow + 2H_2O$$

$$MnO_2 + 4HCl(浓) \xrightarrow{\triangle} MnCl_2 + Cl_2\uparrow + 2H_2O$$

MnO_2 在碱性溶液中表现稳定，但可被强氧化剂氧化为 MnO_4^{2-}：

$$2MnO_4^- + MnO_2 + 4OH^- = 3MnO_4^{2-}(绿色) + 2H_2O$$

MnO_4^{2-} 在强碱性溶液中具有一定的稳定性，在酸性和弱碱性介质中则发生歧化反应：

$$3MnO_4^{2-}(绿色) + 2H_2O = 2MnO_4^-(紫红色) + MnO_2\downarrow + 4OH^-$$

$KMnO_4$ 是强氧化剂，还原产物随介质的不同而不同，在酸性溶液中被还原为 Mn^{2+}，在中性或弱碱性介质中被还原为 MnO_2，在强碱性介质中被还原为绿色的 MnO_4^{2-}。

3. 铁、钴、镍的重要化合物

$Fe(OH)_2$、$Co(OH)_2$、$Ni(OH)_2$ 颜色分别为白色、粉红色、绿色。

$Fe(OH)_2$ 主要呈碱性，但也有很弱的酸性，溶于浓碱溶液中可生成 $[Fe(OH)_6]^{4-}$。$Fe(OH)_2$ 具有较强还原性，易被空气氧化，生成红棕色的 $Fe(OH)_3$。

Co^{2+} 遇碱先生成蓝色的 $Co(OH)_2$ 沉淀，放置后沉淀便转为粉红色。$Co(OH)_2$ 显两性，溶于过量浓碱时生成 $[Co(OH)_4]^{2-}$ 配离子。$Co(OH)_2$ 也能被空气中的氧氧化，生成褐色的 $CoO(OH)$，但还原能力弱于 $Fe(OH)_2$。

$Ni(OH)_2$ 显碱性，在空气中比较稳定，不能被空气中的氧氧化，只有在强碱性介质中用强氧化剂如 $NaClO$、Cl_2、Br_2 等才能将其氧化为黑色的 $NiO(OH)$。

$Fe(OH)_3$、$CoO(OH)$、$NiO(OH)$颜色分别为红棕色、褐色和黑色。$Fe(OH)_3$ 溶于盐酸时生成 Fe^{3+}，而 $CoO(OH)$、$NiO(OH)$在酸性溶液中表现出强氧化性，溶于盐酸时不能得到相应的 Co^{3+}、Ni^{3+}：

$$2CoO(OH) + 6HCl = 2CoCl_2 + Cl_2\uparrow + 4H_2O$$

铁、钴、镍能形成多种配合物，Co^{2+} 和 Ni^{2+} 与过量氨水反应分别生成土黄色的 $[Co(NH_3)_6]^{2+}$ 和蓝色的 $[Ni(NH_3)_6]^{2+}$。$[Co(NH_3)_6]^{2+}$ 在空气中不稳定，易被空气中的氧氧化为红褐色的 $[Co(NH_3)_6]^{3+}$。$[Ni(NH_3)_6]^{2+}$ 较为稳定，不被空气氧化。

Fe^{3+} 与 $[Fe(CN)_6]^{4-}$ 反应，或 Fe^{2+} 与 $[Fe(CN)_6]^{3-}$，都得到深蓝色沉淀，分别用于鉴定 Fe^{3+} 和 Fe^{2+}。

Fe^{3+} 与 SCN^- 反应时溶液呈血红色，用于鉴定 Fe^{3+}。Co^{2+} 能与 SCN^- 反应，生成蓝色的 $[Co(NCS)_4]^{2-}$，$[Co(NCS)_4]^{2-}$ 水溶液不稳定，可用乙醚等有机溶剂萃取到有机相，以增强其稳定性。

Ni^{2+} 与丁二酮肟在弱碱性条件下反应生成鲜红色的内配盐，可用于 Ni^{2+} 的鉴定。

【仪器与试剂】

仪器：离心机及相关玻璃仪器。

试剂：Na_2SO_3(s)，$NaBiO_3$(s)，$(NH_4)_2Fe(SO_4)_2 \cdot 6H_2O$(s)，KSCN(s)，$MnO_2$(s)，$H_2SO_4$（$2mol \cdot L^{-1}$），$HNO_3$（$6mol \cdot L^{-1}$），浓 HCl，NaOH（$2mol \cdot L^{-1}$，$6mol \cdot L^{-1}$，40%），$NH_3 \cdot H_2O$($2mol \cdot L^{-1}$)，$CrCl_3$（$0.1mol \cdot L^{-1}$），$K_2CrO_4$（$0.1mol \cdot L^{-1}$），$K_2Cr_2O_7$（$0.1mol \cdot L^{-1}$），$AgNO_3$（$0.1mol \cdot L^{-1}$），$Pb(NO_3)_2$（$0.1mol \cdot L^{-1}$），$BaCl_2$

(0.1mol·L^{-1})，$MnSO_4$（0.1mol·L^{-1}），$KMnO_4$（0.01mol·L^{-1}），$FeCl_3$（0.1mol·L^{-1}），$CoCl_2$（0.1mol·L^{-1}），$NiSO_4$（0.1mol·L^{-1}），$K_4[Fe(CN)_6]$（0.1mol·L^{-1}），$K_3[Fe(CN)_6]$(0.1mol·L^{-1})，KSCN（0.1mol·L^{-1}），NaF（0.1mol·L^{-1}），NH_4Cl（1mol·L^{-1}），乙醇（95%），H_2O_2（3%），乙醚，丁二酮肟（1%）。

【实验步骤】

1. 铬化合物的性质

(1) $Cr(OH)_3$ 的生成和性质　向 1mL $CrCl_3$（0.1mol·L^{-1}）溶液中滴加 NaOH 溶液(2mol·L^{-1})，观察沉淀的生成和颜色。将沉淀分成两份，一份加 H_2SO_4 溶液（2mol·L^{-1}），观察沉淀的溶解和溶液的颜色；另一份加 NaOH 溶液（6mol·L^{-1}），观察沉淀的溶解和溶液的颜色。

(2) CrO_4^{2-} 与 $Cr_2O_7^{2-}$ 之间的相互转化

① 在两支试管中各加入少量 K_2CrO_4 溶液（0.1mol·L^{-1}），在其中 1 支试管中滴加入 H_2SO_4（2mol·L^{-1}）溶液，与另 1 支试管比较，观察颜色的变化；然后再滴加 NaOH 溶液(2mol·L^{-1})，观察颜色的变化，并解释现象。

② 在 3 支试管中各加入少量 K_2CrO_4 溶液（0.1mol·L^{-1}），然后分别滴加 $AgNO_3$ 溶液(0.1mol·L^{-1})、$Pb(NO_3)_2$ 溶液（0.1mol·L^{-1}）、$BaCl_2$ 溶液（0.1mol·L^{-1}），观察实验现象。

用 $K_2Cr_2O_7$ 溶液（0.1mol·L^{-1}）代替 K_2CrO_4 溶液（0.1mol·L^{-1}）做上述实验，观察现象并予以解释。

(3) Cr(Ⅵ) 的氧化性与 Cr(Ⅲ) 的还原性

① 在酸化了的少量 $K_2Cr_2O_7$ 溶液（0.1mol·L^{-1}）中加入少量 Na_2SO_3 固体，观察现象并写出方程式。

② 取 2 滴 $K_2Cr_2O_7$ 溶液（0.1mol·L^{-1}），用 H_2SO_4 溶液（2mol·L^{-1}）酸化，再滴加少量的乙醇（95%），微热，观察溶液颜色的变化并予以解释。

③ Cr^{3+} 的鉴定　向 5 滴 $CrCl_3$（0.1mol·L^{-1}）溶液中滴加过量的 NaOH（6mol·L^{-1}）溶液，使溶液呈亮绿色，然后滴加适量的 H_2O_2（3%）溶液，微热，观察溶液变为黄色（如何证明该黄色溶液为 CrO_4^{2-} 溶液?）；待试管冷却后，补加几滴 H_2O_2（3%）溶液，加入约 0.5mL 乙醚，再慢慢地加入 HNO_3（6mol·L^{-1}）溶液，振荡试管，观察并解释现象。

2. 锰化合物的性质

(1) $Mn(OH)_2$ 的生成和性质

在 3 支试管中各加入 5 滴 $MnSO_4$（0.1mol·L^{-1}）溶液，再分别加入 3 滴 NaOH（2mol·L^{-1}）溶液，观察沉淀的颜色。然后在其中 2 支试管中分别迅速（为什么?）滴加 H_2SO_4（2mol·L^{-1}）溶液和 NaOH（2mol·L^{-1}）溶液，观察沉淀在酸性和碱性溶液中的溶解性，另将 1 支试管放置在空气中并不断振荡，观察颜色变化并解释现象。

(2) MnO_2 的生成和性质

① 在少量 $KMnO_4$（0.01mol·L^{-1}）溶液中滴加 $MnSO_4$（0.1mol·L^{-1}）溶液，观察沉淀的生成。

② 取少量 MnO_2 固体，加入数滴浓 HCl，微热，检验生成物。

(3) MnO_4^{2-} 的生成和性质

在 1mL $KMnO_4$ (0.01mol·L^{-1}) 溶液中加入约 0.5mL NaOH (40%) 溶液，再加入少量的 MnO_2 固体，加热，振荡，沉降片刻，观察上层清液的颜色。取上层清液于另 1 支试管中，用 H_2SO_4 (2mol·L^{-1}) 溶液酸化，观察现象并写出方程式。

(4) $KMnO_4$ 的还原产物与介质的关系

在 3 支试管中各加入 2 滴 $KMnO_4$ (0.01mol·L^{-1}) 溶液，再分别加入 1mL H_2SO_4 (2mol·L^{-1}) 溶液、1mL 蒸馏水和 1mL NaOH (6mol·L^{-1}) 溶液，然后各加入少量的 Na_2SO_3 固体，观察各试管中发生的变化，写出反应方程式 [该实验试剂加入顺序不能颠倒，如果先将 $KMnO_4$ (0.01mol·L^{-1}) 溶液与 Na_2SO_3 固体混合，再分别加入 H_2SO_4 溶液、蒸馏水和 NaOH 溶液，现象将如何?]。

(5) Mn^{2+} 的鉴定

取 5 滴 $MnSO_4$ (0.1mol·L^{-1}) 溶液于试管中，加入 1mL HNO_3 (6mol·L^{-1}) 溶液酸化，然后加入少量的 $NaBiO_3$ 固体，振荡试管，静置沉降，上层清液呈紫红色表示有 Mn^{2+} 存在。

3. 铁、钴、镍化合物的性质

(1) 氢氧化物的生成和性质

① $Fe(OH)_2$ 的生成和性质　在一试管中加入 1mL 蒸馏水和 2 滴 H_2SO_4 (2mol·L^{-1}) 溶液，煮沸以赶尽溶于其中的氧，冷却后加入少量 $(NH_4)_2Fe(SO_4)_2 \cdot 6H_2O$ 固体，备用；在另一试管中加入 1mL NaOH (6mol·L^{-1}) 溶液，煮沸赶尽溶于其中的氧，冷却后用长滴管吸取其溶液，迅速插入亚铁溶液的底部，慢慢挤出，观察沉淀的颜色和状态。振荡后分成 3 份，其中 2 份分别滴加入 H_2SO_4 (2mol·L^{-1}) 溶液和 NaOH (2mol·L^{-1}) 溶液，检验 $Fe(OH)_2$ 在酸性溶液和碱性溶液中的溶解性；另 1 份放置在空气中，观察沉淀颜色的变化。解释现象并写出方程式。

② $Fe(OH)_3$ 的生成和性质　取约 0.5mL $FeCl_3$ (0.1mol·L^{-1}) 溶液于试管中，加入 NaOH (2mol·L^{-1}) 溶液，观察沉淀的颜色和状态。分装 2 支试管，分别检验其酸性和碱性。

③ $Co(OH)_2$ 和 $Ni(OH)_2$ 的生成和性质　取约 1mL $CoCl_2$ (0.1mol·L^{-1}) 溶液于试管中，滴加入 NaOH (2mol·L^{-1}) 溶液，观察沉淀的颜色和状态。分装于 3 支试管中，其中 2 支分别滴加入 H_2SO_4 (2mol·L^{-1}) 溶液和 NaOH (2mol·L^{-1}) 溶液，检验其酸碱性；另将 1 支试管在空气中放置，观察颜色变化并解释现象。

用 $NiSO_4$ (0.1mol·L^{-1}) 溶液代替 $CoCl_2$ (0.1mol·L^{-1}) 溶液进行上述实验，比较实验现象。

通过实验比较 $Fe(OH)_2$、$Co(OH)_2$、$Ni(OH)_2$ 还原性的相对强弱。

(2) 铁、钴、镍的配合物

① 取少量 $FeCl_3$ (0.1mol·L^{-1}) 溶液于试管中，滴加入 $K_4[Fe(CN)_6]$ (0.1mol·L^{-1}) 溶液，观察并解释实验现象。

取少量 $(NH_4)_2Fe(SO_4)_2 \cdot 6H_2O$ (约 0.1mol·L^{-1}，自己配制) 溶液于试管中，滴加 $K_3[Fe(CN)_6]$ (0.1mol·L^{-1}) 溶液，观察并解释实验现象。

② 在 5 滴 $FeCl_3$ (0.1mol·L^{-1}) 溶液中加入 1 滴 KSCN (0.1mol·L^{-1}) 溶液，观察现象；再滴加入 NaF (0.1mol·L^{-1}) 溶液，又有何变化？解释原因。

③ 取2滴 $CoCl_2$（0.1mol·L^{-1}）溶液于试管中，加几滴 NH_4Cl（1mol·L^{-1}）溶液，然后滴入 $NH_3·H_2O$（2mol·L^{-1}）溶液，振荡试管，观察沉淀的颜色；继续滴加 $NH_3·H_2O$（2mol·L^{-1}）溶液至沉淀溶解为止，将溶液在空气中放置，观察溶液颜色的变化并解释现象。

④ 取几滴 $CoCl_2$（0.1mol·L^{-1}）溶液于试管中，加入少量KSCN固体，再滴加几滴乙醚，振荡后观察现象，写出反应方程式。

⑤ 取几滴 $NiSO_4$（0.1mol·L^{-1}）溶液于试管中，滴加入 $NH_3·H_2O$（2mol·L^{-1}）溶液，观察现象；再滴加2滴丁二酮肟（1%）溶液，观察有何变化，解释现象。

4. 设计分离和鉴定 Fe^{3+}、Cr^{3+}、Mn^{2+} 混合液。

【思考题】

1. 制备 $Fe(OH)_2$ 时为什么要先将相关试液煮沸？
2. $KMnO_4$ 的还原产物与介质的关系如何？
3. 实验室如何配制和保存亚铁盐溶液？

实验21　铜、银、锌、汞

【实验目的】

1. 了解铜、银、锌、汞的氧化物及氢氧化物的性质。
2. 掌握铜、银、锌、汞配合物的生成及性质。
3. 了解Cu(Ⅱ)与Cu(Ⅰ)、Hg(Ⅱ)与Hg(Ⅰ)相互转化的条件和规律。
4. 掌握铜、银、锌、汞的离子的鉴定方法。

【实验原理】

铜、银是周期表第四、五周期ⅠB族元素，锌、汞是周期表第四、五周期ⅡB族元素。

1. 铜、银

$Cu(OH)_2$ 呈浅蓝色，呈较弱的两性（偏碱），加热至80℃时脱水，分解为黑色的CuO。AgOH（白色）稳定性很差，常温下迅速脱水转化为棕黑色的 Ag_2O。

Cu^{2+}、Ag^+ 与 S^{2-} 作用，生成难溶于水的黑色CuS、Ag_2S 沉淀，它们均难溶于HCl，可溶于具有氧化性的 HNO_3 溶液中。

Cu^{2+} 具有较弱的氧化能力，能将 I^- 氧化：

$$2Cu^{2+} + 4I^- = 2CuI\downarrow + I_2(s)$$

I^- 过量时会使CuI转化为 $[CuI_2]^-$ 而溶于水，稀释后又重新生成CuI白色沉淀。

Cu^+ 在水溶液中易发生歧化反应：

$$2Cu^+ = Cu^{2+} + Cu$$

要使平衡左移，须将 Cu^+ 转化为难溶盐或配合物才能实现：

$$Cu^{2+} + Cu + 4Cl^- \xrightarrow{\text{浓 HCl}} 2[CuCl_2]^-$$

用水稀释时，$[CuCl_2]^-$ 转化为白色的 CuCl 沉淀：

$$2[CuCl_2]^- \xrightarrow{稀释} 2CuCl\downarrow + 2Cl^-$$

在热的碱溶液中，Cu^{2+} 能氧化醛或葡萄糖，同时生成暗红色的 Cu_2O：

$$2[Cu(OH)_4]^{2-} + C_6H_{12}O_6(葡萄糖) \xrightarrow{\triangle} Cu_2O + C_6H_{12}O_7(葡萄糖酸) + 4OH^- + 2H_2O$$

该反应可用于检验醛类和葡萄糖的存在。

含有$[Ag(NH_3)_2]^+$的溶液在煮沸时也能将醛类或葡萄糖氧化，其本身被还原为单质 Ag：

$$2[Ag(NH_3)_2]^+ + CH_3CHO + 3OH^- \xrightarrow{\triangle} 2Ag + CH_3COO^- + 4NH_3 + 2H_2O$$

工业上利用此类反应制作镜子或在暖水瓶的夹层上镀银。

Cu^{2+}、Cu^+、Ag^+ 等具有较强的配位能力，可与 NH_3、X^-、CN^-、SCN^-、en 等配体形成配离子。

Cu^{2+} 的检验：

$$2Cu^{2+} + [Fe(CN)_6]^{4-} = Cu_2[Fe(CN)_6]\downarrow(红棕色)$$

2. 锌、汞

$Zn(OH)_2$ 和 ZnO 呈典型的两性，汞的氢氧化物和氧化物呈碱性。$Hg(OH)_2$ 和 $Hg_2(OH)_2$ 极不稳定，极易脱水转变为 HgO（黄色）和 Hg_2O（黑色）。

Zn^{2+}、Hg^{2+} 与 S^{2-} 作用，生成难溶于水的白色 ZnS、黑色 HgS 沉淀。ZnS 易溶于稀 HCl，HgS 因溶解度太小，难溶于盐酸和硝酸，需用王水才能将其溶解。

Zn^{2+} 与氨水反应首先生成白色 $Zn(OH)_2$ 沉淀，氨水过量时生成 $[Zn(NH_3)_4]^{2+}$ 配离子。

Zn^{2+} 的鉴定：在碱性条件下，Zn^{2+} 与二苯硫腙反应生成粉红色的螯合物（在 CCl_4 溶液中显棕色）。

Hg^{2+} 和 Hg_2^{2+} 与氨水反应生成难溶于水的氨基氯化汞沉淀：

$$HgCl_2 + 2NH_3 = Hg(NH_2)Cl\downarrow(白色) + NH_4Cl$$

$$Hg_2Cl_2 + 2NH_3 = Hg(NH_2)Cl\downarrow(白色) + Hg\downarrow(黑色) + NH_4Cl$$

Hg^{2+} 溶液中加入适量的 KI 溶液，生成橘红色的 HgI_2 沉淀，KI 溶液过量时生成 $[HgI_4]^{2-}$；Hg_2^{2+} 溶液中加入适量的 KI 溶液，生成浅绿色的 Hg_2I_2 沉淀，KI 溶液过量时则发生歧化反应：

$$Hg_2I_2 + 2I^- = [HgI_4]^{2-} + Hg\downarrow$$

$HgCl_2$ 在酸性条件下具有一定的氧化能力，易被 $SnCl_2$ 还原生成 Hg_2Cl_2 白色沉淀；当 $SnCl_2$ 过量时，Hg_2Cl_2 被进一步还原为黑色的 Hg 沉淀。

将 Hg^{2+} 与 Hg 混合反应，可以得到 Hg_2^{2+}，若要将 Hg_2^{2+} 转化为 Hg^{2+} 则须将溶液中的 Hg^{2+} 转化为沉淀或配合物形式。

【仪器与试剂】

仪器：离心机及相关玻璃仪器。

试剂：铜屑，汞，$CuSO_4\cdot5H_2O(s)$，$H_2SO_4(2mol\cdot L^{-1})$，HCl（$2mol\cdot L^{-1}$），$HNO_3$（$2mol\cdot L^{-1}$），HAc（$6mol\cdot L^{-1}$），NaOH（$2mol\cdot L^{-1}$，$6mol\cdot L^{-1}$，40%），$NH_3\cdot H_2O$（$2mol\cdot L^{-1}$，$6mol\cdot L^{-1}$），浓氨水，$CuSO_4$（$0.1mol\cdot L^{-1}$），KI（$0.1mol\cdot L^{-1}$，$2mol\cdot L^{-1}$），$Na_2S_2O_3$（$0.1mol\cdot L^{-1}$），$CuCl_2$（$1mol\cdot L^{-1}$），$K_4[Fe(CN)_6]$（$0.1mol\cdot L^{-1}$），$AgNO_3$

（0.1mol·L^{-1}），NaCl（0.1mol·L^{-1}），KBr（0.1mol·L^{-1}），$ZnSO_4$（0.1mol·L^{-1}），$Hg(NO_3)_2$（0.1mol·L^{-1}），$HgCl_2$（0.1mol·L^{-1}），NH_4Cl（0.1mol·L^{-1}），$SnCl_2$（0.1mol·L^{-1}），葡萄糖（10%），乙醇（95%），二苯硫腙的 CCl_4 溶液（0.01%）。

【实验步骤】

1. 铜的化合物

（1）$Cu(OH)_2$ 的生成和性质

在 1mL $CuSO_4$（0.1mol·L^{-1}）溶液中加入 NaOH（2mol·L^{-1}）溶液至有蓝色沉淀生成，分成 3 份。第 1 份中滴加入 H_2SO_4（2mol·L^{-1}）溶液，现象如何？第 2 份加入过量的 NaOH（6mol·L^{-1}）溶液，有何现象发生？第 3 份在酒精灯上加热，观察有何变化。解释现象。

（2）Cu(Ⅰ)与 Cu(Ⅱ)的相互转化

① 氧化亚铜的生成和性质　在约 0.5mL $CuSO_4$（0.1mol·L^{-1}）溶液中滴加过量的 NaOH（6mol·L^{-1}）溶液，使最初生成的沉淀完全溶解，再加入数滴葡萄糖（10%）溶液，摇匀，水浴加热，观察现象。然后将沉淀离心分离，弃去清液。沉淀经蒸馏水洗涤后，加入 H_2SO_4（2mol·L^{-1}）溶液酸化，观察并解释现象。

② 碘化亚铜的生成和性质　在少量 $CuSO_4$（0.1mol·L^{-1}）溶液中加入数滴 KI（0.1mol·L^{-1}）溶液，观察有何变化（取少许溶液检验是否有 I_2 生成）。滴加数滴 $Na_2S_2O_3$（0.1mol·L^{-1}）溶液以除去反应生成的 I_2，离心分离，弃去清液，用蒸馏水洗涤，观察 CuI 沉淀的颜色和状态。

③ 氯化亚铜的生成和性质　在 1mL $CuCl_2$（1mol·L^{-1}）溶液中加入 1mL HCl（2mol·L^{-1}）溶液和 0.1g 铜屑，加热至溶液由深棕色变为无色为止。将溶液加入到 30mL 已煮沸过又冷至室温的蒸馏水中，观察是否有白色沉淀生成，解释原因。

（3）$[Cu(NH_3)_4]SO_4$ 配合物的生成和性质

称 2g $CuSO_4·5H_2O$ 固体于 100mL 烧杯中，加入 2mL 蒸馏水和 3mL 浓氨水，搅拌溶解，得到深蓝色溶液。在不断搅拌下缓慢加入 3mL 乙醇（95%），即有深蓝色的 $[Cu(NH_3)_4]SO_4$ 针状晶体析出。继续搅拌，冷却 20min，将晶体转移至滤纸上，吸去水分，分成 3 份。第 1 份中滴加 H_2SO_4（2mol·L^{-1}）溶液，观察现象；第 2 份滴加 NaOH 溶液（40%），观察现象；第 3 份用小火加热，用广泛 pH 试纸检验产生的气体，并注意观察固体颜色的变化。解释现象。

（4）Cu^{2+} 的鉴定

将数滴 $CuSO_4$（0.1mol·L^{-1}）溶液用 HAc（6mol·L^{-1}）溶液酸化，再滴加 $K_4[Fe(CN)_6]$（0.1mol·L^{-1}）溶液，有红棕色沉淀生成，则表示有 Cu^{2+} 存在。

2. 银的化合物

（1）氧化银的生成和性质

取约 0.5mL $AgNO_3$（0.1mol·L^{-1}）溶液于试管中，加入数滴 NaOH（2mol·L^{-1}）溶液，观察沉淀的生成和变化。分成 2 支试管，其中 1 支加入 HNO_3（2mol·L^{-1}）溶液，另 1 支加入 $NH_3·H_2O$（6mol·L^{-1}）溶液，观察并解释现象。

（2）卤化银及银的配合物的生成和性质

取 5 滴 $AgNO_3$（0.1mol·L^{-1}）溶液于试管中，滴加数滴 NaCl（0.1mol·L^{-1}）溶液，观察沉淀的颜色和形状。滴加 $NH_3·H_2O$（6mol·L^{-1}）溶液，观察沉淀的溶解性。再滴加

数滴 KBr（0.1mol·L^{-1}）溶液，观察沉淀的颜色和形状。然后滴加 $Na_2S_2O_3$（0.1mol·L^{-1}）溶液，观察沉淀的再次溶解。最后再加入 KI（0.1mol·L^{-1}）溶液，是否又有新沉淀生成？观察新沉淀的颜色和形状。

根据以上实验结果，比较 AgCl、AgBr、AgI 三者溶解度的相对大小，同时比较 $[Ag(NH_3)_2]^+$ 和 $[Ag(S_2O_3)_2]^{3-}$ 二者相对稳定性的大小，写出反应方程式。

（3）银离子的氧化性——银镜反应

在1支洁净的试管中，加入 1mL $AgNO_3$（0.1mol·L^{-1}）溶液，再逐滴加入 $NH_3·H_2O$（2mol·L^{-1}）溶液至生成的沉淀刚好溶解，然后加入 2mL 葡萄糖（10%）溶液，摇匀，在水浴上加热，观察试管壁上有何变化，解释现象。

（4）Ag^+ 的鉴定

取5滴 $AgNO_3$（0.1mol·L^{-1}）溶液于试管中，滴加 HCl（2mol·L^{-1}）溶液至沉淀完全，离心分离，用蒸馏水洗涤2次，加入 $NH_3·H_2O$（2mol·L^{-1}）溶液至沉淀溶解。再滴加入2滴 KI（0.1mol·L^{-1}）溶液，若有淡黄色沉淀生成，说明有 Ag^+ 存在。

3. 锌的化合物

（1）$Zn(OH)_2$ 的生成和性质

在约 0.5mL $ZnSO_4$（0.1mol·L^{-1}）溶液中，逐滴加入 NaOH（2mol·L^{-1}）溶液至有沉淀生成，观察沉淀的颜色和形状。将沉淀分成2份，检验其酸碱性。

（2）锌的氨配合物的生成和性质

在约 0.5mL $ZnSO_4$（0.1mol·L^{-1}）溶液中逐滴加入 $NH_3·H_2O$（6mol·L^{-1}）溶液，观察沉淀的生成。继续加入过量的 $NH_3·H_2O$（6mol·L^{-1}）溶液使沉淀溶解，将溶液分成2份。其中1份逐滴加入 HCl（2mol·L^{-1}）溶液并不断振荡，观察沉淀的再生成和溶解。另1份加热至沸，观察 $Zn(OH)_2$ 沉淀的重新析出。

（3）Zn^{2+} 的鉴定

取2滴 $ZnSO_4$（0.1mol·L^{-1}）溶液于试管中，加5滴 NaOH（6mol·L^{-1}）溶液，再加入约 0.5mL 二苯硫腙的 CCl_4 溶液，振荡试管并在水浴中加热，若水溶液呈粉红色（CCl_4 层由绿色变为棕色），说明有 Zn^{2+} 存在。

4. 汞的化合物

（1）HgO 的生成和性质

在10滴 $Hg(NO_3)_2$（0.1mol·L^{-1}）溶液中，滴加 NaOH（2mol·L^{-1}）溶液，观察沉淀的生成和颜色。将沉淀分为2份，分别加入 HNO_3（2mol·L^{-1}）和过量的 NaOH（2mol·L^{-1}）溶液，观察沉淀是否溶解，HgO 是否具有两性？

（2）Hg(Ⅰ)与 Hg(Ⅱ)的相互转化

① Hg^{2+} 转化为 Hg_2^{2+}　取数滴 $Hg(NO_3)_2$（0.1mol·L^{-1}）溶液于试管中，加入1滴汞，振荡试管，静置后取上层清液分装2支试管，其中1支中滴加 NaCl（0.1mol·L^{-1}）溶液，观察是否有 Hg_2Cl_2 沉淀产生。写出相关反应方程式。

② Hg_2^{2+} 的歧化　在①保留的试管中逐滴加入 KI（2mol·L^{-1}）溶液，观察现象，写出反应方程式。

（3）汞的配合物

在1滴 $Hg(NO_3)_2$（0.1mol·L^{-1}）溶液中滴加 KI（0.1mol·L^{-1}）溶液，观察所生成沉淀的颜色。再滴加 KI（2mol·L^{-1}）溶液，至沉淀溶解，解释现象并写出方程式。在该溶液中滴加几滴 NaOH（6mol·L^{-1}）溶液，即得奈斯勒试剂。

取 1 滴 NH_4Cl（0.1mol·L^{-1}）溶液，滴加 1～2 滴自制的奈斯勒试剂，观察现象。

（4）Hg^{2+}的鉴定

取 1 滴 $HgCl_2$（0.1mol·L^{-1}）溶液于试管中，逐滴加入 $SnCl_2$（0.1mol·L^{-1}）溶液，观察白色的 Hg_2Cl_2 沉淀生成；继续滴加过量的 $SnCl_2$（0.1mol·L^{-1}）溶液，振荡试管，放置，观察沉淀颜色由白色变为灰白色，最后变为黑色。写出反应方程式。

实验 22　无机纸上色谱

【实验目的】

1. 掌握纸上色谱的分离原理。
2. 练习 Cu^{2+}、Fe^{3+}、Co^{2+}、Ni^{2+} 四种离子的纸上色谱分离与鉴定。

【实验原理】

纸上色谱法是用滤纸作为支持物，以纸上吸附的水作为固定相，与水互不相溶的有机溶剂作为流动相，当流动相在纸上展开时，物质就在水和有机溶剂之间反复分配，从而使分配系数各不相同的组分得以分离。经分离展开后的组分可用不同方法加以检出，并根据 R_f 值与纯物质对照进行鉴定。

【仪器与试剂】

仪器：广口瓶（500mL）2 个，量筒（100mL），烧杯（50mL 5 个、500mL 1 个），镊子，点滴板，搪瓷盘（30cm×50cm），喉头喷雾器，小刷子。

试剂：浓 HCl，浓 $NH_3·H_2O$，$FeCl_3$（0.1mol·L^{-1}），$CoCl_2$（1.0mol·L^{-1}），$NiCl_2$（1.0mol·L^{-1}），$CuCl_2$（1.0mol·L^{-1}），$K_4[Fe(CN)_6]$（0.1mol·L^{-1}），$K_3[Fe(CN)_6]$（0.1mol·L^{-1}），丙酮，丁二酮肟。

材料：7.5cm×11cm 色层滤纸 1 张，普通滤纸 1 张，毛细管 5 根。

【实验步骤】

1. 准备工作

（1）在一个 500mL 广口瓶中加入 17mL 丙酮、2mL 浓 HCl 及 1mL 去离子水，配制成展开液，盖好瓶盖。

（2）在另一个 500mL 广口瓶中放入一个盛浓 $NH_3·H_2O$ 的开口小滴瓶，盖好广口瓶。

（3）在长 11cm、宽 7.5cm 的滤纸上，用铅笔画 4 条间隔为 1.5cm 的竖线平行于长边，在纸条上端 1cm 处和下端 2cm 处各画出一条横线，在纸条上端画好的各小方格内标出 Cu^{2+}、Fe^{3+}、Co^{2+}、Ni^{2+}、未知液 5 种样品的名称。最后按 4 条竖线折叠成五棱柱体（见图 4-3）。

（4）在 5 个洁净、干燥的烧杯中分别滴几滴 0.1mol·L^{-1} $FeCl_3$ 溶液、1.0mol·L^{-1} $CoCl_2$ 溶液、1.0mol·$L^{-1}$$NiCl_2$ 溶液、1.0mol·$L^{-1}$$CuCl_2$ 溶液及未知液（未知液是由前四种溶液中任选几

种，以等体积混合而成）。再各放入 1 支毛细管。

2. 加样

（1）加样练习　取一片普通滤纸做练习用。用毛细管吸取溶液后垂直触到滤纸上，当滤纸上形成直径为 0.3～0.5cm 的圆形斑点时，立即提起毛细管。反复练习几次，直到能做出小于或接近直径为 0.5cm 的斑点为止。

（2）按所标明的样品名称，在滤纸下端横线上分别加样。将加样后的滤纸置于通风处晾干。

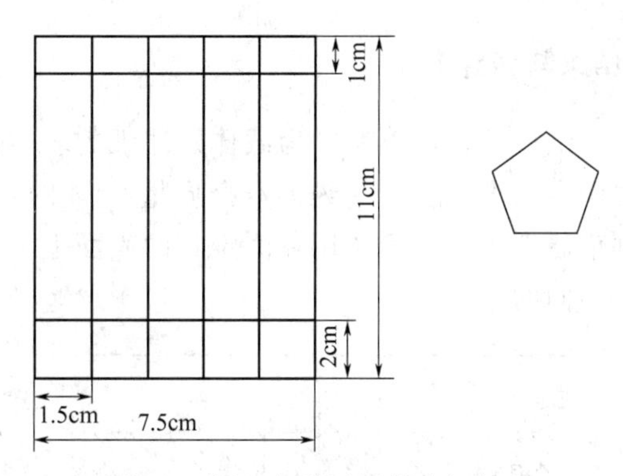

图 4-3　纸上色谱用纸的准备方法

3. 展开

按滤纸上的折痕重新折叠一次。用镊子将滤纸五棱柱体垂直放入盛有展开液的广口瓶中，盖好瓶盖，观察各种离子在滤纸上展开的速度及颜色。当溶剂前沿接近纸上端横线时，用镊子将滤纸取出，用铅笔标记出溶剂前沿的位置，然后放入大烧杯中，于通风处晾干。

4. 斑点显色

当离子斑点无色或颜色较浅时，常需要加上显色剂，使离子斑点呈现出特征的颜色。以上 4 种离子可采用下面两种方法显色。

（1）将滤纸置于充满氨气的广口瓶上，5min 后取出滤纸，观察并记录斑点的颜色。其中 Ni^{2+} 的颜色较浅，可用小刷子蘸取丁二酮肟溶液快速涂抹，记录 Ni^{2+} 所形成斑点的颜色。

（2）将滤纸放在搪瓷盘中，用喉头喷雾器向纸上喷洒 0.1mol·L^{-1} $K_3[Fe(CN)_6]$ 溶液和 0.1mol·L^{-1} $K_4[Fe(CN)_6]$ 溶液的等体积混合液，观察并记录斑点的颜色。

5. 确定未知液中含有的离子

观察未知液在纸上形成斑点的数量、颜色和位置，分别与已知离子斑点的颜色、位置相对照，便可以确定未知液中含有哪几种离子。

6. R_f 值的测定

用直尺分别测量溶剂移动的距离和离子移动的距离，然后分别计算出 4 种离子的 R_f 值。

【数据记录与处理】

将测定结果记入表 4-16。

表 4-16　纸色谱实验结果记录表

样　品		Fe^{3+}	Co^{2+}	Ni^{2+}	Cu^{2+}
斑点颜色	$K_3[Fe(CN)_6]+K_4[Fe(CN)_6]$				
	$NH_3(g)$				
展开液移动的距离(b)/cm					
离子移动的距离(a)/cm					
$R_f=\frac{a}{b}$					

展开液的组成（体积比）：丙酮：盐酸（浓）：水＝__________

未知液中含有的离子为：__________

【结果与讨论】

纸上色谱法以滤纸为载体。滤纸的基本成分是一种极性纤维素，它对水等极性溶剂有很强的亲和力，能吸附约占本身质量20%的水分。这部分水保持固定，称为固定相；有机溶剂借滤纸的毛细管作用在固定相的表面上流动，称为流动相。流动相的移动引起试样中各组分不同的迁移。

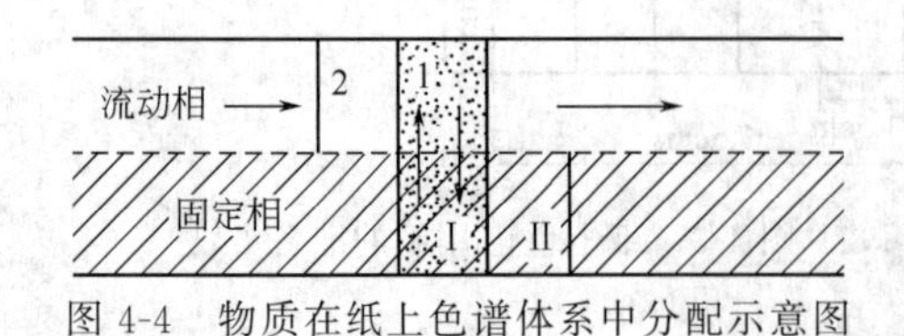

图 4-4　物质在纸上色谱体系中分配示意图

为了理解组分在纸上迁移的原理，可以设想流动相和固定相都可分成若干个小部分，并且移动是间断进行的。现仅考察其中两个小部分流动相在两个小部分固定相上移动时对溶质的作用情况。按与某小部分固定相接触的先后顺序将流动相编为1号、2号；按流动相前进方向，从含试样的固定相开始，将固定相编为Ⅰ号、Ⅱ号（图 4-4）。

由于试样组分在两相中都有一定的溶解度，因而当流动相1号与固定相Ⅰ号（含有试样）接触时，试样组分或溶质将分配于两相中，并达到分配平衡，其净结果是溶质被流动相所萃取；当流动相1号（已含部分试样）移动到固定相Ⅱ号上面时，溶质再次分配于两相中，再次达到分配平衡，其净结果是溶质溶解于新的固定相中；当流动相2号与固定相Ⅰ号（余下一部分溶质）接触时，余下的溶质又一次被流动相2号所萃取。总之，流动相在固定相上面移动时，对溶质进行一次萃取再次萃取，或者说溶质在两相中进行一次分配再次分配。实际上有机溶剂在纸上连续扩展的整个过程可看作是无限个流动相在无限个固定相上的流动，溶质在两相中很快地一次又一次地进行分配，连续达到无数次的分配平衡。分配平衡的平衡常数又叫做分配系数，分配系数（K）可以用固定相中溶质的浓度（c_S）和流动相中溶质的浓度（c_M）之比来表示，即 $K=c_S/c_M$。不同物质在两相中的溶解度不同，因而其分配系数也不同。分配系数小的物质在纸上移动的速度快，反之，分配系数大的物质在纸上移动的速度慢。结果，试样中各组分在纸的不同位置上各自留下斑点。综上所述，纸上色谱法是根据不同物质在两相间的分配比不同而将物质分离开的。

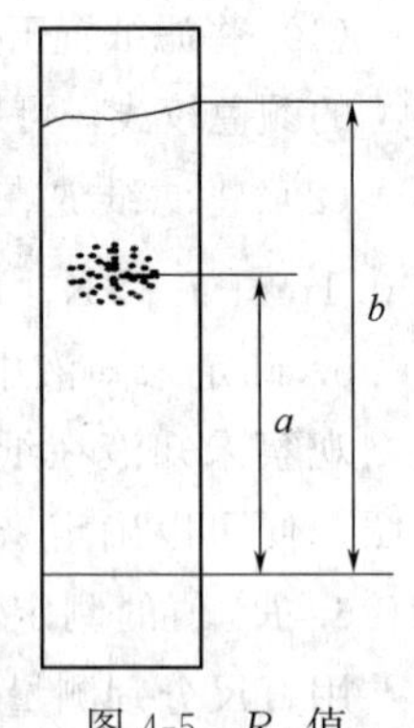

图 4-5　R_f 值

纸上色谱图中物质斑点中心离开原点的距离（a）和溶剂前沿离开原点的距离（b）之比值叫做比移值，用符号 R_f 表示（图 4-5），即

$$R_f=\frac{a}{b}$$

R_f 与分配系数 K 之间存在着某种定量关系，R_f 是平衡常数的函数。在一定条件下，K 一定时，R_f 也有确定的数值。当溶剂种类、纸的种类和体系所处温度等因素改变时，物质的 R_f 也会变化。

只要实验条件相同，R_f 的重现性就很好。因此 R_f 是纸色谱法中的重要数值。

【思考题】

1. 纸上色谱的原理是什么？主要步骤如何？
2. 本实验中浓氨水所起的作用是什么？

实验 23　离子交换法分离检测 Fe^{3+} 、Co^{2+} 和 Ni^{2+}

【实验目的】

1. 了解离子交换树脂的基本原理和在分离混合离子中的应用。
2. 熟悉 Fe^{3+} 、Co^{2+} 、Ni^{2+} 的分离检测方法。

【实验原理】

使用合适的阳离子或阴离子交换树脂和合适的洗脱液可以有效地分离某些金属离子。Fe^{3+} 、Co^{2+} 、Ni^{2+} 与 HCl 形成配阴离子的能力有较大差异，本实验使用阴离子交换树脂与配阴离子进行离子交换，以不同浓度的 HCl 溶液为淋洗剂，使金属离子混合物得以分离。

浓的 HCl 溶液（大于 $8mol \cdot L^{-1}$）中，Fe^{3+} 和 Co^{2+} 分别与 Cl^- 形成配阴离子 $[FeCl_6]^{3-}$ 和 $[CoCl_4]^{2-}$ ，而 Ni^{2+} 则不会。随 HCl 溶液浓度降低，Fe^{3+} 、Co^{2+} 与 Cl^- 的结合有不同程度的降低。当 HCl 浓度小于 $4mol \cdot L^{-1}$ 时，$[CoCl_4]^{2-}$ 几乎完全解离。HCl 浓度小于 $1mol \cdot L^{-1}$ 时，$[FeCl_6]^{3-}$ 亦完全解离。所以，当含有 $[FeCl_6]^{3-}$、$[CoCl_4]^{2-}$ 和 Ni^{2+} 的浓 HCl 溶液进入阴离子交换柱时，$[FeCl_6]^{3-}$ 、$[CoCl_4]^{2-}$ 与树脂上的阴离子发生交换反应，留在交换柱上，而 Ni^{2+} 则不发生交换反应，可以被浓盐酸溶液洗脱下来，而 $[FeCl_6]^{3-}$ 和 $[CoCl_4]^{2-}$ 随洗脱液渗入下层树脂。改用 $3mol \cdot L^{-1}$ HCl 溶液洗脱，$[CoCl_4]^{2-}$ 逐渐解离，Co^{2+} 被洗脱下来。最后用 $0.5mol \cdot L^{-1}$ HCl 溶液洗脱，$[FeCl_6]^{3-}$ 也逐渐解离，Fe^{3+} 从交换柱上被洗脱下来，从而使 Fe^{3+} 、Co^{2+} 、Ni^{2+} 得以分离。

Co^{2+} 和 Fe^{3+} 分别与 SCN^- 在酸性条件下生成蓝绿色和红色配离子，Ni^{2+} 与丁二酮肟在氨存在时形成红色沉淀，这些反应可以在分离后用作离子鉴定。

【仪器与试剂】

仪器：移液管，交换柱（1cm×30cm，可用 25mL 滴定管代替）。

试剂：盐酸（$0.5mol \cdot L^{-1}$，$3mol \cdot L^{-1}$，$9mol \cdot L^{-1}$，浓），氨水，Fe^{3+} 、Co^{2+} 、Ni^{2+} 混合液（各 $0.1mol \cdot L^{-1}$），NH_4SCN（饱和），丁二酮肟试纸，丙酮，717 型强碱性阴离子交换树脂。

【实验步骤】

1. 装柱

将交换柱洗净，在交换柱底部垫少许玻璃丝。在柱中加去离子水至近满，排除玻璃丝及柱下部所有空气，然后将阴离子交换树脂与水一起从柱上端加入，同时开启柱下端活塞从柱中放水，使树脂自然下沉堆积，树脂高度约为 24cm，在树脂顶部放置一小团玻璃丝（防止淋洗液加入对树脂的搅动），始终保持液面高于树脂和玻璃丝。待液面降至很接近上端玻璃丝时，关闭活塞，加入 10mL $9mol \cdot L^{-1}$ 的 HCl 溶液，开启活塞，控制流速为 $0.5 \sim 0.8mL \cdot min^{-1}$（整个交换过程保持这个流速），直至液面重新降低到接近上端玻璃丝。

2. 试样的准备

取 2mL 试液，置于小烧杯中，加入 4mL 浓 HCl，混匀后加入交换柱。柱的下端用 250mL 锥形瓶收集流出液。待液面降至上端玻璃丝时，即开始 Ni^{2+} 的洗脱。

3. Ni^{2+} 的洗脱和检验

用 $9mol \cdot L^{-1}$ 的 HCl 作为洗脱液，每次加入 2～5mL，每次加洗脱液前检查 Ni^{2+} 的洗脱情况，根据检查结果，酌量加入洗脱液，直至 Ni^{2+} 洗脱完全（洗脱液用量为 15～20mL）。

取一滴流出液置于丁二酮肟试纸上，将试纸置于氨水上氨熏片刻，湿斑边缘出现鲜红色，示有 Ni^{2+} 存在。

4. Co^{2+} 的洗脱和检验

Ni^{2+} 洗脱完全后，更换承接瓶，用 $3mol \cdot L^{-1}$ HCl 洗脱，过程控制与上相同（洗脱液用量为 20～30mL）。取 3 滴流出液置于试管中，加 5 滴 NH_4SCN 饱和溶液，再滴加 10 滴丙酮，溶液变为蓝绿色则有 Co^{2+} 存在。

5. Fe^{3+} 的洗脱和检验

Co^{2+} 洗脱完全后，更换承接瓶，用 $0.5mol \cdot L^{-1}$ HCl 作为洗脱液，过程控制与上相同（洗脱液用量为 40～60mL）。

取 2 滴流出液置于试管中，加 2 滴 NH_4SCN 饱和溶液，溶液变为红色则有 Fe^{3+} 存在。以上各组的流出液可做定量分析，本实验仅做分离和定性检验回收处理。

6. 离子交换树脂的再生

Fe^{3+} 洗脱完全后，将 $9mol \cdot L^{-1}$ 的 HCl 分次加入交换柱内（每次 5mL，共用 20～30mL），使离子交换树脂再生。

【注意事项】

1. 丁二酮肟试纸的制备　将滤纸条浸入温热的丁二酮肟饱和溶液中，取出自然晾干后备用。用试纸检验 Ni^{2+} 的灵敏度比试管反应约高 10 倍。Ni^{2+} 与丁二酮肟的特征反应不能在强酸性条件下进行。

2. 离子交换树脂的用量和高度要足够，否则影响分离效果。

【思考题】

1. 为什么交换柱在加入混合液前要先用浓 HCl 淋洗？

2. 用铵型阳离子交换树脂分离 Co^{2+} 和 Ni^{2+}，洗脱液为柠檬酸铵[$(NH_4)_3Cit$]。已知 Co^{2+} 和 Ni^{2+} 与柠檬酸根 Cit^{3-} 形成的配合物的稳定常数分别为 $K_{CoCit}=3.16\times10^{12}$，$K_{NiCit}=1.999\times10^{14}$，试指出哪种离子先被洗脱出来？洗脱液中金属离子的存在形式是什么？

3. 根据自己实验中的体会，你认为本实验成功的关键是什么？

4. 根据洗出液中 Fe^{3+}、Co^{2+}、Ni^{2+} 的检查结果，总结试剂显色速率快慢及颜色深浅与离子浓度间的关系。写出洗脱 Co^{2+} 或 Ni^{2+} 时交换柱上所发生的交换反应方程式。

第 5 章 分析化学实验

实验 24 容量器皿的校准

【实验目的】

1. 掌握滴定管、容量瓶、移液管的使用方法。

2. 练习滴定管、移液管、容量瓶的校准方法，并了解容量器皿校准的意义。

【实验原理】

滴定管、移液管和容量瓶是滴定分析法中所用的主要量器。容量器皿的容积与其所标出的体积并非完全相符合。因此，在准确度要求较高的分析工作中，必须对容量器皿进行校准。

由于玻璃具有热胀冷缩的特性，在不同温度下容量器皿的容积也有所不同。因此，校准玻璃容量器皿时，必须规定一个共同的标准温度。国际上规定玻璃容量器皿的标准温度为20℃。容量器皿常采用两种校准方法。

1. 相对校准

要求两种容器体积之间有一定的比例关系时，常采用相对校准的方法。例如，25mL 移液管量取液体的体积等于 250mL 容量瓶量取体积的$\frac{1}{10}$。

2. 绝对校准

绝对校准是测定容量器皿的实际容积。常用的标准方法为衡量法，又叫称量法。即用天平称得容量器皿容纳或放出纯水的质量，然后根据水的密度，计算出该容量器皿在标准温度20℃时的实际容积。由质量换算成容积时，需考虑三方面的影响：

① 水的密度随温度的变化；

② 温度对玻璃器皿容积胀缩的影响；

③ 在空气中称量时空气浮力的影响。

为了方便计算，将上述三种因素综合考虑，得到一个总校准值。经总校准后的纯水密度列于表 5-1。

表 5-1　不同温度下纯水的密度值

（空气密度为 0.0012g·mL^{-1}，钠钙玻璃体胀系数为 2.6×10^{-5}℃$^{-1}$）

温度/℃	密度/g·mL^{-1}	温度/℃	密度/g·mL^{-1}
10	0.9984	21	0.9970
11	0.9983	22	0.9968
12	0.9982	23	0.9966
13	0.9981	24	0.9964
14	0.9980	25	0.9961
15	0.9979	26	0.9959
16	0.9978	27	0.9956
17	0.9976	28	0.9954
18	0.9975	29	0.9951
19	0.9973	30	0.9948
20	0.9972		

实际应用时，只要称出被校准的容量器皿容纳和放出纯水的质量，再除以该温度时纯水的密度值，便是该容量器皿在 20℃时的实际容积。

例 1　在 18℃时，某一 50mL 容量瓶容纳纯水质量为 49.87g，计算出该容量瓶在 20℃时的实际容积。

解：查表得 18℃时水的密度为 0.9975g·mL^{-1}，所以 20℃时容量瓶的实际容积 V_{20} 为：

$$V_{20}=\frac{49.87}{0.9975}=49.99(\text{mL})$$

3. 溶液体积对温度的校正

容量器皿是以 20℃为标准来校准的，使用时则不一定在 20℃，因此，容量器皿的容积以及溶液的体积都会发生改变。由于玻璃的膨胀系数很小，在温度相差不太大时，容量器皿的容积改变可以忽略。溶液的体积与密度有关，因此，可以通过溶液密度来校准温度对溶液体积的影响。稀溶液的密度一般可用相应水的密度来代替。

例 2　在 10℃时滴定用去 25.00mL 0.1mol·L^{-1}标准溶液，问 20℃时其体积应为多少？

解：0.1mol·L^{-1}稀溶液的密度可用纯水密度代替，查表得，水在 10℃时密度为 0.9984，20℃时密度为 0.9972。故 20℃时溶液的体积为：

$$V_{20}=25.00\times\frac{0.9984}{0.9972}=25.03(\text{mL})$$

【仪器】

仪器：分析天平及砝码，酸式滴定管（50mL），移液管（25mL），容量瓶（250mL），温度计（0～50℃或 0～100℃，公用），洗耳球，锥形瓶（100mL）。

【实验步骤】

1. 酸式滴定管的校正

（1）清洗 50mL 酸式滴定管 1 支。

（2）练习并掌握用凡士林涂酸式滴定管活塞的方法和除去滴定管气泡的方法。

（3）练习正确使用滴定管和控制液滴大小的方法。

（4）酸式滴定管的校准。

先将干净并且外部干燥的 100mL 锥形瓶，在台秤上粗称其质量，然后在分析天平上称量，准确称至小数点后第二位（0.01g）（为什么?）。将去离子水装满欲校准的酸式滴定管，调节液面至 0.00 刻度处，记录水温，然后按每分钟约 10mL 的流速，放出 10mL（要求在 10mL±0.1mL 范围内）水于已称过质量的锥形瓶中，盖上瓶塞，再称出它的质量，两次质量之差即为放出水的质量。用同样方法称量滴定管中从 10mL 到 20mL，20mL 到 30mL……刻度间水的质量。用实验温度时的密度除每次得到的水的质量，即可得到滴定管各部分的实际容积。将 25℃时校准滴定管的实验数据列入表 5-2 中。

表 5-2　滴定管校准表

水的温度 25℃，水的密度为 $0.9961g \cdot mL^{-1}$

滴定管读数	容积/mL	瓶与水的质量/g	水的质量/g	实际容积/mL	校准值	累计校准值/mL
0.03		29.20（空瓶）				
10.13	10.10	39.28	10.08	10.12	+0.02	+0.02
20.10	9.98	49.19	9.91	9.95	−0.02	0.00
30.08	9.97	59.18	9.99	10.03	+0.05	+0.05
40.03	9.95	69.13	9.95	9.98	+0.04	+0.09
49.97	9.94	79.01	9.88	9.92	−0.02	+0.07

例如，25℃时由滴定管放出 10.10mL 水，其质量为 10.08g，算出这一段滴定管的实际体积为：

$$V_{20}=\frac{10.08}{0.9961}=10.12(\mathrm{mL})$$

故滴定管这段容积的校准值为 10.12−10.10＝+0.02mL。

2. 容量瓶与移液管的相对校准

用 25mL 移液管吸取去离子水注入洁净并干燥的 250mL 容量瓶中（操作时切勿让水碰到容量瓶的磨口）。重复 10 次，然后观察溶液弯月面下缘是否与刻度线相切，若不相切，另做新标记，经相互校准后的容量瓶与移液管均做上相同记号，可配套使用。

【思考题】

1. 称量水的质量时，为什么只要精确至 0.01g？
2. 为什么要进行容量器皿的校准？影响容量器皿体积刻度不准确的主要因素有哪些？
3. 利用称量水法进行容量器皿校准时，为何要求水温和室温一致？若两者有稍微差异时，以哪一温度为准？
4. 从滴定管放去离子水到称量的锥形瓶中时，应注意些什么？
5. 滴定管有气泡存在时对滴定有何影响？应如何除去滴定管中的气泡？
6. 使用移液管的操作要领是什么？为何要垂直流下液体？为何放完液体后要停一定时间？最后留于管尖的液体如何处理，为什么？

实验 25　酸碱标准溶液的配制及浓度比较

酸碱标准溶液配制及比较

【实验目的】

1. 练习滴定操作，初步掌握准确确定滴定终点的方法。

2. 练习酸碱标准溶液的配制和浓度的比较。

3. 初步掌握酸碱指示剂的选择方法。

【实验原理】

酸碱滴定常用盐酸和氢氧化钠溶液作为滴定剂（标准溶液），由于浓盐酸易挥发，固体氢氧化钠容易吸收空气中的水分和二氧化碳，因此只能用间接法配制近似浓度的标准溶液，然后用基准物质标定其浓度。也可用一已知准确浓度的标准溶液滴定该溶液，再根据它们的体积比求得该溶液的浓度。即：

$$c(\mathrm{HCl})=\frac{V(\mathrm{NaOH})}{V(\mathrm{HCl})}\times c(\mathrm{NaOH})$$

根据酸碱滴定指示剂的选择原则可知：强酸强碱之间滴定可选用酚酞或甲基橙为指示剂。为使终点颜色变化易于观察，在用 NaOH 滴定 HCl 时，常用酚酞指示剂，终点由无色变为粉红色；用 HCl 滴定 NaOH 时，常用甲基橙指示剂，终点由黄色变为橙色。

【仪器与试剂】

仪器：酸式滴定管（50mL），碱式滴定管（50mL），锥形瓶（250mL），量筒（10mL），滴定管架。

试剂：NaOH（A. R.，固体）、浓盐酸（A. R.，密度 $1.19\mathrm{g\cdot mL^{-1}}$）、甲基橙指示剂（0.1%）、酚酞指示剂（1%）。

【实验步骤】

1. 酸碱标准溶液的配制

（1）$0.1\mathrm{mol\cdot L^{-1}}$ HCl 溶液的配制

计算配制 500mL $0.1\mathrm{mol\cdot L^{-1}}$的 HCl 溶液需要多少毫升浓盐酸（密度 $1.19\mathrm{g\cdot mL^{-1}}$，约 $12\mathrm{mol\cdot L^{-1}}$），然后用量筒量取计算所得浓盐酸的量，加水稀释至 500mL，储存于试剂瓶中，充分摇匀备用。

（2）$0.1\mathrm{mol\cdot L^{-1}}$ NaOH 溶液的配制

计算配制 $0.1\mathrm{mol\cdot L^{-1}}$ NaOH 溶液 500mL 所需固体 NaOH 的量，然后在台秤上称取计算所得 NaOH 的量，置于 100mL 的小烧杯中，加少量水溶解后，移入试剂瓶中，加水稀释至 500mL，用橡皮塞塞紧瓶口，充分摇匀备用。

2. 酸碱溶液的比较滴定

（1）洗净酸、碱滴定管各一支。

（2）用所配制的 HCl 溶液洗涤酸式滴定管三次，每次用 5～10mL，然后将溶液加入到刻度“0”以上，排除滴定管下端的气泡，调节液面至刻度“0.00”或略低“0.00”处，静置 1min，记录下液面的精确读数。

（3）用所配制的 NaOH 溶液洗涤碱式滴定管三次，每次 5～10mL，然后将 NaOH 溶液加入到“0”刻度以上，赶尽下部橡皮管和玻璃尖管内的气泡（如何赶尽？）后，调整滴定管内的液面位置至刻度“0.00”或略低于“0.00”，静置 1min，记录此时液面的精确读数。

（4）强酸滴定强碱的练习　以每分钟约 10mL 的速度（即每秒 3～4 滴）从碱式滴定管放出 20mL NaOH 溶液于锥形瓶中，加入 2 滴甲基橙指示剂，用 $0.1\mathrm{mol\cdot L^{-1}}$的 HCl 溶液滴定，直到加入1滴或半滴HCl溶液后，溶液颜色由黄色变为橙红色，然后加入1～2滴0.1mol·L^{-1}的NaOH溶液，溶液又由橙红色变为黄色，再用HCl滴定至溶液变为橙色即为终点。如此反复练习，直到能比较熟练地判断滴定终点为止。最后准确读取HCl和NaOH溶液的总体积，计算体积比$V(HCl)/V(NaOH)$。平行滴定三次，计算体积比的平均值和相对平均偏差。要求三次测定结果的相对平均偏差不大于0.2%，否则重做。

(5) 强碱滴定强酸的练习　以每分钟约10mL的速度（即每秒3～4滴）从酸式滴定管放出20mL盐酸溶液于锥形瓶中，加入2滴酚酞指示剂，用0.1mol·L^{-1}的NaOH溶液滴定。开始时，碱液滴出的速度可稍快些，此时，当碱液滴入酸中，出现的粉红色会很快消失，当接近终点时，粉红色消失较慢，此时应逐滴加入碱液，每加入一滴碱液后，应把溶液摇匀，并观察粉红色是否立即褪去，如果立即褪去再加入第二滴碱液，如果粉红色并不立即褪去，可将瓶放置一旁，粉红色在半分钟内不褪色，即可认为已达到终点，如此反复练习，直到能够比较熟练地判断滴定终点为止，最后准确读取HCl和NaOH溶液的总体积，计算体积比$V(NaOH)/V(HCl)$。平行滴定三次，计算体积比的平均值和相对平均偏差，要求三次测定结果的相对平均偏差不大于0.2%。

滴定过程中还应注意以下几点：

① 滴定结束后，玻璃尖嘴外不应留有液滴。

② 由于空气中CO_2的影响，已达终点的溶液放久后仍会褪色，这并不说明中和反应没有完全。

③ 在滴定过程中，酸、碱溶液可能溅在锥形瓶的内壁上。因此，快到终点时，应该用洗瓶吹出少量的水把这些溶液冲洗下去。

【数据记录与处理】

1. 配制500mL 0.1mol·L^{-1} HCl溶液需浓盐酸（12mol·L^{-1}）体积

$$V(HCl)=\frac{0.1\times 500}{12}=4.2(mL)$$

2. 配制500mL 0.1mol·L^{-1} NaOH溶液称取NaOH质量

$$m(NaOH)=\frac{0.1\times 500\times 40}{1000}=2.0(g)$$

3. NaOH溶液与盐酸溶液的浓度比较

(1) HCl溶液滴定NaOH溶液　　　　指示剂：甲基橙

滴定次数	Ⅰ	Ⅱ	Ⅲ
NaOH终读数 NaOH初读数 $V(NaOH)/mL$			
HCl终读数 HCl初读数 $V(HCl)/mL$			
$V(NaOH)/V(HCl)$			
体积比平均值			
绝对偏差			
相对平均偏差			

（2）NaOH 溶液滴定 HCl 溶液（格式同上）。

注：如欲配制不含 CO_3^{2-} 的 NaOH 溶液可采取下列三种方法。

① 漂洗法　在台秤上用小烧杯称取理论计算值稍多的 NaOH 固体，用不含 CO_2 的蒸馏水（除去 CO_2 的方法：将蒸馏水煮沸 10min，冷却后即刻使用）迅速漂洗一次，以除去固体表面少量的 Na_2CO_3，溶解稀释至所需量。

② 浓碱法　取 1 份 NaOH 加 1 份水，搅拌溶解配成 50% 的 NaOH 浓溶液。由于 Na_2CO_3 在浓碱中几乎不溶解，待 Na_2CO_3 下沉后，吸取上层清液，加水稀释至所需浓度。

③ NaOH 溶液中加入微量的 $Ba(OH)_2$ 或 $BaCl_2$，CO_3^{2-} 将以 $BaCO_3$ 沉淀下来。取上层清液稀释成所需浓度。

【思考题】

1. 滴定前，滴定管为什么要用待装液润洗三次？锥形瓶或烧杯是否要用标准溶液润洗？
2. 溶解样品或稀释样品溶液时，所加水的体积是否需要准确量度？为什么？
3. 滴定管装入溶液后没有将下端尖管内的气泡赶尽就读取液面读数，对实验结果有何影响？偏高还是偏低？
4. 在滴定过程结束后发现（1）滴定管的下端留了一个液滴，（2）溅在锥形瓶内壁上的液滴没有用蒸馏水冲下，它们对滴定剂体积各有什么影响？

实验 26　酸碱标准溶液浓度的标定

酸碱标准溶液的标定

【实验目的】

1. 进一步练习滴定操作和天平减量法称量。
2. 学会标定酸碱标准溶液的浓度。
3. 初步掌握酸碱指示剂的选择方法。

【实验原理】

酸碱标准溶液是采用间接法配制的，其浓度必须用基准物质来标定。也可根据酸碱溶液中已标出其中之一的浓度，然后按它们的体积比 $V(HCl)/V(NaOH)$ 来计算出另一种标准溶液的浓度。

1. 标定酸的基准物常用无水碳酸钠或硼砂。以无水碳酸钠为基准物标定酸时，应采用甲基橙为指示剂，反应式如下：

$$Na_2CO_3 + 2HCl \longrightarrow 2NaCl + H_2CO_3$$
$$H_2CO_3 \longrightarrow H_2O + CO_2 \uparrow$$

以硼砂 $Na_2B_4O_7 \cdot 10H_2O$ 为基准物时，反应产物是硼酸（$K_a = 5.7 \times 10^{-10}$），溶液呈酸性，因此选用甲基红为指示剂，反应如下：

$$Na_2B_4O_7 + 2HCl + 5H_2O \longrightarrow 2NaCl + 4H_3BO_3$$

2. 标定碱的基准物常用的有邻苯二甲酸氢钾或草酸。水溶性的有机酸也可选用，如苯甲酸（C_6H_5COOH）、琥珀酸（$H_2C_4H_4O_4$）、氨基磺酸（H_2NSO_3H）和丁二酸

$[CH_2(COOH)_2]$等。

邻苯二甲酸氢钾是一种二元弱酸的共轭碱，它的酸性较弱，$K_{a_2}=2.9\times10^{-6}$，与NaOH的反应式如下：

$$C_6H_4(COOH)(COOK) + NaOH \longrightarrow C_6H_4(COONa)(COOK) + H_2O$$

反应产物是邻苯二甲酸钾钠，在水溶液中显微碱性，因此应选用酚酞为指示剂。

草酸 $H_2C_2O_4\cdot2H_2O$ 是二元酸，由于 K_{a_1} 与 K_{a_2} 值相近，不能分步滴定，反应产物为 $Na_2C_2O_4$，在水溶液中呈微碱性，也可采用酚酞为指示剂。

【仪器与试剂】

仪器：碱式滴定管（50mL）、酸式滴定管（50mL）、锥形瓶（250mL）、称量瓶、洗瓶、分析天平。

试剂：HCl 标准溶液（$0.1mol\cdot L^{-1}$），NaOH 标准溶液（$0.1mol\cdot L^{-1}$），邻苯二甲酸氢钾（基准级），无水碳酸钠（G. R.），甲基橙水溶液（0.1%），酚酞乙醇溶液（0.2%）。

【实验步骤】

1. 盐酸溶液浓度的标定

用减量法准确称取 Na_2CO_3 三份，每份 0.11～0.16g，置于 250mL 锥形瓶中，各加蒸馏水 60mL，使之溶解，加甲基橙 1 滴，用欲标定的 HCl 溶液滴定，近终点时，应逐滴或半滴加入，直至被滴定的溶液由黄色恰变橙色为终点[1]，读取读数并正确记入表格内。重复上述操作，滴定其余两份基准物质。

根据 Na_2CO_3 的质量 $m(Na_2CO_3)$ 和消耗 HCl 溶液的体积 $V(HCl)$，可按下式计算 HCl 标准溶液的浓度 $c(HCl)$

$$c(HCl)=\frac{m(Na_2CO_3)\times2000}{M(Na_2CO_3)V(HCl)}$$

式中，$M(Na_2CO_3)$为碳酸钠的摩尔质量，$g\cdot mol^{-1}$。

每次标定的结果与平均值的相对偏差不得大于±0.2%，否则应重新标定。

2. 碱溶液的标定

用减量法准确称取邻苯二甲酸氢钾 0.4～0.6g，同时称三份。各加 50mL 蒸馏水溶解，必要时可小火温热溶解。冷却后加酚酞指示剂 2 滴，用欲标定的 NaOH 标准溶液滴定，近终点时要逐滴或半滴加入，直至被滴定溶液由无色突变为粉红色[2]，摇动后半分钟内不褪色为终点。

根据邻苯二甲酸氢钾的质量 $m(KHC_8H_4O_4)$ 和消耗 NaOH 标准溶液的体积 $V(NaOH)$，按下式计算 NaOH 标准溶液的浓度 $c(NaOH)$

$$c(NaOH)=\frac{m(KHC_8H_4O_4)\times1000}{M(KHC_8H_4O_4)V(NaOH)}$$

式中，$M(KHC_8H_4O_4)$为邻苯二甲酸氢钾的摩尔质量，$g\cdot mol^{-1}$。

每次标定的结果与平均值的相对偏差不得大于±0.2%，否则应重新标定。记录于表 5-3 中。

表 5-3　NaOH 标准溶液的标定

滴定次数	Ⅰ	Ⅱ	Ⅲ
(称量瓶＋邻苯二甲酸氢钾)终读数/g			
(称量瓶＋邻苯二甲酸氢钾)初读数/g			
邻苯二甲酸氢钾的质量/g			
NaOH 终读数/mL			
NaOH 初读数/mL			
V(NaOH)/mL			
c(NaOH)/mol·L^{-1}			
$\bar{c}$(NaOH) /mol·L^{-1}			
个别测定的绝对偏差			
相对平均偏差			

【思考题】

1. 标定 HCl 溶液时，基准物 Na_2CO_3 称 0.11～0.16g，标定 NaOH 溶液时，称邻苯二甲酸氢钾 0.4～0.6g，这些称量要求是怎么算出来的？称太多或太少对标定有何影响？

2. 标定用的基准物质应具备哪些条件？

3. 溶解基准物时加入 50mL 蒸馏水应使用移液管还是量筒？为什么？

4. 用邻苯二甲酸氢钾标定 NaOH 溶液时，为什么选用酚酞指示剂？用甲基橙可以吗？为什么？

5. $Na_2C_2O_4$ 能否作为标定酸的基准物？为什么？

【注解】

[1] 在 CO_2 存在下，终点变色不够敏锐，可在滴定进行至近终点时，将溶液加热煮沸以除去 CO_2，冷却后继续滴定，此时终点由黄色变为橙色十分明显。

[2] 放置空气中时间长了，红色慢慢褪去，是因为溶液中吸收了 CO_2 生成 H_2CO_3，H_2CO_3 的酸性使酚酞红色褪去。

实验 27　碱灰中总碱度的测定

碱灰中总碱度的测定

【实验目的】

1. 掌握测定碱灰中总碱度的原理和方法。

2. 熟悉酸碱滴定法选用指示剂的原则。

3. 学习用容量瓶把固体试样制备成试液的方法。

【实验原理】

碱灰为不纯的碳酸钠，除 Na_2CO_3 外，还可能含有少量的 NaCl、Na_2SO_4、NaOH 和 $NaHCO_3$ 等。当用酸滴定时，除主要成分 Na_2CO_3 被中和外，其他碱性杂质如 NaOH 或

$NaHCO_3$ 等也都被中和，因此这个测定的结果是碱的总量，通常以 Na_2O 的质量分数表示，用 HCl 溶液滴定 Na_2CO_3 时，反应分两步进行

$$Na_2CO_3 + HCl \longrightarrow NaHCO_3 + NaCl$$

$$NaHCO_3 + HCl \longrightarrow NaCl + H_2CO_3$$

$$\hookrightarrow H_2O + CO_2 \uparrow$$

当中和至 $NaHCO_3$ 时，pH 值约为 8.3；全部中和时，pH 值为 3.8～3.9。由于滴定的第一化学计量点的突跃范围比较小，终点不敏锐，因此采用第二化学计量点，选甲基橙为指示剂，终点由黄色变为橙色。

$$w(Na_2O)=\frac{\frac{1}{2}c(HCl)\times V(HCl)\times 10^{-3}\times M(Na_2O)}{m\times\frac{25.00}{250.00}}$$

因为碱灰试样的均匀性较差，因此应称取较多的试样，溶于容量瓶中，然后吸取部分溶液进行滴定。这样，测定结果的代表性就可大一些。这种取样的方法称为取大样。

【仪器与试剂】

仪器：酸式滴定管（50mL）、锥形瓶（250mL）、称量瓶、烧杯（100mL）、容量瓶（250mL）、移液管（25mL）、洗耳球、洗瓶。

试剂：甲基橙水溶液（0.2%），HCl 标准溶液（$0.1mol\cdot L^{-1}$）。

【实验步骤】

准确称取碱灰试样 1.5～2.0g 置于 100mL 小烧杯中，加少量水使其溶解，必要时可稍加热促使溶解。冷却后，将溶液定量转移至 250mL 容量瓶中，加水稀释至刻度，充分摇匀。

用移液管吸取 25.00mL 上述试液于 250mL 锥形瓶中，加甲基橙指示剂 1～2 滴，用 HCl 标准溶液滴定至溶液由黄色变为橙色，即为终点。平行测定三次或五次。

【思考题】

碱灰的主要成分是什么？用甲基橙为指示剂时，为何是测定总碱度呢？

实验 28　铵盐中氨含量的测定（甲醛法）

【实验目的】

1. 了解酸碱滴定法的应用，掌握甲醛法测定铵盐中氨含量的原理和方法。
2. 学会除去试剂中的甲酸和试样中游离酸的方法。

【实验原理】

NH_4^+ 是 NH_3 的共轭酸，由于 $K_b(NH_3)=1.8\times10^{-5}$，故 NH_4^+ 的 $K_a=5.6\times10^{-10}$，酸性太弱，不能用碱标准溶液直接滴定。

铵盐虽然可以与过量碱作用，加热，把氨蒸馏出来，吸收于一定量的酸标准溶液中，再用碱回滴，以求出氨的含量，但手续麻烦，所以生产和实验室中广泛采用较为简便的甲醛法。

用铵盐与甲醛作用，生成质子化的六亚甲基四胺和定量的强酸，其反应如下：

$$4NH_4^+ + 6HCHO \longrightarrow (CH_2)_6N_4H^+ + 6H_2O + 3H^+$$

可以用酚酞为指示剂，用 NaOH 标准溶液滴定反应中生成的酸。若 NH_4^+ 的含量以氨来表示，测定结果可按下式计算：

$$w(NH_3) = \frac{c(NaOH) \times V(NaOH) \times 10^{-3} \times M(NH_3)}{m \times \frac{25.00}{250.00}}$$

甲醛中常含有少量甲酸，使用前必须先以酚酞为指示剂，用 NaOH 溶液中和，否则会使测定结果偏高，试样中如含有游离酸，加甲醛之前应事先以甲基红为指示剂，用 NaOH 标准溶液中和，以免影响测定结果。

【仪器与试剂】

仪器：碱式滴定管（50mL）、锥形瓶（250mL）、称量瓶、烧杯（100mL）、容量瓶（250mL）、移液管（25mL）、量筒（10mL）、洗瓶。

试剂：40％甲醛溶液、$0.1 mol \cdot L^{-1}$ NaOH 标准溶液、0.2％酚酞乙醇溶液。

【实验步骤】

1. 甲醛溶液的处理

将40％甲醛溶液加2滴酚酞指示剂，滴加 $0.1 mol \cdot L^{-1}$ NaOH 标准溶液至溶液呈现粉红色。

2. 准确称取铵盐试样1.5～2g于100mL烧杯中，用少量水溶解，定量转移至250mL容量瓶中，加水稀释至刻度线，塞上玻塞，反复摇匀。

用移液管吸取25.00mL试液于250mL锥形瓶中，加入3mL 40％甲醛溶液，再加2滴酚酞指示剂，静置1min，然后用NaOH标准溶液滴至呈粉红色，即为终点，平行测定三次。

机动内容：平行测定五次以上，剔除离群值，计算结果的算术平均值、标准偏差和变异系数。

【思考题】

1. 为什么中和甲醛试剂中的游离酸以酚酞作为指示剂，而中和铵盐试样中的游离酸则以甲基红作为指示剂？

2. 以本法测定铵盐中氨时为什么不能用碱标准溶液直接测定？

实验 29　混合碱的测定（双指示剂法）

【实验目的】

1. 学习用双指示剂法测定混合碱的原理和方法。

2. 进一步熟练滴定操作技术和正确判断滴定终点。

【实验原理】

混合碱是 Na_2CO_3 与 NaOH 或 $NaHCO_3$ 的混合物，欲测定同一份试样中各组分的含量，可用 HCl 标准溶液滴定，根据滴定过程中 pH 值变化的情况，选用两种不同的指示剂分别指示第一、第二化学计量点的到达，即常称为“双指示剂法”，此法简便、快速，在生产实际中应用广泛。

常用的两种指示剂是酚酞和甲基橙，在试液中先加酚酞，用盐酸标准溶液滴定至红色刚刚褪去。此时，试液中所含 NaOH 完全被中和，所含 Na_2CO_3 则被中和至一半，反应式如下：

$$NaOH + HCl \xrightarrow{\text{酚酞}} NaCl + H_2O \text{（酚酞变色的 pH 值范围为 8.0～10.0）}$$

$$Na_2CO_3 + HCl \xrightarrow{\text{酚酞}} NaCl + NaHCO_3$$

记下此时 HCl 标准溶液的耗用量 V_1(mL)，再加入甲基橙指示剂，继续用 HCl 标准溶液滴定，使溶液由黄色突变为橙色即为终点。设此时所消耗 HCl 溶液的体积为 V_2 (mL)，反应式为：

$$NaHCO_3 + HCl \xrightarrow{\text{甲基橙}} NaCl + CO_2 + H_2O$$

根据 V_1 与 V_2 的大小可判断混合碱的组成并可分别计算出其含量。

当 $V_1 > V_2$ 时，试样为 Na_2CO_3 与 NaOH 的混合物。其含量分别为：

$$w(NaOH) = \frac{c(HCl) \times (V_1 - V_2) \times 10^{-3} \times M(NaOH)}{m \times \frac{25.00}{250.00}}$$

$$w(Na_2CO_3) = \frac{\frac{1}{2}c(HCl) \times 2V_2 \times 10^{-3} \times M(Na_2CO_3)}{m \times \frac{25.00}{250.00}}$$

当 $V_1 < V_2$ 时，试样为 Na_2CO_3 与 $NaHCO_3$ 的混合物。其含量分别为：

$$w(NaHCO_3) = \frac{c(HCl) \times (V_2 - V_1) \times 10^{-3} \times M(NaHCO_3)}{m \times \frac{25.00}{250.00}}$$

$$w(Na_2CO_3) = \frac{c(HCl) \times V_1(HCl) \times 10^{-3} \times M(Na_2CO_3)}{m \times \frac{25.00}{250.00}}$$

另外，双指示剂中的酚酞若用甲酚红和百里酚蓝混合指示剂代替，可使第一终点的变色更加敏锐。其中甲酚红的变色范围为 6.7(黄)～8.4(红)，百里酚蓝的变色范围为 8.0(黄)～9.6(蓝)，混合后的变色点是 8.3，酸色呈黄色，碱色呈紫色，在 pH 8.2 时为樱桃色，变色非常敏锐。

【仪器与试剂】

仪器：酸式滴定管（50mL）、锥形瓶（250mL）、称量瓶、容量瓶（250mL）、移液管（25mL）、烧杯（250mL）、洗瓶。

试剂：混合碱样品、HCl 标准溶液（$0.1mol \cdot L^{-1}$）、酚酞乙醇溶液（0.2%）、甲基橙水溶液（0.2%），甲酚红和百里酚蓝混合指示剂。

【实验步骤】

准确称取约 2g 试样于 250mL 烧杯中，加水使其溶解后，定量转移至 250mL 容量瓶中，加水稀释至刻度，充分摇匀。

移取 25.00mL 上述试液于 250mL 锥形瓶中，加入 1～2 滴酚酞指示剂，用盐酸标准溶液滴定至溶液由红色恰好褪至无色，记下所消耗 HCl 标准溶液的体积 V_1，再加入甲基橙指示剂 1～2 滴，继续用盐酸标准溶液滴定至溶液由黄色恰好变为橙色，消耗 HCl 的体积记为 V_2，平行测定三次，然后按原理部分所述公式计算混合碱中各组分的含量。

【思考题】

1. 测定混合碱，接近第一化学计量点时，若滴定速度太快，摇动锥形瓶不够，致使滴定剂 HCl 局部过浓，会对测定造成什么影响？

2. 采用双指示剂法测定混合碱，在同一份溶液中测定，试判断下列五种情况下，混合碱中存在的成分是什么？

（1）$V_1=0$　（2）$V_2=0$　（3）$V_1=V_2$　（4）$V_1>V_2$　（5）$V_1<V_2$

实验 30　食用醋酸含量的测定

【实验目的】

1. 了解强碱滴定弱酸时指示剂的选择。
2. 学习容量瓶、移液管的正确使用。
3. 进一步掌握碱式滴定管的使用和正确判断滴定终点。

【实验原理】

HAc 为一中等程度的弱酸，$K_a=1.8\times10^{-5}$，HAc 与 NaOH 反应如下：

$$HAc+OH^- \longrightarrow Ac^- +H_2O$$

产物是 HAc 的共轭碱 Ac^-，若用 $0.1mol\cdot L^{-1}$ 的 NaOH 滴定 $0.1mol\cdot L^{-1}$ HAc，滴定突跃为 7.7～9.7，可选用酚酞作为指示剂。

【仪器与试剂】

仪器：碱式滴定管（50mL）、锥形瓶（250mL）、容量瓶（250mL）、移液管（25mL）、洗耳球、洗瓶。

试剂：NaOH 标准溶液（$0.1mol\cdot L^{-1}$）、酚酞乙醇溶液（0.2%）。

【实验步骤】

1. 试液配制

自拟试液配制方案（提示：先粗略确定食用醋酸的浓度，然后确定配制 $0.1mol\cdot L^{-1}$ 食用醋酸溶液的方案)。

2. 食用醋酸总酸度的测定

用清洁移液管吸取少许试液，然后吸取试液一份置于250mL容量瓶中，用蒸馏水稀释至刻度，塞上瓶塞，摇匀。

用清洁的25mL移液管吸取稀释后的试液淋洗内壁，反复3次，然后吸取稀释后的试液，放入250mL锥形瓶中，加入酚酞指示剂2～3滴，用NaOH标准溶液滴定，直至加入半滴NaOH标准溶液后显现的红色在摇匀后，于半分钟之内不再褪去时，即为终点。根据NaOH标准溶液的浓度c和滴定时消耗量V，计算所取醋酸试样中醋酸的总含量（以克表示)。

三次平行测定的结果和平均值的相对偏差不得大于0.2%，否则应重做。

【思考题】

1. 测定醋酸为什么要用酚酞作为指示剂？用甲基橙或中性红是否可以？说明理由。

2. 应如何正确使用移液管？若移液管中溶液放出后，在管尖端尚残留一滴溶液，应怎样处理？

3. 所取醋酸试样中酸的总含量如何计算？

4. 如果以甲基橙为指示剂，测定结果会怎样？

实验31 阿司匹林药片中乙酰水杨酸含量的测定

【实验目的】

1. 掌握用酸碱滴定法测定乙酰水杨酸的原理和方法。

2. 学习试样的处理方法及中性乙醇溶液的配制。

3. 熟练滴定分析操作技术。

【实验原理】

阿司匹林（乙酰水杨酸）是常用的解热镇痛药，它属于芳酸酯类药物，分子式$C_9H_8O_4$，$M=180g\cdot mol^{-1}$。

乙酰水杨酸的分子结构中含有羧基，可作为一元酸（$pK_a=3.5$)，故可用NaOH标准溶液直接滴定，测定其含量。

乙酰水杨酸中的乙酰基很容易水解生成乙酸和水杨酸（$pK_{a_1}=3.0$，$pK_{a_2}=13.45$)，由此反应可知，用NaOH标准溶液滴定时，NaOH还会与其水解产物反应，使分析结果偏高。

为防止乙酰基水解，可根据阿司匹林微溶于水、易溶于乙醇的性质，在中性乙醇溶液中(10℃时）用NaOH标准溶液滴定，可以得到满意的结果。

【仪器与试剂】

仪器：锥形瓶（250mL）、移液管（25mL）、碱式滴定管（50mL）、烧杯（100mL）、表面皿、洗瓶。

试剂：NaOH 标准滴定溶液（0.1mol·L^{-1}）、酚酞指示液（10g·L^{-1}乙醇溶液）、乙醇（95%）、冰、阿司匹林试样。

【实验步骤】

1. 试样的准备

将阿司匹林药片在研钵中研细后精确称量 1g，置于洁净干燥的 250mL 锥形瓶中。

2. 中性乙醇溶液的配制

量取 60mL 的乙醇溶液于烧杯中，加 1～2 滴酚酞指示液，用 0.1mol·L^{-1} NaOH 标准滴定溶液滴至微红色，盖上表面皿，将此中性乙醇溶液冷至 10℃以下备用。

3. 乙酰水杨酸含量的测定

量取 25mL 冷的中性乙醇溶液于上述称好试样的锥形瓶中，使试样充分溶解，在低于 10℃的温度下，用 0.1mol·L^{-1} NaOH 标准溶液滴定到微红色，30s 不褪色即为终点，平行测定 3 次，计算药片中乙酰水杨酸的含量。

【注意事项】

该实验控制温度是关键。可将装有中性乙醇溶液的烧杯放入盛有冰块的大烧杯中，以控制实验温度。

【思考题】

1. 阿司匹林药片研细，准确称取后为什么要放在干燥的锥形瓶中？如锥形瓶中有水会有什么影响？

2. 实验步骤中每份试样称取 1g，是怎样求得的？如果称取的是乙酰水杨酸纯试样则应称取多少克？

3. 用 NaOH 标准溶液滴定时结果偏高，为什么？

实验 32 EDTA 标准溶液的配制和标定

EDTA 标准溶液的配制和标定

【实验目的】

1. 学习 EDTA 标准溶液的配制和标定方法。

2. 掌握配位滴定的原理，了解配位滴定的特点。

3. 熟悉钙指示剂或二甲酚橙指示剂的使用。

【实验原理】

乙二胺四乙酸（简称 EDTA，常用 H_4Y 表示）难溶于水，常温下其溶解度为 0.2g·L^{-1}

(约 0.0007$mol \cdot L^{-1}$)，在分析中通常使用其二钠盐配制标准溶液。乙二胺四乙酸二钠盐的溶解度为 120$g \cdot L^{-1}$，可配成 0.3$mol \cdot L^{-1}$以上的溶液，其水溶液的 pH≈4.8，通常采用间接法配制标准溶液。

标定 EDTA 溶液常用的基准物有 Zn、ZnO、$CaCO_3$、Bi、Cu、$MgSO_4 \cdot 7H_2O$、Hg、Ni、Pb 等。通常选用其中与被测物组分相同的物质作为基准物，这样，滴定条件较一致，可减小误差。

EDTA 溶液若用于测定石灰石或白云石中 CaO、MgO 的含量，则宜用 $CaCO_3$ 为基准物。首先可加 HCl 溶液，其反应如下：

$$CaCO_3 + 2HCl \longrightarrow CaCl_2 + CO_2 \uparrow + H_2O$$

然后把溶液转移到容量瓶中并稀释，制成钙标准溶液。钙标准溶液可以与 EDTA 溶液形成稳定的配离子 CaY^{2-}，其反应如下：

$$Ca^{2+} + Y^{4-} \rightleftharpoons CaY^{2-}$$

吸取一定量钙标准溶液，调节酸度至 pH≥12，用钙指示剂，以 EDTA 溶液滴定至溶液由酒红色变纯蓝色，即为终点。其变色原理如下。

钙指示剂（常以 H_3Ind 表示）在水溶液中按下式解离：

$$H_3Ind \rightleftharpoons 2H^+ + HInd^{2-}$$

在 pH≥12 的溶液中，$HInd^{2-}$ 与 Ca^{2+} 形成比较稳定的配离子，反应如下：

$$\underset{\text{纯蓝色}}{HInd^{2-}} + Ca^{2+} \rightleftharpoons \underset{\text{酒红色}}{CaInd^-} + H^+$$

所以在钙标准溶液中加入钙指示剂时，溶液呈酒红色。当用 EDTA 溶液滴定时，由于 EDTA 能与 Ca^{2+} 形成比 $CaInd^-$ 配离子更稳定的配离子，因此在滴定终点附近，$CaInd^-$ 配离子不断转化为较稳定的 CaY^{2-} 配离子，而钙指示剂则被游离了出来，其反应可表示如下：

$$\underset{\text{酒红色}}{CaInd^-} + H_2Y^{2-} + OH^- \rightleftharpoons \underset{\text{无色}}{CaY^{2-}} + \underset{\text{纯蓝色}}{HInd^{2-}} + H_2O$$

用此法测定钙时，若有 Mg^{2+} 共存［在调节溶液酸度为 pH≥12 时，Mg^{2+} 将形成 $Mg(OH)_2$ 沉淀］，则 Mg^{2+} 不仅不干扰钙的测定，而且使终点比 Ca^{2+} 单独存在时更敏锐。当 Ca^{2+}、Mg^{2+} 共存时，终点由酒红色到纯蓝色，当 Ca^{2+} 单独存在时则由酒红色到紫蓝色。所以测定单独存在的 Ca^{2+} 时，常常加入少量 Mg^{2+}。

EDTA 溶液若用于测定 Pb^{2+}、Bi^{3+}，则宜以 ZnO 或金属锌为基准物，以二甲酚橙为指示剂。在 pH≈5～6 的溶液中，二甲酚橙指示剂本身呈黄色，与 Zn^{2+} 的配合物呈紫红色。EDTA 与 Zn^{2+} 形成更稳定的配合物，因此用 EDTA 溶液滴定至近终点时，二甲酚橙被游离了出来，溶液由紫红色变为黄色。

配位滴定中所用的水，应不含 Fe^{3+}、Al^{3+}、Cu^{2+}、Mg^{2+} 等杂质离子。

【仪器与试剂】

仪器：酸式滴定管（50mL），锥形瓶（250mL），称量瓶，容量瓶（250mL），移液管（25mL），烧杯（100mL），洗瓶。

试剂：

1. 以 $CaCO_3$ 为基准物质时所用试剂

乙二胺四乙酸二钠（固体，A. R.），$CaCO_3$（固体，G. R. 或 A. R.），$NH_3 \cdot H_2O$(1+

1)，镁溶液（溶解 1g $MgSO_4 \cdot 7H_2O$ 于水中，稀释至 200mL），NaOH 溶液（10%），钙指示剂（固体指示剂）。

2. 以 ZnO 为基准物质时所用试剂

ZnO（G. R. 或 A. R.），HCl(1＋1)，$NH_3 \cdot H_2O$（1＋3），二甲酚橙指示剂，NH_4Ac-HAc 缓冲溶液。

【实验步骤】

1. 0.02mol·L^{-1} EDTA 溶液的配制

在台秤上称取乙二胺四乙酸二钠 3.8g，溶解于 150～200mL 温水中，稀释至 500mL，如浑浊，应过滤，转移至细口瓶中，摇匀。

2. 以 $CaCO_3$ 为基准物标定 EDTA 溶液

（1）0.02mol·L^{-1}钙标准溶液的配制　准确称取在 110℃干燥的碳酸钙基准物 0.5～0.6g 于小烧杯中，盖以表面皿，加水润湿，再从杯嘴边逐滴加入（注意：为什么?）[1] 几毫升 HCl(1＋1) 至完全溶解，用水把可能溅到表面皿上的溶液淋洗入杯中，加热近沸，待冷却后移入 250mL 容量瓶中稀释至刻度，摇匀。

（2）标定　用移液管移取 25.00mL 钙标准溶液于 250mL 锥形瓶中，再加入 25mL 水、2mL 镁溶液、5mL 10% NaOH 溶液及约 10mg（绿豆大小）钙指示剂，摇匀后，用 EDTA 溶液滴定至溶液由酒红色变至纯蓝色，即为终点。

3. 以 ZnO 为基准物[2] 标定 EDTA 溶液

（1）锌标准溶液的配制　准确称取在 800～1000℃灼烧（需 20min 以上）的基准物 ZnO[3] 0.35～0.45g 于 100mL 烧杯中，用少量水润湿，然后逐滴加入 HCl(1＋1)，边加边搅至完全溶解为止，然后，将溶液定量转移入 250mL 容量瓶中，稀释至刻度并摇匀。

（2）标定　移取 25.00mL 锌标准溶液于 250mL 锥形瓶中，加约 30mL 水、2～3 滴二甲酚橙指示剂，先加氨水（1＋3）至溶液刚好变橙色或紫红色（绝对不能多加!），然后滴加 NH_4Ac-HAc 的缓冲溶液[4]，用 EDTA 溶液滴定至溶液由红紫色变亮黄色，即为终点。

【记录和计算】

自拟。

【注意事项】

1. 配位反应进行的速率较慢（不像酸碱反应能在瞬间完成），故滴定时加入 EDTA 溶液的速度不能太快，在室温低时，尤其要注意。特别是近终点时，应逐滴加入，并充分振摇。

2. 配位滴定中，加入指示剂的量是否适当对终点的观察十分重要，宜在实践中总结经验，加以掌握。

【思考题】

1. 为什么通常使用乙二胺四乙酸二钠盐配制 EDTA 标准溶液，而不用乙二胺四乙酸?

2. 以 HCl 溶液溶解 $CaCO_3$ 基准物时，操作中应注意些什么?

3. 以 $CaCO_3$ 为基准物标定 EDTA 溶液时，加入镁溶液的目的是什么?

4. 以 $CaCO_3$ 为基准物，以钙指示剂为指示剂标定 EDTA 溶液时，应控制溶液的酸度为多少？为什么？怎样控制？

5. 以 ZnO 为基准物，以二甲酚橙为指示剂标定 EDTA 溶液浓度的原理是什么？溶液的 pH 值应控制在什么范围？若溶液为强酸性，应怎样调节？

6. 配位滴定法与酸碱滴定法相比，有哪些不同点？操作中应注意哪些问题？

【注解】

[1] 目的是为了防止反应过于剧烈而产生 CO_2 气泡使 $CaCO_3$ 飞溅损失。

[2] 根据试样性质，选用一种标定方法。

[3] 也可用金属锌作为基准物。

[4] 此处也可以使用六亚甲基四胺作为缓冲剂。

实验 33 水的硬度测定（配位滴定法）

水的硬度测定

【实验目的】

1. 了解水的硬度的测定意义和常用的硬度表示方法。
2. 掌握 EDTA 法测定水的硬度的原理和方法。
3. 掌握铬黑 T 和钙指示剂的应用，了解金属指示剂的特点。

【实验原理】

一般含有钙、镁盐类的水叫硬水（硬水和软水尚无明确的界限，硬度小于 5°、6°的，一般可称软水）。硬度有暂时硬度和永久硬度之分。

暂时硬度——水中含有钙、镁的酸式碳酸盐，遇热即成碳酸盐沉淀而失去其硬度。其反应如下：

$$Ca(HCO_3)_2 \xrightarrow{\triangle} CaCO_3(\text{完全沉淀}) + H_2O + CO_2\uparrow$$

$$Mg(HCO_3)_2 \xrightarrow{\triangle} MgCO_3(\text{完全沉淀}) + H_2O + CO_2\uparrow$$

$$MgCO_3 \xrightarrow{+H_2O} Mg(OH)_2\downarrow + CO_2\uparrow$$

永久硬度——水中含有钙、镁的硫酸盐、氯化物、硝酸盐，在加热时亦不沉淀（但在锅炉运行温度下，溶解度低的可析出而成为锅垢）。

“暂硬”和“永硬”的总和称为“总硬”。由镁离子形成的硬度称为“镁硬”，由钙离子形成的硬度称为“钙硬”。

水中钙、镁离子含量，可用 EDTA 法测定。钙硬测定原理与以 $CaCO_3$ 为基准物标定 EDTA 标准溶液浓度相同。总硬则以铬黑 T 为指示剂，控制溶液的酸度为 $pH\approx10$，以 EDTA 标准溶液滴定之。由 EDTA 溶液的浓度和用量，可算出水的总硬，由总硬减去钙硬即为镁硬。

水的硬度的表示方法有多种，随各国的习惯而有所不同。有将水中的盐类都折算为 $CaCO_3$ 而以 $CaCO_3$ 的量作为硬度标准的，也有将盐类折算成 CaO 而以 CaO 的量来表示的。本书采用我国目前常用的表示方法：以度（°）计，1 硬度单位表示十万份水中含 1 份 CaO，

1°＝10mg/kg CaO。

$$硬度(°)=\frac{c_{EDTA}V_{EDTA}\times\frac{M_{CaO}}{1000}}{V_{水}}\times10^5$$

式中　c_{EDTA}——EDTA 标准溶液的浓度，$mol\cdot L^{-1}$；

V_{EDTA}——滴定时用去的 EDTA 标准溶液的体积，mL，若此量为滴定总硬时所耗用的，则所得硬度为总硬，若此量为滴定钙硬时所耗用的，则所得硬度为钙硬；

$V_{水}$——水样体积，mL；

M_{CaO}——CaO 的摩尔质量，$g\cdot mol^{-1}$。

【仪器与试剂】

仪器：酸式滴定管（50mL），锥形瓶（250mL），量筒（100mL、10mL），洗瓶。

试剂：EDTA 标准溶液（0.02$mol\cdot L^{-1}$）、NH_3-NH_4Cl 缓冲溶液（pH＝10）、NaOH 溶液（10%）、钙指示剂、铬黑 T 指示剂、HCl(1＋1)。

【实验步骤】

1. 总硬的测定

量取澄清的水样 100mL[1]（用什么量器？为什么?）放入 250mL 或 500mL 锥形瓶中，加 1 滴 HCl（1＋1）溶液，以使终点稳定，加入 5mL NH_3-NH_4Cl 缓冲溶液[2]，摇匀。再加入约 10mg 铬黑 T 指示剂，摇匀，此时溶液呈酒红色，以 0.02$mol\cdot L^{-1}$ EDTA 标准溶液滴定至纯蓝色，即为终点。

2. 钙硬的测定

量取澄清水样 100mL，放入 250mL 锥形瓶内，加 5mL 10% NaOH 溶液，摇匀，再加入约 10mg 钙指示剂，再摇匀。此时溶液呈淡红色。用 0.02$mol\cdot L^{-1}$ EDTA 标准溶液滴定至纯蓝色，即为终点。

3. 镁硬的确定

由总硬减去钙硬即得镁硬。

注意：总硬、钙硬和镁硬计算结果保留到小数点后一位。

【思考题】

1. EDTA 法怎样测出水的总硬？用什么指示剂？产生什么反应？终点变色如何？试液的 pH 值应控制在什么范围？如何控制？测定钙硬又如何？

2. 如何得到镁硬？

3. 用 EDTA 法测定水的硬度时，哪些离子的存在有干扰？如何消除？

4. 当水样中 Mg^{2+} 含量低时，以铬黑 T 作为指示剂测定水中 Ca^{2+}、Mg^{2+} 总量，终点不清晰，因此常在水样中先加入少量 MgY^{2-} 络合物，再用 EDTA 滴定，终点就敏锐。这样做对测定结果有无影响？说明其原理。

【注解】

［1］此取样量仅适于硬度按 $CaCO_3$ 计算为 10～250mg/kg 的水样。若硬度大于 250mg/kg $CaCO_3$，则取样量应相应减少。

若水样不是澄清的，必须过滤。过滤所用的仪器和滤纸必须是干燥的。最初和最后的滤液宜弃去。非属必要，一般不用纯水稀释水样。

如果水中有铜、锌、锰等离子存在，则会影响测定结果。铜离子存在时会使滴定终点不明显；锌离子参与反应，使结果偏高；锰离子存在时，加入指示剂后马上变成灰色，影响滴定。遇此情况可在水样中加入 1mL 2% Na_2S 溶液，使铜离子成 CuS 沉淀；锰的影响可借加盐酸羟胺溶液消除。若有 Fe^{3+}、Al^{3+} 存在，可用三乙醇胺掩蔽。

[2] 硬度较大的水样，在加缓冲液后常析出 $CaCO_3$、$Mg_2(OH)_2CO_3$ 微粒，使滴定终点不稳定。遇此情况，可于水样中加适量稀 HCl 溶液，振摇后，再调至近中性，然后加缓冲液，则终点稳定。

实验 34 乳酸锌中锌含量的测定

【实验目的】

1. 掌握营养强化剂乳酸锌含量的测定方法。
2. 熟悉配位滴定法的操作与金属指示剂的应用。

【实验原理】

乳酸锌为营养强化剂，通常用配位滴定法来测定其含量。本实验使用 pH＝10.0 NH_3-NH_4Cl 缓冲溶液，以铬黑 T 为指示剂，用 EDTA 标准溶液直接测定乳酸锌的含量。

【仪器与试剂】

仪器：酸式滴定管（50mL）、锥形瓶（250mL）、称量瓶、量筒（100mL、10mL）、容量瓶（250mL）、移液管（25mL）、烧杯（100mL）、洗瓶。

试剂：EDTA 标准溶液（0.02mol·L^{-1}）、$NH_3\cdot H_2O(1+1)$、NH_3-NH_4Cl 缓冲溶液（pH＝10.0）、铬黑 T 指示剂。

【实验步骤】

准确称取乳酸锌样品 1.1～1.5g 于 100mL 烧杯中，加水 20～30mL，加热搅拌溶解，冷却后定量转移至 250mL 容量瓶中，定容，摇匀。

准确移取上述溶液 25.00mL 于 250mL 锥形瓶中，加水约 20mL，滴加 $NH_3\cdot H_2O(1+1)$ 至溶液出现乳白色浑浊，加入 NH_3-NH_4Cl 缓冲溶液 10mL，加铬黑 T 指示剂约 10mg。用 EDTA 标准溶液滴定至溶液由紫红色转变为纯蓝色，即为终点。平行测定三次，按下式计算乳酸锌质量分数：

$$w(\text{乳酸锌})=\frac{c(\text{EDTA})V(\text{EDTA})\times\dfrac{243.38}{1000}}{m\times\dfrac{25.00}{250.00}}$$

式中，243.38 为乳酸锌的分子量。

【思考题】

1. 为什么不直接称取 0.1～0.15g 乳酸锌样品进行测定？

2. 样品溶液在加 NH_3-NH_4Cl 缓冲溶液前为什么要滴加氨水至浑浊，不加氨水是否可以？

3. 试设计一个使用二甲酚橙指示剂测定乳酸锌含量的方案。

实验35　胃舒平药片中铝和镁的测定

【实验目的】

1. 了解配位滴定法在药物分析中的应用。

2. 熟悉沉淀分离的操作方法。

【实验原理】

胃舒平片，即复方氢氧化铝片，为中和胃酸药，用于胃和十二指肠溃疡病。其主要成分为氢氧化铝、三硅酸镁及少量中药颠茄流浸膏，在制片剂时还加入了大量糊精等以使药片成型。药片中铝和镁的含量可用 EDTA 配位滴定法测定。

由于 Al^{3+} 对二甲酚橙等指示剂有封闭作用，而 Al^{3+} 易水解生成一系列多核羟基配位化合物，同时 Al^{3+} 与 EDTA 反应缓慢，在较高酸度（$pH \approx 3.5$）下煮沸才易配位完全，故一般采用返滴定法或转换滴定法测定 Al^{3+} 的量。本实验采用返滴定法。先溶解样品，分离去水不溶物质，然后加入过量的 EDTA 标准溶液，在 pH 3.5～4.0 时煮沸溶液，使 Al^{3+} 与 EDTA 充分配合，之后调节溶液 pH 值至 5.0～6.0，加入二甲酚橙，用 Zn^{2+} 标准溶液进行返滴定，测出铝含量。另取试液调节 pH，将 Al^{3+} 沉淀分离后，于 pH 10.0 条件下以铬黑 T 为指示剂，用 EDTA 溶液滴定滤液中的镁。

【仪器与试剂】

仪器：酸式滴定管（50mL），锥形瓶（250mL），称量瓶，量筒（100mL、10mL），容量瓶（250mL），移液管（25mL），烧杯（250mL），洗瓶。

试剂：EDTA 标准溶液（$0.02mol \cdot L^{-1}$）、Zn^{2+} 标准溶液（$0.02mol \cdot L^{-1}$）、六亚甲基四胺水溶液（20%）、$NH_3 \cdot H_2O$(1+1)、HCl（1＋1）、三乙醇胺水溶液（1＋2）、NH_3-NH_4Cl 缓冲溶液（pH=10.0）、二甲酚橙水溶液（0.2%）、甲基红指示剂（0.2%）、铬黑 T 指示剂、氯化铵（A. R.）。

【实验步骤】

1. 样品处理

取胃舒平 10 片，准确称其质量，研细，再准确称取药粉 2g 左右于 250mL 烧杯中，加入 HCl（1+1）20mL，加蒸馏水至 100mL，煮沸，冷却后采用倾析法以定性滤纸过滤，并以水洗涤沉淀，收集滤液及洗涤液于 250mL 容量瓶中，稀释至刻度，摇匀备用。

2. 铝的测定

准确吸取上述试液 5.00mL，加水至 25mL 左右，滴加 $NH_3 \cdot H_2O$（1+1）至刚出现浑浊，再加 HCl（1+1）至沉淀刚好溶解。准确加入 $0.02mol \cdot L^{-1}$ EDTA 溶液 25mL 左右，

再加入20%六亚甲基四胺溶液10mL，煮沸10min并冷却后，加入二甲酚橙指示剂2～3滴，以锌标准溶液滴定至溶液由黄色变为红色。平行测定三次，根据EDTA加入量与锌标准溶液滴定体积，计算每片药片中$Al(OH)_3$的含量。

3. 镁的测定

吸取试液25.00mL，滴加$NH_3 \cdot H_2O$（1+1）至刚出现沉淀，再加入HCl（1+1）至沉淀恰好溶解。加入固体NH_4Cl 2g，滴加20%六亚甲基四胺溶液至沉淀出现并过量15mL，加热至80℃（溶液开始冒明显白色蒸汽），保温80℃ 10～15min，冷却后过滤，以少量蒸馏水洗涤沉淀若干次。收集滤液与洗涤液于250mL锥形瓶中，加入三乙醇胺（1+2）水溶液10mL，NH_3-NH_4Cl缓冲溶液10mL及甲基红指示剂1滴，铬黑T指示剂约10mg。用EDTA标准溶液滴定至暗红色转变为蓝绿色。平行测定三次，计算每片药片中镁的含量，以MgO表示。

【思考题】

1. 铝的测定为什么不采用直接滴定法。
2. 返滴定法对结果的计算与直接滴定法有什么不同？
3. 称取胃舒平试样时，为什么不称取一片试样或研细后称取更少试样直接溶解测定？

实验36　高锰酸钾标准溶液的配制与标定

高锰酸钾标准溶液的配制和标定

【实验目的】

1. 了解高锰酸钾标准溶液的配制方法和保存条件。
2. 掌握用$Na_2C_2O_4$作为基准物标定高锰酸钾溶液浓度的原理、方法及滴定条件。

【实验原理】

高锰酸钾试剂中常含有少量杂质，如二氧化锰、硫酸盐、氯化物及硝酸盐等。高锰酸钾氧化性强，还易和水中的有机物、空气中的尘埃及氨等还原性物质作用，析出$MnO_2 \cdot H_2O$沉淀，而MnO_2还能促进高锰酸钾溶液的分解。故不能用高锰酸钾试剂直接配制标准溶液。

高锰酸钾溶液不够稳定，能慢慢自行分解，其分解反应如下：

$$4KMnO_4 + 2H_2O \longrightarrow 4MnO_2 \downarrow + 4KOH + 3O_2 \uparrow$$

分解速率随溶液pH值而改变。在中性溶液中分解很慢，但Mn^{2+}和MnO_2能加速其分解，见光则分解更快。因此高锰酸钾溶液的配制不像配酸碱溶液那样简单，必须正确地配制和保存。正确配制和保存的高锰酸钾溶液应呈中性，不含MnO_2，这样，浓度就比较稳定，放置数月后浓度大约只降低0.5%。但是如果长期使用，仍应定期进行标定。

标定高锰酸钾的基准物质有$Na_2C_2O_4$、$H_2C_2O_4$、As_2O_3、纯铁丝等。$Na_2C_2O_4$不含结晶水，容易精制，最为常用。$KMnO_4$与$Na_2C_2O_4$的反应为：

$$2MnO_4^- + 5C_2O_4^{2-} + 16H^+ \longrightarrow 2Mn^{2+} + 8H_2O + 10CO_2 \uparrow$$

滴定时要注意合适的酸度、温度和滴定速度。该反应可用MnO_4^-本身的颜色指示滴定终点。

$$c(KMnO_4)=\frac{\frac{2}{5}m(Na_2C_2O_4)\times 10^3}{V(KMnO_4)M(Na_2C_2O_4)}$$

【仪器与试剂】

仪器：酸式滴定管（50mL），锥形瓶（250mL），称量瓶，洗瓶，量筒（100mL、10mL）。

试剂：$KMnO_4$（固），$Na_2C_2O_4$（A. R. 或 G. R.），H_2SO_4（$3mol \cdot L^{-1}$）。

【实验步骤】

1. $0.02mol \cdot L^{-1}$高锰酸钾溶液的配制

称取 1.6～1.7g $KMnO_4$ 溶解于 500mL 水中，盖上表面皿，加热煮沸并保持微沸状态1h，并注意随时加水以补充因蒸发而损失的水。冷却并放置数天（7～10 天）后用玻璃砂芯漏斗（3 号或 4 号）过滤，将滤液保存在磨口棕色瓶中，摇匀备用。

2. 高锰酸钾溶液浓度的标定

准确称取经烘干过的 $Na_2C_2O_4$ 0.13～0.20g 三份，分别置于 250mL 锥形瓶中，加30mL 水使其溶解，再加入 $3mol \cdot L^{-1}$ H_2SO_4 溶液 10mL，加热到 75～85℃（即开始冒蒸汽时的温度）[1]，立即用待标定的 $KMnO_4$ 溶液滴定（不能沿瓶壁滴入），因为是自动催化反应，开始滴定时反应速率很慢，应在第一滴 $KMnO_4$ 红色褪色后，再滴第二滴，待溶液中产生 Mn^{2+}后，反应速率加快，但滴定时仍必须是逐滴加入[2]，滴定至溶液呈微红色在 30s 内不褪色为终点[3]。根据每份滴定中 $Na_2C_2O_4$ 的质量和用去的 $KMnO_4$ 溶液的体积，计算出 $KMnO_4$ 浓度。

【思考题】

1. 配制 $KMnO_4$ 标准溶液时，为什么要将 $KMnO_4$ 溶液煮沸一定时间（或放置数天）？过滤 $KMnO_4$ 溶液时要用砂芯漏斗，为什么？能否用滤纸过滤？

2. 配制 $KMnO_4$ 溶液应注意些什么？用 $Na_2C_2O_4$ 标定 $KMnO_4$ 溶液时，应注意哪些重要的反应条件？

3. 用 $Na_2C_2O_4$ 标定 $KMnO_4$ 溶液时，能否用 HNO_3、HCl 和 HAc 控制酸度？为什么？

4. 配制 $KMnO_4$ 时，过滤后的滤器上沾污的产物是什么？应选用什么物质清洗干净？

【注解】

[1] 在室温下 $KMnO_4$ 与 $H_2C_2O_4$ 之间反应速率缓慢，加热可使反应加快，但不应加热至沸腾，否则引起部分 $H_2C_2O_4$ 分解，若温度降低，可加热后再滴定，在滴定至终点时，溶液的温度应不低于 60℃。

[2] 若滴定速度过快，部分 $KMnO_4$ 在热溶液中按下式分解：

$$4KMnO_4+2H_2SO_4 \longrightarrow 4MnO_2+2K_2SO_4+3O_2\uparrow+2H_2O$$

[3] $KMnO_4$ 滴定的终点不稳定，这是由于空气中含有还原性气体及尘埃等杂质，能使 $KMnO_4$ 缓慢分解而使粉红色消失，且 $KMnO_4$ 也可和 Mn^{2+} 缓慢作用，所以经过 30s 不褪色即可认为已达到终点。

实验 37　过氧化氢含量的测定（高锰酸钾法）

过氧化氢
含量的测定

【实验目的】

掌握运用高锰酸钾法测定双氧水中 H_2O_2 含量的原理和方法。

【实验原理】

H_2O_2 分子中有一个过氧键—O—O—，在酸性溶液中是一个强氧化剂，但遇 $KMnO_4$ 表现为还原剂。测定过氧化氢的含量，是利用在 H_2SO_4 或 HCl 的稀溶液介质中，在室温条件下用高锰酸钾法测定，其反应式为：

$$5H_2O_2+2MnO_4^-+6H^+ \longrightarrow 2Mn^{2+}+5O_2\uparrow+8H_2O$$

开始时反应速率慢，滴入第一滴溶液不容易褪色，待 Mn^{2+} 生成后，由于 Mn^{2+} 的催化作用，加快了反应速率，故能顺利地滴定到呈现稳定的微红色即为终点。滴定剂本身的紫红色稍过量（$10^{-5}mol \cdot L^{-1}$）即显示终点。

故可根据 $KMnO_4$ 溶液的浓度和滴定中消耗的体积按下式计算 H_2O_2 的含量：

$$双氧水中\ H_2O_2\ 含量(g \cdot L^{-1})=\frac{\frac{5}{2}c(KMnO_4)V(KMnO_4)M(H_2O_2)}{10.00\times\frac{25.00}{250.00}}$$

如 H_2O_2 试样系工业产品，用上述方法测定误差较大，因产品中常加入乙酰苯胺等有机物质作为稳定剂，有机物也消耗 $KMnO_4$。遇此情况应采用铈量法或碘量法。利用 H_2O_2 和 KI 作用，析出 I_2，然后用 $S_2O_3^{2-}$ 溶液滴定。

$$H_2O_2+2H^++2I^- \longrightarrow 2H_2O+I_2$$

$$I_2+2S_2O_3^{2-} \longrightarrow S_4O_6^{2-}+2I^-$$

过氧化氢在工业、生物、医药等方面应用很广泛。利用 H_2O_2 的氧化性漂羊毛、丝织物；医药上常用于消毒和杀菌剂；纯 H_2O_2 用作火箭燃料的氧化剂；工业上利用 H_2O_2 的还原性除去氯气，反应式为：

$$H_2O_2+Cl_2 \longrightarrow 2Cl^-+O_2\uparrow+2H^+$$

植物体内的过氧化氢酶也能催化 H_2O_2 的分解反应，故在生物上利用此性质测定 H_2O_2 分解所放出的氧来测定过氧化氢酶活性。

【仪器与试剂】

仪器：酸式滴定管（50mL）、锥形瓶（250mL）、容量瓶（250mL）、移液管（25mL）、量筒（10mL）、洗瓶。

试剂：H_2SO_4（$3mol \cdot L^{-1}$）、$KMnO_4$ 标准溶液（$0.02mol \cdot L^{-1}$）、H_2O_2 溶液（3%）。

【实验步骤】

准确移取 10.00mL 约 3%双氧水于 250mL 容量瓶中，稀释至刻度线，摇匀。

移取 25.00mL 上述溶液于锥形瓶中，加 10mL $3mol \cdot L^{-1}$ H_2SO_4，用 $0.02mol \cdot L^{-1}$ $KMnO_4$ 标准溶液滴定至溶液呈粉红色 30s 不褪，即为终点。

平行测定三次，根据 $KMnO_4$ 标准溶液的浓度和消耗的体积计算 H_2O_2 的含量。

【思考题】

1. 在此测定中，H_2O_2 与 $KMnO_4$ 的化学计量关系是什么？如何计算双氧水中 H_2O_2 的含量？

2. 为什么含有乙酰苯胺等有机物作为稳定剂的过氧化氢试样不能用高锰酸钾法而用碘量法或铈量法准确测定？

实验 38　石灰石中钙的测定（高锰酸钾法）

【实验目的】

1. 学习沉淀分离的基本知识和操作（沉淀、过滤及洗涤等）。

2. 了解用高锰酸钾法测定石灰石中钙含量的原理和方法，尤其是结晶形草酸钙沉淀分离的条件及洗涤 CaC_2O_4 沉淀的方法。

【实验原理】

石灰石的主要成分是 $CaCO_3$，较好的石灰石含 CaO 为 45%～53%，此外还含有 SiO_2、Fe_2O_3、Al_2O_3 及 MgO 等杂质。

测钙的方法很多，快速的方法是配位滴定法，较精确的方法是本实验采用的高锰酸钾法。后一种方法是将 Ca^{2+} 沉淀为 CaC_2O_4，将沉淀滤出并洗净后，溶于稀 H_2SO_4 溶液，再用 $KMnO_4$ 标准溶液滴定与 Ca^{2+} 相当的 $C_2O_4^{2-}$，根据所用高锰酸钾的体积和浓度计算试样中钙或氧化钙的含量。主要反应如下：

$$Ca^{2+} + C_2O_4^{2-} \longrightarrow CaC_2O_4 \downarrow$$

$$CaC_2O_4 + H_2SO_4 \longrightarrow CaSO_4 + H_2C_2O_4$$

$$5H_2C_2O_4 + 2MnO_4^- + 6H^+ \longrightarrow 2Mn^{2+} + 10CO_2 \uparrow + 8H_2O$$

计算式为：

$$w(\text{CaO}) = \frac{\frac{5}{2}c(\text{KMnO}_4)V(\text{KMnO}_4)\times 10^{-3}M(\text{CaO})}{m(\text{试样})}$$

此法用于含 Mg^{2+} 及碱金属的试样时，其他金属阳离子不应存在，这是由于它们与离子容易生成沉淀或共沉淀而形成正误差。

当 $c(Na^+)$[1] $> c(Ca^{2+})$ 时，$Na_2C_2O_4$ 共沉淀形成正误差；若 Mg^{2+} 存在，往往产生后沉淀。如果溶液中含 Ca^{2+} 和 Mg^{2+} 量相近，也产生共沉淀；如果过量的 $C_2O_4^{2-}$ 浓度足够大，则形成可溶性草酸镁配合物 $[Mg(C_2O_4)_2]^{2-}$；若在沉淀完毕后即进行过滤，则此干扰可减小。当 $c(Mg^{2+}) > c(Ca^{2+})$ 时，共沉淀影响很严重，需要进行再沉淀。

有些石灰石中的钙可以被 HCl 分解完全，但一般的石灰石中都有部分钙以硅酸盐形式存在，仅用 HCl 分解试样，测不到全钙量。标准的分析方法（GB 3286.1—2012）中规定先用 HCl 分解，再将不溶物于铂坩埚中灼烧，经氢氟酸除硅后，残渣以 Na_2CO_3-H_3BO_3 熔融，用原试液浸取，这样得到的试液就可测得全钙量。限于学时和实验室条件，本实验选用能被 HCl 分解全钙的含硅量很低的石灰石作为试样。经粉碎、研细并在 105℃干燥后，用浓 HCl 溶解。

为使测定结果准确，关键是要保证 Ca^{2+} 与 $C_2O_4^{2-}$ 之间 1∶1 的计量关系，并要得到颗粒较大、便于洗涤的沉淀，要采用如下措施：控制溶液酸度在 pH 3.5～4.5，酸度高，CaC_2O_4 沉淀不完全，酸度过低则会有 $Ca(OH)_2$ 或碱式草酸钙沉淀产生；采用在酸性试液中加 $(NH_4)_2C_2O_4$，再滴加氨水逐步中和以求缓缓地增大 $C_2O_4^{2-}$ 浓度的方法进行沉淀，沉淀完全后再稍加陈化，以使沉淀颗粒增大，否则沉淀细微易穿滤；必须洗去沉淀表面及滤纸上的 $C_2O_4^{2-}$ 和 Cl^-（这往往是造成结果偏高的主要因素），但又不能用水过多，否则沉淀溶解损失过大。

【仪器与试剂】

仪器：慢速或中速定量滤纸、玻璃砂芯漏斗（4 号、25～30mL）、酸式滴定管（50mL）、称量瓶、烧杯（500mL）、量筒（100mL、10mL）、洗瓶、长颈漏斗、表面皿。

试剂：HCl 溶液（$6mol \cdot L^{-1}$）、H_2SO_4 溶液（$3mol \cdot L^{-1}$）、HNO_3 溶液（$2mol \cdot L^{-1}$）（滴瓶装）、甲基橙水溶液（0.1%）（滴瓶装）、氨水（1∶1）（滴瓶装）、柠檬酸铵溶液（10%）、$(NH_4)_2C_2O_4$ 溶液（$0.25mol \cdot L^{-1}$）、$(NH_4)_2C_2O_4$ 溶液（0.1%）、$AgNO_3$ 溶液（$0.1mol \cdot L^{-1}$）（滴瓶装）、$KMnO_4$ 标准溶液（$0.02mol \cdot L^{-1}$）。

【实验步骤】

准确称取石灰石试样 0.1～0.2g，置 500mL 烧杯中，滴加少量水使试样润湿[2]，盖上表面皿，缓缓滴加 $6mol \cdot L^{-1}$ HCl 溶液 5mL，同时不断摇动烧杯。待停止发泡后，小心加热煮沸 2min，冷却后，加入 5mL 10%柠檬酸铵溶液[3] 和 120mL 水，加入甲基橙 2 滴，加入 $6mol \cdot L^{-1}$ HCl 溶液 5mL 至溶液显红色[4]，加入 15mL $0.25mol \cdot L^{-1}$ $(NH_4)_2C_2O_4$ 溶液（若此时有沉淀生成，应在搅拌下滴加 $6mol \cdot L^{-1}$ HCl 溶液至沉淀溶解，注意勿多加）。加热至 70～80℃，在不断搅拌下以每秒 1～2 滴的速度滴加 1∶1 氨水至溶液由红色变为橙黄色[5]，过量 2～3 滴，然后在微沸的水浴锅上保温陈化约 30min[6]，并随时搅拌，放置冷却。

在漏斗上放好中速滤纸（或玻璃砂芯漏斗）做成水柱，以倾析法过滤。用 400mL 烧杯盛接滤液，先用冷的 0.1% $(NH_4)_2C_2O_4$ 溶液用倾析法将沉淀洗涤[7] 3 次，每次加 10mL 左右，再用蒸馏水洗涤至滤液中不含 Cl^- 为止[8]。在过滤和洗涤过程中，尽量使沉淀留在烧杯中，应多次用水淋洗滤纸上部，每次用水约 1mL。在洗涤 7 次后，用小表面皿接取滤液约 1mL，加 2 滴 $AgNO_3$ 溶液，混匀后放置 1min，如无浑浊现象则证明已洗涤干净。

将带有沉淀的滤纸贴在原储沉淀的烧杯内壁（沉淀面向杯内），用 20mL $3mol \cdot L^{-1}$ H_2SO_4 溶液稀释成 100mL，仔细将滤纸上的沉淀洗入烧杯，在水浴上加热至 75～85℃，用 $0.02mol \cdot L^{-1}$ $KMnO_4$ 标准溶液滴定至溶液呈粉红色。然后将滤纸浸入溶液中[9]，用玻棒搅拌（勿搅碎!），若溶液褪色，再滴入 $KMnO_4$ 溶液，直至粉红色经 30s 不褪即达终点。

根据 $KMnO_4$ 用量和试样质量计算试样中钙（或 CaO）的质量分数。两次平行测定结果的相对误差应不大于 0.4%。

【思考题】

1. 用 $(NH_4)_2C_2O_4$ 沉淀 Ca^{2+} 前，为什么要先加入柠檬酸铵？是否可用其他试剂？

2. 沉淀 CaC_2O_4 时，为什么要先在酸性溶液中加入沉淀剂 $(NH_4)_2C_2O_4$，然后在 70～80℃时滴加氨水至甲基橙变橙黄色而使 CaC_2O_4 沉淀？中和时为什么选用甲基橙指示剂来指示酸度？

3. 洗涤 CaC_2O_4 沉淀时，为什么要用稀 $(NH_4)_2C_2O_4$ 溶液作为洗涤剂，然后再用冷水洗？怎样判断 $C_2O_4^{2-}$ 洗净没有？怎样判断 Cl^- 洗净没有？

4. 如果将带有 CaC_2O_4 沉淀的滤纸一起用硫酸处理，再用 $KMnO_4$ 溶液滴定，会产生什么影响？

5. CaC_2O_4 沉淀生成后为什么要陈化？

6. $KMnO_4$ 法与配位滴定法测定钙的优缺点各是什么？

【注解】

[1] K^+ 共沉淀不显著。

[2] 先用少量水润湿。以免加 HCl 溶液时产生的 CO_2 将试样粉末冲出。

[3] 柠檬酸铵配位掩蔽 Fe^{3+} 和 Al^{3+}，以免生成胶体和共沉淀，其用量视铁和铝的含量多少而定。

[4] 在酸性溶液中加 $(NH_4)_2C_2O_4$，再调 pH，但盐酸只能稍过量，否则用氨水调 pH 时，用量较大。

[5] 调节 pH 值至 3.5～4.5，使 CaC_2O_4 沉淀完全，MgC_2O_4 不沉淀。

[6] 保温是为了使沉淀陈化，若沉淀完毕后，要放置过夜，则不必保温。但对 Mg^{2+} 含量过高的试样，不必久放，以免后沉淀。

[7] 先用沉淀剂稀溶液洗涤，利用同离子效应，降低沉淀的溶解度，以减小溶解损失，并且洗去大量杂质。

[8] 再用水洗的目的主要是洗去 $C_2O_4^{2-}$，洗至洗液中无 Cl^-，即表示沉淀中杂质已洗净。洗涤时应注意吹水洗去滤纸上部的 $C_2O_4^{2-}$。检查 Cl^- 的方法是滴加 $AgNO_3$ 溶液，根据下述反应来判断：

$$Cl^- + Ag^+ \longrightarrow AgCl\downarrow \text{（白）}$$

但是，$C_2O_4^{2-}$ 也有类似反应：

$$C_2O_4^{2-} + 2Ag^+ \longrightarrow Ag_2C_2O_4\downarrow \text{（白）}$$

因此，如果洗液中加入 $AgNO_3$ 溶液，没有沉淀生成，表示 Cl^- 和 $C_2O_4^{2-}$ 都已洗净。如果加入 $AgNO_3$ 溶液，产生白色沉淀或浑浊，则说明有 $C_2O_4^{2-}$ 或 Cl^-；若用稀 HNO_3 溶液酸化，沉淀减少或消失，则 $C_2O_4^{2-}$ 未洗净。

注意：洗涤次数和洗涤液体积不可太多。

[9] 在酸性溶液中滤纸消耗 $KMnO_4$，接触时间愈长，消耗愈多，因此只能在滴至终点

前方能将滤纸浸入溶液中。

实验 39　硫代硫酸钠标准溶液的配制和标定

硫代硫酸钠标准溶液的配制和标定

【实验目的】

1. 掌握 $Na_2S_2O_3$ 溶液的配制方法和保存条件。
2. 了解标定 $Na_2S_2O_3$ 溶液浓度的原理和方法。
3. 掌握间接碘量法的测定条件。

【实验原理】

硫代硫酸钠（$Na_2S_2O_3 \cdot 5H_2O$）一般都含有少量杂质，如 S、Na_2SO_3、Na_2SO_4、Na_2CO_3 及 NaCl 等，同时还容易风化和潮解，因此不能直接配制准确浓度的溶液。

$Na_2S_2O_3$ 溶液易受空气和微生物等作用而分解。

1. 溶解的 CO_2 的作用

$Na_2S_2O_3$ 在中性或碱性溶液中较稳定，当 pH<4.6 时即不稳定。溶液中含有 CO_2 时，会促进 $Na_2S_2O_3$ 分解：

$$Na_2S_2O_3 + H_2CO_3 \longrightarrow NaHSO_3 + NaHCO_3 + S\downarrow$$

此分解作用一般发生在溶液配成后的最初十天内。分解后一分子 $Na_2S_2O_3$ 变成了一分子的 $NaHSO_3$，一分子 $Na_2S_2O_3$ 只能和一个碘原子作用，而一分子 $NaHSO_3$ 却能和两个碘原子作用，因此从反应能力看溶液的浓度增加了。以后由于空气的氧化作用，浓度又慢慢减小。

在 pH 9～10 之间硫代硫酸钠溶液最为稳定，所以在 $Na_2S_2O_3$ 溶液中加入少量 Na_2CO_3。

2. 空气的氧化作用

$$2Na_2S_2O_3 + O_2 \longrightarrow 2Na_2SO_4 + 2S\downarrow$$

3. 微生物的作用

这是 $Na_2S_2O_3$ 分解的主要原因，为避免微生物的分解作用，可加入少量 HgI_2（$10mg \cdot L^{-1}$）。

为了减少溶解在水中的 CO_2 和杀死水中微生物，应用新煮沸冷却的蒸馏水配制溶液并加入少量 Na_2CO_3（浓度约为 0.02%），以防止 $Na_2S_2O_3$ 分解。

日光能促进 $Na_2S_2O_3$ 溶液分解，所以 $Na_2S_2O_3$ 溶液应储存于棕色试剂瓶中，放置暗处，经 7～14 天再标定。长期使用的溶液，应定期标定。若保存得好，可每两月标定一次。

标定 $Na_2S_2O_3$ 的基准物有 $K_2Cr_2O_7$、$KBrO_3$、KIO_3、升华碘、纯铜等。

以 $K_2Cr_2O_7$ 作为基准物标定 $Na_2S_2O_3$ 溶液的浓度。$K_2Cr_2O_7$ 先与 KI 反应析出 I_2：

$$Cr_2O_7^{2-} + 6I^- + 14H^+ \longrightarrow 2Cr^{3+} + 3I_2 + 7H_2O$$

析出的 I_2 再用 $Na_2S_2O_3$ 标准溶液滴定：

$$I_2 + 2S_2O_3^{2-} \longrightarrow S_4O_6^{2-} + 2I^-$$

根据 $K_2Cr_2O_7$ 的称取质量和滴定中消耗的 $Na_2S_2O_3$ 体积按下式计算 $Na_2S_2O_3$ 标准溶

液的浓度。

$$c(Na_2S_2O_3)=\frac{6m(K_2Cr_2O_7)\times 1000}{M(K_2Cr_2O_7)V(Na_2S_2O_3)}\times\frac{25.00}{250.00}$$

以 $KBrO_3$ 作为基准物标定 $Na_2S_2O_3$ 溶液浓度：

$$BrO_3^- + 6I^- + 6H^+ \longrightarrow Br^- + 3I_2 + 3H_2O$$

$$I_2 + 2S_2O_3^{2-} \longrightarrow S_4O_6^{2-} + 2I^-$$

根据 $KBrO_3$ 的称取质量和滴定中消耗的 $Na_2S_2O_3$ 的体积按下式计算 $Na_2S_2O_3$ 标准溶液的浓度。

$$c(Na_2S_2O_3)=\frac{6m(KBrO_3)\times 1000}{M(KBrO_3)V(Na_2S_2O_3)}\times\frac{25.00}{250.00}$$

【仪器与试剂】

仪器：碘量瓶（250mL），碱式滴定管（50mL），称量瓶，容量瓶（250mL），移液管（25mL），烧杯（100mL、500mL），量筒（100mL、10mL），洗瓶。

试剂：$Na_2S_2O_3 \cdot 5H_2O$（固），Na_2CO_3（固），KI（固），$K_2Cr_2O_7$（固），HCl 溶液（$6mol \cdot L^{-1}$），$KBrO_3$ 固体，H_2SO_4（$3mol \cdot L^{-1}$）。

淀粉溶液（1%）：称取 1g 可溶性淀粉，用少量水搅匀后，加入 100mL 沸水中，搅匀。如需久置，可加入少量 $ZnCl_2$ 防腐剂。

【实验步骤】

1. $0.05mol \cdot L^{-1}$ $Na_2S_2O_3$ 溶液的配制[1]

称取 6.3g $Na_2S_2O_3 \cdot 5H_2O$ 于 500mL 烧杯中，加入 200mL 新煮沸并已冷却的蒸馏水，待完全溶解后，加入 0.1g Na_2CO_3，然后用新煮沸已冷却的蒸馏水稀释至 500mL，储存于棕色试剂瓶中，在暗处放置 7～14 天后标定。

2. 以 $K_2Cr_2O_7$ 为基准物标定 $Na_2S_2O_3$ 溶液

准确称取已烘干的 $K_2Cr_2O_7$（A. R.）0.5～0.8g 于小烧杯中，少量水溶解，定量转移至 250mL 容量瓶中，用蒸馏水稀释至刻度，摇匀。

准确移取 25.00mL $K_2Cr_2O_7$ 溶液于 250mL 碘量瓶中，加入 0.7～0.8g 固体 KI，摇动使之溶解，再加入 $6mol \cdot L^{-1}$ HCl 溶液 5mL，立即加上瓶塞，摇匀。用水封口。放置暗处 5min[2]。然后立即用 50mL 水稀释[3]，用 $0.05mol \cdot L^{-1}$ $Na_2S_2O_3$ 溶液滴定到呈浅黄绿色。加入 1%淀粉溶液 1mL，继续滴定至蓝色变绿色，即为终点[4]。

3. 以 $KBrO_3$ 为基准物标定 $Na_2S_2O_3$ 溶液

准确称取 0.28～0.42g $KBrO_3$ 基准物于小烧杯中，加适量水使其完全溶解后，定量转移至 250mL 容量瓶中，加水到刻度，摇匀。

准确移取 25.00mL $KBrO_3$ 溶液于 250mL 碘量瓶中，加入 1g KI 固体，摇动使之溶解，再加入 5mL $3mol \cdot L^{-1}$ H_2SO_4 溶液，立即加上瓶塞，摇匀。用水封口。放置暗处 5min。然后立即用 50mL 水稀释，用待标定 $Na_2S_2O_3$ 溶液滴定到浅黄色。加入 1%淀粉溶液 1mL，继续滴定至蓝色刚好消失为止，即为终点，记录标定所消耗 $Na_2S_2O_3$ 溶液的体积，平行滴定三份。

【思考题】

1. 如何配制和保存浓度比较稳定的 $Na_2S_2O_3$ 标准溶液？

2. 用 $K_2Cr_2O_7$ 作为基准物标定 $Na_2S_2O_3$ 溶液时，为什么要加入过量的 KI 和 HCl 溶液？为什么放置一定时间后才加水稀释？如果：（1）加 KI 试剂而不加 HCl 溶液，（2）加酸后不放置暗处，（3）不放置或少放置一定时间即加水稀释，会产生什么影响？

3. 为什么用 $Na_2S_2O_3$ 滴定 I_2 溶液时必须在将近终点之前才能加入淀粉指示剂？

4. 如果 $Na_2S_2O_3$ 标准溶液是用来分析铜的，为什么可用纯铜作为基准物标定 $Na_2S_2O_3$ 溶液的浓度？

【注解】

［1］一般使用 $0.1mol \cdot L^{-1}$ $Na_2S_2O_3$ 标准溶液，如果选择的测定实验需用 $0.05mol \cdot L^{-1}$（或其他浓度）$Na_2S_2O_3$ 溶液，则可配制相应浓度的溶液，如本实验应配制 $0.05mol \cdot L^{-1}$ $Na_2S_2O_3$ 溶液的标准溶液。

［2］$K_2Cr_2O_7$ 与 KI 的反应不是立刻完成的，在稀溶液中反应更慢，因此应等反应完成后再加水稀释，在上述条件下，大约经 5min 反应即可完成。

［3］生成的 Cr^{3+} 显蓝绿色，妨碍终点观察。滴定前须先稀释，可使 Cr^{3+} 浓度降低，蓝绿色变浅，终点时溶液由蓝色变到绿色，容易观察。同时稀释也使溶液的酸度降低，有利于用 $Na_2S_2O_3$ 滴定 I_2。

［4］滴定完毕的溶液放置后会变蓝色。如果不是很快变蓝（经过 5～10min），那就是由于空气中氧化所致。如果很快而且又不断变蓝，说明 $K_2Cr_2O_7$ 和 KI 的作用在滴定前进行得不完全，溶液稀释得太早。遇此情况，实验应重做。

实验 40　硫酸铜中铜含量的测定

硫酸铜中铜含量的测定

【实验目的】

1. 进一步了解碘量法的原理和方法。
2. 掌握用碘量法测定铜的原理和方法。

【实验原理】

二价铜盐与碘化物发生下列反应：

$$2Cu^{2+} + 4I^- \longrightarrow 2CuI\downarrow + I_2$$

$$I_2 + I^- \rightleftharpoons I_3^-$$

析出的 I_2 再用 $Na_2S_2O_3$ 标准溶液滴定，由此可以计算出铜的含量。Cu^{2+} 与 I^- 的反应是可逆的，为了促使反应趋于完全，必须加入过量的 KI。但由于生成的沉淀 CuI 强烈地吸

附 I_3^-，会使测定结果偏低。如果加入 KSCN，则使 CuI（$K_{sp}=5.06\times10^{-12}$）转化为溶解度更小的 CuSCN（$K_{sp}=4.8\times10^{-15}$）：

$$CuI+SCN^- \longrightarrow CuSCN\downarrow+I^-$$

这样不但可以释放出被吸附的 I_3^-，而且反应时生成的 I^- 可与未反应的 Cu^{2+} 发生作用。在这种情况下，可以使用较少的 KI 而使反应进行得完全。但是 KSCN 只能在接近终点时加入，否则因为 I_2 的量较多，会明显地为 KSCN 所还原而导致结果偏低：

$$SCN^-+4I_2+4H_2O \longrightarrow SO_4^{2-}+7I^-+ICN+8H^+$$

为了防止铜盐水解，反应必须在弱酸性溶液中进行。酸度过低 Cu^{2+} 氧化 I^- 的反应进行不完全，结果偏低，而且反应速率慢，终点拖长；酸度过高，则 I^- 被空气氧化为 I_2 的反应为 Cu^{2+} 催化，使结果偏高。

大量 Cl^- 能与 Cu^{2+} 配位，I^- 不易从 Cu(Ⅱ)的氯配合物中将 Cu(Ⅱ)定量地还原，因此最好用硫酸不用盐酸（少量盐酸不干扰）。

矿石或合金中的铜也可用碘量法测定，但必须设法防止其他能氧化 I^- 的物质（如 NO_3^-、Fe^{3+} 等）的干扰。防止的方法是加入掩蔽剂以掩蔽干扰离子（例如使 Fe^{3+} 生成 $[FeF_6]^{3-}$ 配离子而掩蔽），或在测定前将它们分离除去。若有 As(Ⅴ)、Sb(Ⅴ)存在，应将 pH 值调至 4，以免它们氧化 I^-。

【仪器与试剂】

仪器：碱式滴定管（50mL），锥形瓶或碘量瓶（250mL），称量瓶，量筒（100mL、10mL），洗瓶。

试剂：$Na_2S_2O_3$ 标准溶液（$0.05mol\cdot L^{-1}$），H_2SO_4 溶液（$3mol\cdot L^{-1}$），KSCN 溶液（10%），固体 KI，淀粉溶液（1%）。

【实验步骤】

准确称取硫酸铜试样（每份质量相当于 20～30mL $0.05mol\cdot L^{-1}$ $Na_2S_2O_3$ 溶液）于 250mL 锥形瓶中，加 $3mol\cdot L^{-1}$ H_2SO_4 溶液 1mL 和水 30mL 使之溶解。加入 0.8～1.0g KI 固体试剂，立即用 $Na_2S_2O_3$ 标准溶液滴定至呈浅黄色。然后加入 1%淀粉溶液 1mL，继续滴定到呈浅蓝色，再加入 5mL 10% KSCN（可否用 NH_4SCN 代替?）溶液，摇匀后溶液蓝色转深，再继续滴定到蓝色恰好消失，此时溶液为米色 CuSCN 悬浮液。由实验结果计算硫酸铜的含铜量[1]。

【思考题】

1. 硫酸铜易溶于水，为什么溶解时要加入硫酸？

2. 用碘量法测定铜含量时，为什么要加入 KSCN 溶液？如果在酸化后立即加入 KSCN 溶液，会产生什么影响？

3. 已知 $\varphi^{\ominus}(Cu^{2+}/Cu)=0.158V$，$\varphi^{\ominus}(I_2/I^-)=0.54V$，为什么本法中 Cu^{2+} 却能使 I^- 氧化为 I_2？

4. 测定反应为什么一定要在弱酸性溶液中进行？

【注解】

［1］本步骤只能用于不含干扰物质的试样。

实验41　漂白粉中有效氯的测定

【实验目的】

1. 了解漂白粉的一些性质。
2. 掌握间接碘量法测定漂白粉中有效氯的基本原理和操作技术。
3. 熟悉碘量瓶的使用方法。

【实验原理】

漂白粉试样溶于稀硫酸溶液中，加过量的KI反应析出I_2，再调节溶液近中性，用$Na_2S_2O_3$标准溶液滴定。以淀粉为指示剂，终点由蓝色变到无色。由测定反应式可知，$Na_2S_2O_3$和Cl的基本单元分别为$Na_2S_2O_3$和Cl。

【仪器与试剂】

仪器：碘量瓶（250mL）、容量瓶（250mL）、碱式滴定管（50mL）、移液管（25mL）、烧杯（100mL）、洗瓶。

试剂：漂白粉试样、H_2SO_4溶液（$3mol \cdot L^{-1}$）、KI固体、淀粉溶液（$5g \cdot L^{-1}$）、硫代硫酸钠标准溶液（$0.05mol \cdot L^{-1}$）。

【实验步骤】

准确称取漂白粉试样3g于小烧杯中，用玻璃棒研磨。加少量水搅拌调成均匀浆状物，定量移入250mL容量瓶中，稀释至刻度线，摇匀。

移取试液25.00mL置于250mL碘量瓶中，加入$3mol \cdot L^{-1}$ H_2SO_4溶液10mL，加KI试剂3g，加水100mL，用$c(Na_2S_2O_3)=0.05mol \cdot L^{-1}$的硫代硫酸钠标准溶液滴定至浅黄色，加3mL $5g \cdot L^{-1}$的淀粉溶液，继续滴定至溶液蓝色消失即为终点。记录消耗$Na_2S_2O_3$标准溶液的体积。平行测定3次。

【注意事项】

1. 称量试样时一定要加上称量瓶盖，防止试样对天平的腐蚀。
2. 试液加酸后即产生次氯酸盐，次氯酸盐不稳定，要及时分析。

【思考题】

1. 漂白粉的主要成分有哪些？其中“有效氯”是指什么？说明间接碘量法测定有效氯的基本原理。

2. 用硫代硫酸钠标准溶液滴定之前，为什么要将溶液稀释？

实验 42　污水中苯酚含量的测定（溴酸钾法）

【实验目的】

掌握溴酸钾法测定苯酚含量的原理和方法。

【实验原理】

苯酚是煤焦油的主要成分之一，是许多高分子材料（酚醛树脂等）、合成染料、医药、农药等方面的主要原料。它广泛用于消毒、杀菌等。另一方面，苯酚的生产和应用对环境造成污染，因此，苯酚在实际应用中是经常要测定的项目之一。

苯酚在水中的溶解度较小，常加入 10% NaOH 使之与 NaOH 作用生成易溶于水的苯酚钠。溴酸钾常用于测定苯酚的含量。方法是利用溴酸钾与溴化钾在盐酸介质中反应，产生相当量的 Br_2，然后溴与苯酚发生取代反应，生成稳定的三溴苯酚，反应式如下：

$$C_6H_5OH + 3Br_2 \longrightarrow C_6H_2Br_3OH + 3Br^- + 3H^+$$

剩余的 Br_2 用过量的 KI 还原，析出的 I_2 用 $Na_2S_2O_3$ 标准溶液滴定。

测定苯酚的计算式为：

$$w(\text{苯酚})=\frac{\left[c(KBrO_3)V(KBrO_3)-\frac{1}{6}c(Na_2S_2O_3)V(Na_2S_2O_3)\right]\times 10^{-3}M(\text{苯酚})}{m\times\frac{25.00}{250.00}}$$

$Na_2S_2O_3$ 溶液的浓度是在与测定苯酚相同的条件下进行标定的，这样可以减小误差。此误差是由 Br_2 易挥发等因素引起的，故加入 $KBrO_3$-KBr 标准溶液在酸性介质中反应产生相当的游离 Br_2，过量 KI 与之作用，置换出 I_2，析出的 I_2 与 $S_2O_3^{2-}$ 作用。主要反应式为：

$$BrO_3^- + 5Br^- + 6H^+ \longrightarrow 3Br_2 + 3H_2O$$

$$Br_2 + 2KI \longrightarrow I_2 + 2KBr$$

$$I_2 + 2Na_2S_2O_3 \longrightarrow 2NaI + Na_2S_4O_6$$

溴代反应中产生的 Br_2 不能用 $S_2O_3^{2-}$ 直接滴定，而只能利用 $Na_2S_2O_3$ 与 I_2 定量作用。因为 Cl_2、Br_2、I_2 的氧化能力是不同的。Cl_2、Br_2 比 I_2 的氧化能力强得多，与 $S_2O_3^{2-}$ 作用是不定量的反应，氧化为 SO_4^{2-}，所以不能直接用 $S_2O_3^{2-}$ 滴定析出的 Br_2，而要加 KI 使之转化形成 I_2，再与 $Na_2S_2O_3$ 定量反应。

【仪器与试剂】

仪器：碘量瓶（250mL），酸式滴定管（50mL），称量瓶，移液管（25mL），量筒

(100mL、10mL)，洗瓶。

试剂：

0.0200mol·L^{-1} $KBrO_3$-KBr 标准溶液　准确称取 3.3400g $KBrO_3$（A.R.）（事先在120℃下烘干 1h）和 10g KBr 于小烧杯中，加入蒸馏水使之溶解后，定量转入 1000mL 容量瓶中，用水稀释至刻度，充分混匀。

0.05mol·L^{-1} $Na_2S_2O_3$ 标准溶液　称取 12.4g $Na_2S_2O_3 \cdot 5H_2O$ 于烧杯中，加入 300～500mL 新煮沸经冷却的蒸馏水，待冷却后，加入约 0.1g Na_2CO_3，然后用新煮沸冷却的蒸馏水稀释至 1000mL，储存于棕色试剂瓶中，在暗处放置 3～5 天标定。

0.5%淀粉水溶液，KI 溶液（10%），HCl 溶液（1+1）。

【实验步骤】

1. 苯酚含量的测定

用移液管移取 25.00mL 水样于 250mL 碘量瓶中，再准确加入 10.00mL $KBrO_3$-KBr（0.0200mol·L^{-1}）标准溶液，用量筒量取 10mL HCl（1+1）迅速倒入碘量瓶中，立即加盖。剧烈摇动 1min，暗处放置 5min，此时生成白色的三溴苯酚沉淀和棕褐色的 Br_2。把瓶塞略微打开，沿瓶壁加入 10mL 10% KI 溶液，盖紧摇匀，于暗处放置 5min。用少量水冲洗瓶壁及瓶塞，加纯水 25mL，立即用 $Na_2S_2O_3$ 标准溶液滴至浅黄色。加入 1mL 0.5%淀粉溶液，在剧烈摇动下继续滴定至蓝色消失即为终点。

2. 空白试验

用移液管吸取 10.00mL 0.0200mol·L^{-1} $KBrO_3$-KBr 标准溶液于 250mL 碘量瓶中，加纯水 10mL 及 10mL HCl（1+1）溶液。迅速盖上瓶塞，摇动 1min，静置 5min。以下操作同苯酚测定。根据测定结果计算苯酚的纯度。

【注意事项】

1. 操作中应尽量避免 Br_2、I_2 的挥发损失。
2. 当苯酚与溴反应生成三溴苯酚时还会生成溴化三溴苯酚：

$$C_6H_5OH + 4Br_2 \longrightarrow C_6H_2Br_3OBr\downarrow + 4HBr$$

但不影响分析结果。当在酸性溶液中加入 KI 后，溴化三溴苯酚即转化为三溴苯酚：

$$C_6H_2Br_3OBr + 2I^- + 2H^+ \longrightarrow C_6H_2Br_3OH\downarrow + HBr + I_2$$

故在加入 KI 后应静置 5min，以保证 $C_6H_2Br_3OBr$ 分解完全。

3. 淀粉溶液防腐试剂除 $ZnCl_2$ 外，还有硼酸、百里酸、甘油、甲酰胺等，均可使用。

【思考题】

1. 测定苯酚时，为何不能用 $Na_2S_2O_3$ 溶液直接滴定 Br_2？
2. 分析溴酸钾测定苯酚的主要误差来源有哪些？
3. 苯酚（又名石炭酸）试样应如何称取？
4. 本实验中做空白试验的目的是什么？由空白值怎样计算 $Na_2S_2O_3$ 标准溶液的浓度？
5. 溴酸钾法与碘量法配合使用测定苯酚的原理是什么？写出测定中的主要反应式。

实验43　自来水中可溶性氯化物含量的测定

【实验目的】

1. 了解和掌握沉淀滴定法测定物质含量的原理和方法。

2. 了解和掌握莫尔法的基本原理和方法。

【实验原理】

在近中性溶液中，以铬酸钾为指示剂，用 $AgNO_3$ 标准溶液直接滴定 Cl^-，其反应式为：

$$Ag^+ + Cl^- \longrightarrow AgCl(白色)\downarrow$$

$$2Ag^+ + CrO_4^{2-} \longrightarrow Ag_2CrO_4(砖红色)\downarrow$$

由于 AgCl 的溶解度（$8.72\times10^{-8}mol\cdot L^{-1}$）小于 Ag_2CrO_4 的溶解度（$3.94\times10^{-7}mol\cdot L^{-1}$），根据分步沉淀原理，在滴定过程中，首先析出 AgCl 沉淀，到达化学计量点后，稍过量的 Ag^+ 与 CrO_4^{2-} 生成砖红色 Ag_2CrO_4 沉淀，指示滴定终点。

滴定必须在中性或弱碱性溶液中进行，最适宜的 pH 值范围为 6.5～10.5，因为 CrO_4^{2-} 在溶液中存在下式平衡：

$$2H^+ + 2CrO_4^{2-} \rightleftharpoons 2HCrO_4^- \rightleftharpoons Cr_2O_7^{2-} + H_2O$$

在酸性溶液中平衡向右移动，CrO_4^{2-} 浓度降低，使 Ag_2CrO_4 沉淀过迟或不出现，从而影响分析结果。在碱性溶液中，滴定剂 $AgNO_3$ 发生下列反应：

$$Ag^+ + OH^- \longrightarrow AgOH$$

$$2AgOH \longrightarrow Ag_2O + H_2O$$

K_2CrO_4 的用量对滴定也有影响，如果 K_2CrO_4 浓度过高，终点提前到达，同时 K_2CrO_4 本身呈黄色，溶液颜色太深，影响终点的观察，如 K_2CrO_4 浓度过低，会使终点延迟。这两种情况都影响滴定的准确度。一般滴定时，K_2CrO_4 的浓度以 $5\times10^{-3}mol\cdot L^{-1}$ 为宜。

由于 AgCl 沉淀显著地吸附 Cl^-，导致 Ag_2CrO_4 沉淀过早出现，为此，在滴定时必须充分摇荡，使被吸附的 Cl^- 释放出来，以获得准确的终点。

【仪器与试剂】

仪器：25mL 棕色酸式滴定管 1 支、50mL 量筒 1 个、250mL 锥形瓶 3 个、250mL 容量瓶。

试剂：基准 NaCl（将基准 NaCl 置于坩埚中，在 500～600℃烧 30min，稍冷，移入干燥器中冷却）；$AgNO_3$ 溶液；K_2CrO_4 指示剂。

【实验步骤】

1. $AgNO_3$ 溶液的标定

准确称取0.15～0.20g基准NaCl于小烧杯中，用蒸馏水溶解后，定量转入250mL容量瓶中，用水稀释至刻度，摇匀。

准确移取10.00mL NaCl标准溶液于250mL锥形瓶中，加水20mL，加入K_2CrO_4指示剂2滴，在不断摇动下，用$AgNO_3$溶液滴定至生成砖红色沉淀，即为终点。记下消耗的$AgNO_3$溶液体积V_1，平行测定3次。

2. 水样的测定

用移液管移取25.00mL水样于250mL锥形瓶中，加K_2CrO_4指示剂2滴，用$AgNO_3$溶液滴定至生成砖红色沉淀，即为终点。记下消耗的$AgNO_3$溶液体积V_2，平行测定3次。

【实验数据处理】

$$c(AgNO_3)=\frac{1000m(NaCl)}{M(NaCl)V_1}$$

$$\rho(Cl^-)=\frac{c(AgNO_3)V_2\times 35.45}{25.00}$$

其中$\rho(Cl^-)$为自来水中氯化物含量（$mg\cdot L^{-1}$）。

【思考题】

1. 莫尔法测定Cl^-时，为什么溶液的pH值应控制为6.5～10.5？
2. 以K_2CrO_4作为指示剂时，其浓度太大或太小对测定有何影响？
3. 滴定过程中，为什么要充分摇动锥形瓶？

实验44　可溶性硫酸盐中硫的测定

【实验目的】

1. 理解晶形沉淀的生成原理和沉淀条件。
2. 练习沉淀的生成、过滤、洗涤和灼烧的操作技术。
3. 测定可溶性硫酸盐中硫的含量，并用换算因数计算测定结果。

【实验原理】

测定可溶性硫酸盐中硫含量所用的经典方法，都是用Ba^{2+}将SO_4^{2-}沉淀为$BaSO_4$，沉淀经过滤、洗涤和灼烧后，以$BaSO_4$形式称量，从而求得S或SO_4^{2-}含量。

$BaSO_4$的溶解度很小（$K_{sp}=1.1\times 10^{-10}$），100mL溶液在25℃时仅溶解0.25mg，利用同离子效应，在过量沉淀剂存在下，溶解度更小，一般可以忽略不计。用$BaSO_4$重量法测定SO_4^{2-}时，沉淀剂$BaCl_2$因灼烧时不宜挥发除去，因此只允许过量20%～30%。用$BaSO_4$重量法测定Ba^{2+}时，一般用稀H_2SO_4作为沉淀剂。由于H_2SO_4在高温下可挥发除去，故$BaSO_4$沉淀带下的H_2SO_4不至于引起误差，因而沉淀剂可过量50%～100%。$BaSO_4$性质非常稳定，干燥后的组成与分子式符合。若沉淀的条件控制不好，$BaSO_4$易生成细小的晶体，过滤时易穿过滤纸，引起沉淀的损失，因此进行沉淀时，必须注意创造和控制有利于形成较大晶体的条件，如在搅拌条件下将沉淀剂的稀溶液滴加入试样溶液、采用陈化步骤等。

为了防止生成 $BaCO_3$、$Ba_3(PO_4)_2$（或 $BaHPO_4$）及 $Ba(OH)_2$ 等沉淀，应在酸性溶液中进行沉淀，同时适当提高酸度，增加 $BaSO_4$ 的溶解度，以降低其相对过饱和度，有利于获得颗粒较大的纯净而易于过滤的沉淀，一般在 $0.05mol \cdot L^{-1}$ 左右 HCl 溶液中进行沉淀。溶液中不允许有酸不溶物和易被吸附的离子（如 Fe^{3+}、NO_3^- 等离子）存在，否则应预先予以分离或掩蔽。Pb^{2+}、Sr^{2+} 会干扰测定。

用 $BaSO_4$ 重量法测定 SO_4^{2-} 这一方法应用很广。磷肥、萃取磷酸、水泥以及有机物中硫含量等都可用此法分析。本实验可以用无水芒硝（Na_2SO_4）作为试样。

【仪器与试剂】

仪器：瓷坩埚、坩埚钳、定性滤纸（7～9cm）、慢速或中速定量滤纸、称量瓶、烧杯（400mL）、量筒（100mL、10mL）、长颈漏斗、洗瓶。

试剂：HCl 溶液（$2mol \cdot L^{-1}$），$BaCl_2$ 溶液（$100g \cdot L^{-1}$），$AgNO_3$ 溶液（$0.1mol \cdot L^{-1}$），HNO_3 溶液（$6mol \cdot L^{-1}$），无水 Na_2SO_4（试样）。

【实验步骤】

1. 称样及沉淀的制备

准确称取在 100～120℃ 干燥过的试样（无水 Na_2SO_4）0.2～0.3g，置于 400mL 烧杯中，用 25mL 水溶解[1]，加入 $2mol \cdot L^{-1}$ HCl 溶液 5mL，用水稀释至约 200mL，将溶液加热至沸[2]，在不断搅拌下逐滴加入 5～6mL $100g \cdot L^{-1}$ 热 $BaCl_2$ 溶液（预先稀释约 1 倍并加热）[3]，静置 1～2min 让沉淀沉降，然后在上层清液中加 1～2 滴 $BaCl_2$ 溶液，检查沉淀是否完全。此时若无沉淀或浑浊产生，表示沉淀已经完全，否则应再加 1～2mL $BaCl_2$ 稀溶液，直至沉淀完全。然后将溶液微沸 10min，在约 90℃ 保温陈化约 1h。

2. 过滤与洗涤

陈化后的沉淀和上清液冷却至室温，用定量滤纸倾析法过滤。用热蒸馏水洗涤沉淀至洗液无 Cl^- 为止[4]。

3. 空坩埚恒重

将两只洁净的瓷坩埚，放在 800℃±20℃ 马弗炉中灼烧至恒重。第一次灼烧 40min，第二次及以后每次灼烧 20min。

4. 沉淀的灼烧和恒重

将沉淀和滤纸移入已在 800～850℃ 灼烧至恒重的瓷坩埚中，烘干、灰化后，再在 800～850℃ 灼烧至恒重[5]。根据所得 $BaSO_4$ 质量，计算试样中含硫（或 SO_4^{2-}）质量分数。

【记录和计算】

按下表记录实验数据，根据 $BaSO_4$ 的质量计算试样中含硫（或 SO_4^{2-}）的质量分数。

项目 \ 平行测定次数		
(称量瓶＋试样)的质量(倒出试样前)/g (称量瓶＋试样)的质量(倒出试样后)/g 实际试样的质量/g		
(坩埚＋$BaSO_4$)的质量/g	(1) (2)	
坩埚质量/g	(1) (2)	
$BaSO_4$ 的质量 m/g		
$w(S)=\dfrac{m(BaSO_4)\times\dfrac{M(S)}{M(BaSO_4)}}{m}$		
$\overline{w}(S)$		
相对偏差		

【思考题】

1. 重量法所称试样质量应根据什么原则计算？
2. 加 $100g\cdot L^{-1}$ 的沉淀剂 $BaCl_2$ 溶液 5～6mL 的依据是怎样计算得到的？反之，如果用 H_2SO_4 沉淀 Ba^{2+}，H_2SO_4 用量应如何计算？
3. 为什么试液和沉淀剂都要预先稀释，而且试液要预先加热？
4. 沉淀完毕后，为什么要将沉淀与母液一起保温放置一段时间后才进行过滤？
5. 洗涤至无 Cl^- 的目的和检查 Cl^- 的方法如何？
6. 为什么要控制在一定酸度的盐酸介质中进行沉淀？
7. 用倾析法过滤有什么优点？
8. 什么叫恒重？怎样才能把灼烧后的沉淀称准？

【注解】

[1] 若有水不溶残渣，应该将它过滤除去，并用稀盐酸洗涤残渣数次，再用水洗至不含 Cl^- 为止。

[2] 试样中若含有 Fe^{3+} 等干扰，在加 $BaCl_2$ 之前，可加入 EDTA 溶液 5mL 加以掩蔽。

[3] 为了控制晶形沉淀的条件，除试液应稀释加热外，沉淀剂 $BaCl_2$ 溶液也可先加水适当稀释并加热。

[4] 检查洗液中有无 Cl^- 的方法：用小试管收集 1～2mL 滤液。加入 1 滴 $6mol\cdot L^{-1}$ 硝酸酸化，加入 2 滴 $0.1mol\cdot L^{-1}$ $AgNO_3$ 溶液，若无白色浑浊产生，示 Cl^- 已洗净。

[5] 坩埚放入电炉前，应用滤纸吸去其底部和周围的水，以免坩埚因骤热而炸裂。沉淀在灼烧时，若空气不充足，则 $BaSO_4$ 易被滤纸中的碳还原为 BaS，使结果偏低，此时可将沉淀用浓 H_2SO_4 润湿，仔细升温，使其重新转变为 $BaSO_4$。

实验 45　HCl 和 HAc 混合液的电位滴定

【实验目的】

了解除指示剂以外的确定终点方法；掌握电位滴定计的使用技术。

【实验原理】

强酸和弱酸混合液的滴定要比单一组分的酸碱滴定复杂，因此采用电位滴定法测定。在滴定过程中，随着滴定剂 NaOH 的不断加入，溶液的 pH 值不断在变化。因 HCl 是强酸，HCl 组分首先被滴定，达到第一化学计量点时，即出现第一个“突跃”，此时产物为 NaCl+HAc。继续用 NaOH 滴定，HAc 与 NaOH 溶液定量反应，达到化学计量点时，形成第二个“突跃”，滴定产物为 NaCl+NaAc。由加入的 NaOH 体积 V 和测得的 pH 值，绘制 pH-V 滴定曲线，由此曲线分别确定 HCl 和 HAc 的化学计量点，从而计算混合液中 HAc 和 HCl 组分的含量。

【试剂与仪器】

仪器：电位滴定计或酸度计，电磁搅拌器。

试剂：NaOH 溶液（$0.2mol \cdot L^{-1}$），邻苯二甲酸氢钾基准物，酚酞指示剂（0.2%），HAc（$0.02mol \cdot L^{-1}$）与 HCl（$0.02mol \cdot L^{-1}$）等体积混合试液。

标准缓冲溶液：$0.025mol \cdot L^{-1}$ KH_2PO_4 与 $0.025mol \cdot L^{-1}$ Na_2HPO_4 溶液等体积混合，pH 值为 6.864。

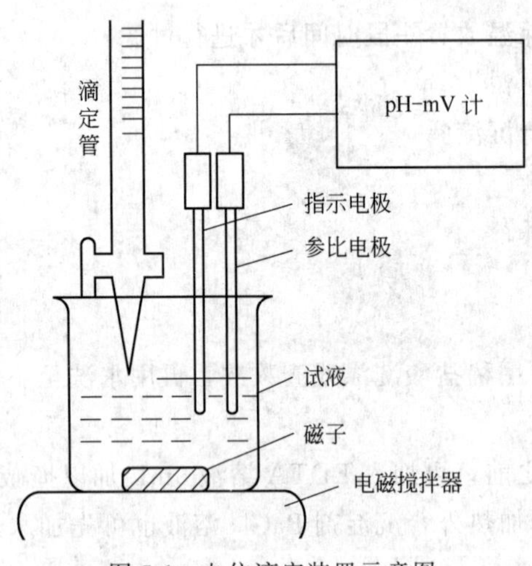

图 5-1　电位滴定装置示意图

【实验步骤】

1. $0.02mol \cdot L^{-1}$ NaOH 溶液的标定

在称量瓶中称量 $KHC_8H_4O_4$ 基准物质，采用差减法称量，平行称三份，每份 0.8～1.2g，分别倒入 250mL 锥形瓶中，加入 40～50mL 水溶解后，加入 2～3 滴 0.2% 酚酞指示剂，用 NaOH 溶液滴定至呈现微红色，保持半分钟不褪色，即为终点。平行测定三份，求得 NaOH 溶液的浓度。

2. 电位滴定装置（图 5-1）及使用方法

（1）接通电源，仪器预热 10～15min，仪器上各部分旋钮和开关恢复原位。

（2）调节零点，校正仪器指针指示 pH 满刻度处。

（3）定位。用标准缓冲溶液 pH=6.864 溶液定位。

（4）步骤(2)～(3) 操作反复 2～3 次，检查仪器正常后，再测液。吸取试液 25.00mL 于 100mL 或 150mL 小烧杯中，用 $0.02mol \cdot L^{-1}$ NaOH 溶液滴定，开始时每滴入 5.00mL

测定一次 pH 值，这样连续滴定两次。然后滴入滴定剂，每间隔 2mL 测定相应的 pH 值。临近第一突跃范围，滴入 NaOH 每隔 0.2mL 测定相应的 pH 值。

（5）加入 1～2 滴酚酞指示剂，继续用 NaOH 标准溶液滴定，加入滴定剂每隔 2mL 测量相应的 pH 值。滴定溶液呈现微红色，然后滴入少量的 NaOH，多测几次即可终止实验。

3. 作图和数据处理的方法

（1）绘制 pH-V 滴定曲线，以滴定剂 NaOH 的体积 V 为横坐标，pH 值为纵坐标作图。

（2）第一突跃部分应为 HCl 与 NaOH 按化学计量作用形成的区域，在 pH-V 滴定曲线上，用“三切线”法作图求 pH_{sp1}，计算 HCl 的量。

（3）第二突跃部分应为 HAc 与 NaOH 按化学计量作用形成的区域，在 pH-V 滴定曲线上，用“三切线”法作图求 pH_{sp2}，计算 HAc 的量。

（4）“三切线”法求化学计量点的 pH 值方法介绍如下。

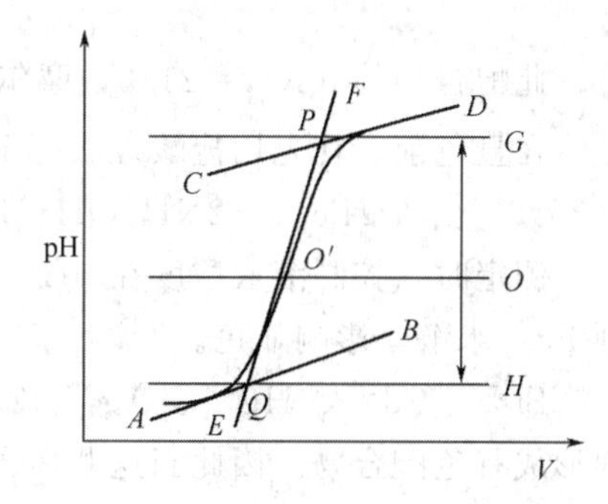

图 5-2　三切线法作图

以 V_{NaOH} 为横坐标，对应的 pH 值为纵坐标，绘制 pH-V 滴定曲线（图 5-2）。在滴定曲线两端平坦转折处作 AB、CD 两条切线，在曲线“突跃部分”作 EF 切线与 AB 及 CD 两线相交于 P、Q 两点，通过 P、Q 两点作 PG、QH 两条线平行横坐标，然后在此两条线之间作垂直直线，在垂线之半 O 点处，作 OO' 线平行于横坐标。此 O' 点称为拐点，即为化学计量点。由 O' 点分别得到化学计量点的 pH 值和滴定剂 NaOH 的体积（mL）。

【思考题】

1. 用标准缓冲溶液定位的作用是什么？
2. 滴定过程中的 pH 计算值与实验所测得值是否应该相等？
3. 你是否有其他方法来确定化学计量点的 pH 值？

实验 46　邻二氮杂菲分光光度法测定铁

【实验目的】

1. 了解分光光度法测定物质含量的一般条件及其测定方法。
2. 掌握邻二氮杂菲分光光度法测定铁的方法。
3. 了解 722 型分光光度计的构造和使用方法。

【实验原理】

1. 分光光度法测定的条件：分光光度法测定物质含量时应注意的条件主要是显色反应的条件和测量吸光度的条件。显色反应的条件有显色剂用量、介质的酸度、显色时溶液的温度、显色时间及干扰物质的消除方法等；测量吸光度的条件包括应选择的入射光波长、吸光度范围和参比溶液等。

2. 邻二氮杂菲-亚铁配合物：邻二氮杂菲是测定微量铁的一种较好试剂。在 pH＝2～9 的条件下 Fe^{2+} 与邻二氮杂菲生成极稳定的橘红色配合物，反应式如下：

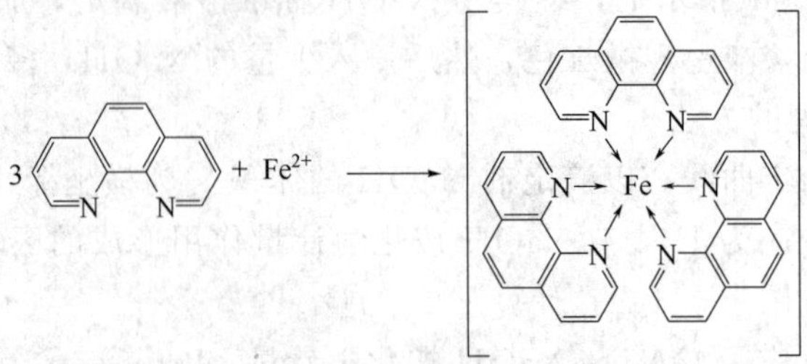

此配合物的 $\lg K_{稳}=21.3$，摩尔吸光系数 $\varepsilon_{510}=1.1\times10^4$。

在显色前，首先用盐酸羟胺把 Fe^{3+} 还原为 Fe^{2+}，其反应式如下：

$$2Fe^{3+}+2NH_2OH\cdot HCl\longrightarrow 2Fe^{2+}+N_2+2H_2O+4H^{+}+2Cl^{-}$$

测定时，控制溶液酸度在 pH 5 左右较为适宜。酸度高时，反应进行较慢；酸度太低，则 Fe^{2+} 水解，影响显色。

Bi^{3+}、Cd^{2+}、Hg^{2+}、Ag^{+}、Zn^{2+} 等与显色剂生成沉淀，Ca^{2+}、Cu^{2+}、Ni^{2+} 等与显色剂形成有色配合物。因此当这些离子共存时，应注意它们的干扰作用。

【仪器与试剂】

仪器：分光光度计，容量瓶（100mL、50mL），移液管（10mL、1mL、5mL），洗瓶。

试剂：

$200\mu g\cdot mL^{-1}$ 的铁标准溶液：准确称取 1.728g 分析纯 $NH_4Fe(SO_4)_2\cdot 12H_2O$，置于一烧杯中，以 30mL $2mol\cdot L^{-1}$ HCl 溶液溶解后移入 1000mL 容量瓶中，以水稀释至刻度，摇匀。

$20\mu g\cdot mL^{-1}$ 的铁标准溶液：由 $200\mu g\cdot mL^{-1}$ 的铁标准溶液在 100mL 容量瓶中稀释 10 倍。

盐酸羟胺固体及 5%、10% 溶液（因其不稳定，需临用时配制），邻二氮杂菲溶液（0.1%）（新配制），NaAc 溶液（$1mol\cdot L^{-1}$），NaOH（$0.4mol\cdot L^{-1}$）。

【实验步骤】

1. 条件试验

(1) 吸收曲线的测绘　准确移取 $20\mu g\cdot mL^{-1}$ 铁标准溶液 5mL 于 50mL 容量瓶中，加入 5% 盐酸羟胺溶液 1mL，摇匀，加入 $1mol\cdot L^{-1}$ NaAc 溶液 5mL 和 0.1% 邻二氮杂菲溶液 3mL，以水稀释至刻度，在 722 型分光光度计上，用 1cm 比色皿，以水为参比溶液，用不同的波长从 570nm 开始到 430nm 为止，每隔 10nm 或 20nm 测定一次吸光度（其中从 530nm 至 490nm，每隔 10nm 测一次）。然后以波长为横坐标，吸光度为纵坐标绘制出吸收曲线，从吸收曲线上确定该测定的适宜波长。

(2) 邻二氮杂菲-亚铁配合物的稳定性　用上面溶液继续进行测定，其方法是在最大吸收波长（510nm）处，每隔一定时间测定其吸光度，例如在加入显色剂后立即测一次吸光度，经 10min、20min、30min、40min 后，再各测一次吸光度，然后以时间（t）为横坐标，吸光度 A 为纵坐标绘制 A-t 曲线。此曲线表示了该配合物的稳定性。

(3) 显色剂浓度试验　取 50mL 容量瓶（或比色管）7 个，编号，用 5mL 移液管准确移取 $20\mu g\cdot mL^{-1}$ 铁标准溶液 5mL 于容量瓶中，加入 1mL 5% 盐酸羟胺溶液，经 2min 后，再加入

5mL 1mol·L^{-1} NaAc 溶液，然后分别加入 0.1%邻二氮杂菲溶液 0.3mL、0.6mL、1.0mL、1.5mL、2.0mL、3.0mL 和 4.0mL，用水稀释至刻度，摇匀。在分光光度计上，用适宜波长（例如 510nm)、1cm 比色皿，以水为参比，测定上述各溶液的吸光度。然后以加入的邻二氮杂菲试剂的体积为横坐标，吸光度为纵坐标，绘制曲线，从中找出显色剂的最适宜加入量。

（4）溶液酸度对配合物的影响　准确移取 200μg·mL^{-1}铁标准溶液 5mL 于 100mL 容量瓶中，加入 5mL 2mol·L^{-1} HCl 溶液和 10mL 10%盐酸羟胺溶液，经 2min 后加入 0.1%邻二氮杂菲溶液 30mL，以水稀释至刻度，摇匀，备用。取 50mL 容量瓶 7 个，编号，用移液管分别准确移取上述溶液 10mL 于各容量瓶中。在滴定管中装 0.4mol·L^{-1} NaOH 溶液，然后依次在容量瓶中加入 0.4mol·L^{-1} NaOH 溶液 0.0mL、2.0mL、3.0mL、4.0mL、6.0mL、8.0mL 及 10.0mL[1]，以水稀释至刻度，摇匀，使各溶液的 pH 值从≤2 开始逐步增加至 12 以上。测定各容量瓶中溶液的 pH，先用 pH 1～14 广泛 pH 试纸粗略确定其 pH，然后进一步用精密 pH 试纸确定其较准确的 pH。同时在分光光度计上用适宜的波长（例如 510nm)、1cm 比色皿、水为参比测定各溶液的吸光度 A。最后以 pH 值为横坐标，吸光度为纵坐标，绘制 A-pH 曲线。从曲线上找出适宜的 pH 范围。

根据上面条件试验的结果，拟出邻二氮杂菲分光光度法测定铁的分析步骤并讨论之。

2. 铁含量的测定

（1）标准曲线的测绘　取 50mL 容量瓶（或比色管）6 个，分别移取（务必准确量取，为什么?）20μg·mL^{-1}铁标准溶液 2.0mL、4.0mL、6.0mL、8.0mL 和 10.0mL 于 5 个容量瓶（或比色管）中，另一容量瓶中不加铁标准溶液（配制空白溶液，作为参比）。然后各加 1mL 5%盐酸羟胺，摇匀，经 2min 后，再各加 5mL 1mol·L^{-1} NaAc 溶液及 3mL 0.1%邻二氮杂菲，以水稀释至刻度，摇匀。在分光光度计上，用 1cm 比色皿，在最大吸收波长(510nm) 处，测定各溶液的吸光度。以铁含量为横坐标，吸光度为纵坐标，绘制标准曲线。

（2）未知液中铁含量的测定　吸取 5mL 未知液代替标准溶液，其他步骤均同上，测定吸光度。由未知液的吸光度在标准曲线上查出 5mL 未知液中的铁含量，然后以每毫升未知液中含铁多少微克表示结果。

注意：(1)、(2) 两项的溶液配制和吸光度测定宜同时进行。

【记录及分析结果】（供参考）

1. 记录

比色皿：________　仪器型号：________________

2. 用坐标纸或计算机绘制下列曲线：

（1）吸收曲线；（2）A-t 曲线；（3）A-c 曲线；（4）标准曲线。

3. 对各项测定结果进行分析并做出结论。例如从吸收曲线可得出：邻二氮杂菲-亚铁配合物在波长 510nm 处吸光度最大，因此测定铁时宜选用的波长为 510nm 等。

（1）吸收曲线的测绘（图 5-3)：

波长 λ/nm	吸光度 A
570	
550	
530	
520	

续表

波长 λ/nm	吸光度 A
510	
500	
490	
470	
450	
430	

(2) 邻二氮杂菲-亚铁配合物的稳定性：

放置时间 t/min	0	10	20	30	40
吸光度 A					

(3) 显色剂用量的测定：

容量瓶(或比色管)号	显色剂量/mL	吸光度 A
1	0.3	
2	0.6	
3	1.0	
4	1.5	
5	2.0	
6	3.0	
7	4.0	

(4) 标准曲线的测绘（图 5-4）与铁含量的测定：

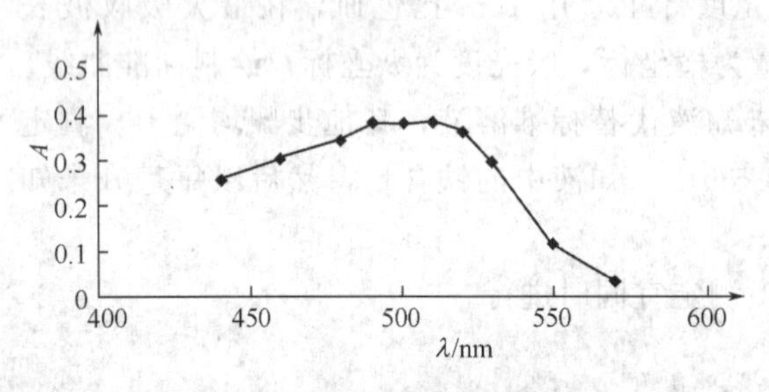

图 5-3 吸收曲线的测绘

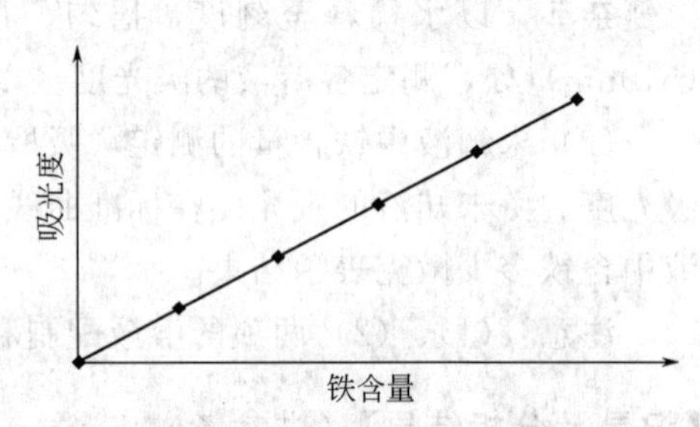

图 5-4 标准曲线的绘制

试液编号	标准溶液的量/mL	总含铁量/μg	吸光度 A
1	0	0	
2	2.0	40	
3	4.0	80	
4	6.0	120	
5	8.0	160	
6	10.0	200	
未知液（记下号数）			

绘图步骤：① 将表格中的数据输入 Excel 表中，横坐标的数据输入一列，纵坐标的数据输入一列。

② 将所有数据选中，然后选择格式中“插入”中的“图表”，选中“散点图”，“子图标类型”点击“平滑线散点图”，再点击“下一步”，填写“图表标题”“X 轴”“Y 轴”，点击

"下一步"，点击"完成"。然后对网络线进行清除，整个图就做好了。

③ 对于标准曲线，还要求出它的回归曲线，即点击标准曲线，然后按右键，选趋势线格式，在显示公式和显示 R 平方值（直线相关系数）前点一下，勾上，再点确定。

【思考题】

1. 邻二氮杂菲分光光度法测定铁的适宜条件是什么？

2. Fe^{3+} 标准溶液在显色前加盐酸羟胺的目的是什么？如测定一般铁盐的总铁量，是否需要加盐酸羟胺？

3. 如用配制已久的盐酸羟胺溶液，对分析结果将带来什么影响？

4. 怎样选择本实验中各种测定的参比溶液？

5. 在本实验的各项测定中，加入某种试剂的体积要比较准确，而某种试剂的加入量则不必准确量度，为什么？

6. 溶液的酸度对邻二氮杂菲亚铁的吸光度影响如何？为什么？

7. 根据自己的实验数据，计算在最适宜波长下邻二氮杂菲亚铁配合物的摩尔吸光系数。

【注解】

[1] 如果按本操作步骤准确加入铁标准溶液及盐酸，则此处加入的 $0.4mol \cdot L^{-1}$ NaOH 的量能使溶液的 pH 达到要求；否则会略有出入，因此实验时，最好先加几毫升 NaOH（3mL、6mL），以 pH 试纸确定该溶液的 pH 值，然后据此确定其他几个容量瓶应加 NaOH 溶液的量。

实验 47 混合液中 $KMnO_4$ 和 $K_2Cr_2O_7$ 浓度的测定（双组分分光光度法）

【实验目的】

1. 了解吸光度的加和性，掌握用分光光度法测定混合组分的原理及方法。

2. 进一步熟悉 722 型分光光度计的构造和使用方法。

【实验原理】

试液中含有数种吸光物质时，在一定条件下可以用分光光度法同时测定而不需分离，例如，在本实验的硫酸介质中 $KMnO_4$ 和 $K_2Cr_2O_7$ 的吸收曲线相互重叠，如图 5-5 所示。

可以根据吸光度的加和性原理在 $Cr_2O_7^{2-}$ 和 MnO_4^- 的最大吸收波长 440nm 和 530nm 处测出相应的吸光度。然后用解联立方程式的方法，求出试液中 $KMnO_4$ 和 $K_2Cr_2O_7$ 的含量。

$$\begin{cases} A_{440}^{总} = A_{440}^{K_2Cr_2O_7} + A_{440}^{KMnO_4} & (1) \\ A_{530}^{总} = A_{530}^{K_2Cr_2O_7} + A_{530}^{KMnO_4} & (2) \end{cases}$$

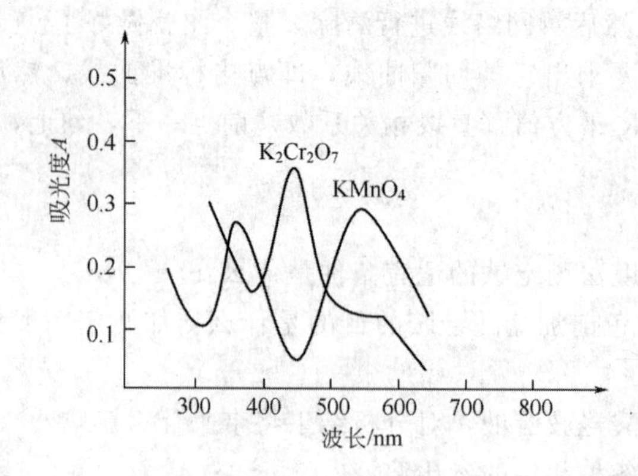

图 5-5 在硫酸介质中 $KMnO_4$ 和 $K_2Cr_2O_7$ 的吸收曲线

$$\begin{cases} A_{440}^{总}=\varepsilon_{440}^{K_2Cr_2O_7}c^{K_2Cr_2O_7}b+\varepsilon_{440}^{KMnO_4}c^{KMnO_4}b & (3) \\ A_{530}^{总}=\varepsilon_{530}^{K_2Cr_2O_7}c^{K_2Cr_2O_7}b+\varepsilon_{530}^{KMnO_4}c^{KMnO_4}b & (4) \end{cases}$$

【仪器与试剂】

仪器：722 型分光光度计一台，比色皿一套，50mL 容量瓶 8 个，5mL 刻度吸管 2 支，洗耳球 1 只，洗瓶 1 只，100mL 烧杯 2 只，400mL 烧杯 1 只（盛废液），滴管 1 支。

试剂：

$1mol\cdot L^{-1}$ H_2SO_4 标准溶液：于烧杯中放入 472mL 蒸馏水，缓慢加入 28mL 分析纯浓 H_2SO_4，并加以搅拌，冷却后，倒入 500mL 试剂瓶中。

$0.003mol\cdot L^{-1}$ $KMnO_4$ 标准溶液：称取 4.74g $KMnO_4$ 溶于水中，稀释至 1000mL，配制成近似于 $0.03mol\cdot L^{-1}$的溶液，用 $Na_2C_2O_4$ 标定其浓度，然后吸取定量的该浓度溶液，加水稀释 10 倍，即得 $0.003mol\cdot L^{-1}$ $KMnO_4$ 溶液。

$0.015mol\cdot L^{-1}$ $K_2Cr_2O_7$ 标准溶液：准确称取 2.206g 分析纯并经烘干的 $K_2Cr_2O_7$，用 $1mol\cdot L^{-1}$ H_2SO_4 溶液溶解后，稀释至 500mL。

【实验步骤】

1. $\varepsilon_{440}^{KMnO_4}$、$\varepsilon_{530}^{KMnO_4}$ 的测定

分别吸取 1mL、3mL、5mL $0.003mol\cdot L^{-1}$ $KMnO_4$ 标准溶液于三个 50mL 容量瓶中，加入 $1mol\cdot L^{-1}$ H_2SO_4 1mL，用水稀释至刻度，摇匀，用 1cm 比色皿，以试剂空白为参比，测定各浓度的 $KMnO_4$ 溶液于 440nm 和 530nm 处的吸光度，按式 $\varepsilon=A/(bc)=A/c$（$b=1cm$）分别计算不同浓度 $KMnO_4$ 溶液在 440nm 和 530nm 处的摩尔吸光系数，取平均值。

2. $\varepsilon_{440}^{K_2Cr_2O_7}$、$\varepsilon_{530}^{K_2Cr_2O_7}$ 的测定

用 $0.015mol\cdot L^{-1}$ $K_2Cr_2O_7$ 标准溶液代替 $KMnO_4$ 溶液，用上述方法测定各浓度 $K_2Cr_2O_7$ 溶液于 440nm 和 530nm 处的吸光度，计算其在此两波长处的摩尔吸光系数。

3. 混合溶液中 $KMnO_4$ 和 $K_2Cr_2O_7$ 浓度的测定

在 50mL 容量瓶中加入混合溶液 5mL，再加入 $1mol \cdot L^{-1}$ H_2SO_4 10mL，用水稀释至刻度，摇匀，并以试剂空白为参比，用 1cm 比色皿分别测出在 440nm 和 530nm 处的吸光度。重复测定一次，取平均值，然后列出二元联立方程，即可求出混合溶液中 $KMnO_4$ 和 $K_2Cr_2O_7$ 的浓度。

【实验数据处理】

混合组分浓度的计算：将 $\varepsilon_{\lambda} = A_{\lambda}/c$ 和 $b = 1cm$ 代入式（3）和式（4），得

$$c^{K_2Cr_2O_7} = \frac{A_{440}^{总}\varepsilon_{530}^{KMnO_4} - A_{530}^{总}\varepsilon_{440}^{KMnO_4}}{\varepsilon_{440}^{K_2Cr_2O_7}\varepsilon_{530}^{KMnO_4} - \varepsilon_{530}^{K_2Cr_2O_7}\varepsilon_{440}^{KMnO_4}}$$

$$c^{KMnO_4} = \frac{A_{440}^{总} - \varepsilon_{440}^{K_2Cr_2O_4} c^{K_2Cr_2O_7}}{\varepsilon_{440}^{KMnO_4}}$$

式中，ε 为摩尔吸光系数，可分别用已知浓度的 MnO_4^- 和 $Cr_2O_7^{2-}$ 在波长 440nm 和 530nm 处的标准曲线求得（标准曲线的斜率即为 ε）。

【实验数据记录】

溶液	$KMnO_4$			$K_2Cr_2O_7$			未知
溶液体积/mL	1.00	3.00	5.00	1.00	3.00	5.00	5.00
溶液浓度							
A_{440}							
ε_{440}							
$\bar{\varepsilon}_{440}$							
A_{530}							
ε_{530}							
$\bar{\varepsilon}_{530}$							

【注意事项】

采用加和法测定试样在不同波长 λ（nm）处的 ε 时，只能应用于待测组分为有色物质或加入显色试剂次序无关的显色反应，若显色反应与加入试剂的次序有关，则应使用标准系列法。

【思考题】

1. 双组分分光光度分析的依据是什么？
2. 本实验中配制溶液时为何需加入 $1mol \cdot L^{-1}$ H_2SO_4？
3. 如何测定不同波长处溶液的摩尔吸光系数？
4. 如何进行双组分分光光度分析？

实验 48 分光光度法测定铬和钴的混合物

【实验目的】

学习用分光光度法测定有色混合物组分的原理和方法。

【实验原理】

当混合物两组分 M 和 N 的吸收光谱互不重叠时，只要分别在波长 λ_1 和 λ_2 处测定试样溶液中的 M 和 N 的吸光度，就可以得到其相应的含量。若 M 和 N 的吸收光谱互相重叠，只要服从吸收定律则可根据吸光度的加和性在 M 和 N 最大吸收波长 λ_1 和 λ_2 处测量总吸光度 $A_{\lambda_1}^{M+N}$、$A_{\lambda_2}^{M+N}$，用联立方程可求出 M 和 N 组分的含量（参见实验 47 实验原理部分）。

本实验测 Cr 和 Co 的混合物。先配制 Cr 和 Co 的系列标准溶液，然后分别在 λ_1 和 λ_2 测量 Cr 和 Co 系列标准溶液的吸光度，并绘制工作曲线，所得四条工作曲线的斜率即为 Cr 和 Co 在 λ_1 和 λ_2 处的摩尔吸光系数，代入联立方程式即可求出 Cr 和 Co 的浓度。

【仪器与试剂】

仪器：可见分光光度计（或紫外-可见分光光度计）一台、50mL 容量瓶 9 只、10mL 吸量管 2 支。

试剂：$CoCl_2$ 溶液（0.700mol·L^{-1}）、$CrCl_3$ 溶液（0.200mol·L^{-1}）。

【实验步骤】

1. 准备工作

① 清洗容量瓶、吸量管及需用的玻璃器皿。

② 配制 0.700mol·L^{-1} $CoCl_2$ 溶液和 0.200mol·L^{-1} $CrCl_3$ 溶液。

③ 按仪器使用说明书检查仪器。开机预热 20min，并调试至工作状态。

④ 检查仪器波长的正确性和吸收池的配套性。

2. 系列标准溶液的配制

取 5 只洁净的 50mL 容量瓶，分别加入 2.00mL、4.00mL、6.00mL、8.00mL、10.00mL 0.700mol·L^{-1} $CoCl_2$ 溶液，另取 5 只洁净的 50mL 容量瓶，分别加入 2.00mL、4.00mL、6.00mL、8.00mL、10.00mL 0.200mol·L^{-1} $CrCl_3$ 溶液，分别用蒸馏水将容量瓶中的溶液稀释至标线，摇匀。

3. 测绘 $CoCl_2$ 和 $CrCl_3$ 溶液的吸收光谱曲线

取步骤 2 配制的 $CoCl_2$ 和 $CrCl_3$ 系列标准溶液各一份，以蒸馏水为参比，在 420～700m，每隔 20nm 测一次吸光度（在峰值附近间隔小些），分别绘制 $CoCl_2$ 和 $CrCl_3$ 的吸收曲线，确定 λ_1 和 λ_2。

4. 工作曲线的绘制

以蒸馏水为参比，在 λ_1 和 λ_2 处分别测定步骤 2 配制的 $CoCl_2$ 和 $CrCl_3$ 系列标准溶液的吸收，并记录各溶液不同波长下的相应吸光度。

5. 未知试液的测定

取一只洁净的50mL容量瓶，加入5.00mL未知试液，用蒸馏水稀至标线，摇匀。在波长λ_1和λ_2处测量试液的吸光度。

6. 结束工作

测量完毕，关闭仪器电源，取出吸收池，清洗晾干后入盒保存，清理工作台，罩上仪器防尘罩，填写仪器使用记录。清洗容量瓶及其他所用的玻璃器皿，并放回原处。

【注意事项】

作吸收曲线时，每改变一次波长，都必须重调参比溶液$T=100\%$，$A=0$。

【思考题】

1. 同时测定两组分混合液时，应如何选择入射光波长？
2. 如何测定三组分混合液的含量？

第6章 综合性设计性实验

实验49 三草酸合铁(Ⅲ)酸钾的合成及组成分析

【实验目的】

1. 了解配合物制备的一般方法。
2. 学习确定化合物组成的基本原理和方法。
3. 初步了解滴定分析的基本操作，进一步熟悉无机合成的实验技巧。

三草酸合铁（Ⅲ）酸钾的制备

【实验原理】

1. 合成

三草酸合铁(Ⅲ) 酸钾 $K_3[Fe(C_2O_4)_3]\cdot 3H_2O$ 为翠绿色单斜晶体，溶于水，难溶于乙醇。110℃下失去结晶水而成为 $K_3[Fe(C_2O_4)_3]$，230℃分解。该配合物对光敏感，光照下发生分解：

$$2K_3[Fe(C_2O_4)_3] \longrightarrow 3K_2C_2O_4 + 2FeC_2O_4\downarrow(\text{黄色}) + 2CO_2$$

三草酸合铁(Ⅲ)酸钾是制备负载活性铁催化剂的主要原料，也是一些有机反应很好的催化剂，在工业上具有广泛的应用。合成三草酸合铁(Ⅲ)酸钾的工艺路线有很多种。例如以铁为原料制得硫酸亚铁铵，加草酸制得草酸亚铁后，经氧化制得三草酸合铁(Ⅲ)酸钾；也可以三氯化铁或硫酸铁与草酸钾直接合成三草酸合铁(Ⅲ)酸钾。

本实验以合成的硫酸亚铁铵为原料，与草酸钾反应制得草酸亚铁，经氧化、结晶制得三草酸合铁(Ⅲ)酸钾。其反应方程式如下：

$$(NH_4)_2Fe(SO_4)_2\cdot 6H_2O + H_2C_2O_4 \longrightarrow FeC_2O_4\cdot 2H_2O\downarrow + (NH_4)_2SO_4 + H_2SO_4 + 4H_2O$$

$$2FeC_2O_4\cdot 2H_2O + H_2O_2 + 3K_2C_2O_4 + H_2C_2O_4 \longrightarrow 2K_3[Fe(C_2O_4)_3]\cdot 3H_2O$$

加入乙醇后，三草酸合铁(Ⅲ)酸钾晶体从溶液中析出。

2. 产品的定性分析

配离子的组成可以通过化学分析确定。Fe^{3+} 与 KSCN 反应生成血红色的配合物 $[Fe(CNS)_n]^{3-n}$，$C_2O_4^{2-}$ 与 Ca^{2+} 生成白色沉淀 CaC_2O_4，可以判断 Fe^{3+} 和 $C_2O_4^{2-}$ 处于配合物的内界还是外界。

3. 产品的定量分析

产品中的 $C_2O_4^{2-}$ 和 Fe^{3+} 含量可直接用 $KMnO_4$ 标准溶液在酸性介质中滴定测得，并可以确定 Fe^{3+} 和 $C_2O_4^{2-}$ 的配位比。

在酸性介质中，用 $KMnO_4$ 标准溶液滴定试液中的 $C_2O_4^{2-}$，根据 $KMnO_4$ 标准溶液的消耗量可直接计算出 $C_2O_4^{2-}$ 的质量分数 $w(C_2O_4^{2-})$，其反应方程式如下：

$$5C_2O_4^{2-}+2MnO_4^{-}+16H^{+} \longrightarrow 2Mn^{2+}+10CO_2\uparrow+8H_2O$$

在上述测定草酸根后剩余的溶液中，用锌粉将 Fe^{3+} 还原为 Fe^{2+}，再用 $KMnO_4$ 标准溶液滴定 Fe^{2+}，根据 $KMnO_4$ 标准溶液所消耗的体积，可计算出 Fe^{3+} 的质量分数 $w(Fe^{3+})$，其反应方程式为：

$$Zn+2Fe^{3+} \longrightarrow 2Fe^{2+}+Zn^{2+}$$

$$5Fe^{2+}+MnO_4^{-}+8H^{+} \longrightarrow 5Fe^{3+}+Mn^{2+}+4H_2O$$

根据下式可计算出 Fe^{3+} 和 $C_2O_4^{2-}$ 的配位比：

$$\frac{n(Fe^{3+})}{n(C_2O_4^{2-})}=\frac{w(Fe^{3+})/55.8}{w(C_2O_4^{2-})/88.0}$$

将产品加热到 100℃脱去结晶水，通过质量的变化可以确定结晶水的含量。

【仪器与试剂】

仪器：分析天平，台秤，烧杯（100mL、250mL），量筒（10mL、100mL），长颈漏斗，布氏漏斗，吸滤瓶，循环水式真空泵，表面皿，称量瓶，烘箱，锥形瓶（250mL），酸式滴定管，研钵，干燥器，试管，电炉，石棉网，水浴锅。

试剂：$(NH_4)_2Fe(SO_4)_2\cdot6H_2O$（自制），$K_2C_2O_4$ 固体，H_2SO_4（$3mol\cdot L^{-1}$），3% H_2O_2 溶液，$H_2C_2O_4$ 溶液（$1mol\cdot L^{-1}$，自制：在台秤上称取 6.3g $H_2C_2O_4$ 晶体，溶于 50mL 蒸馏水中，微热溶解即可），KSCN 溶液（$0.1mol\cdot L^{-1}$），$FeCl_3$ 溶液（$0.1mol\cdot L^{-1}$），$CaCl_2$ 溶液（$0.5mol\cdot L^{-1}$），Zn 粉，$KMnO_4$ 标准溶液（$0.02mol\cdot L^{-1}$），乙醇（95%）。

【实验步骤】

1. $K_3[Fe(C_2O_4)_3]\cdot3H_2O$ 的合成

（1）溶解　在台秤上称取 5.0g 自制的 $(NH_4)_2Fe(SO_4)_2\cdot6H_2O$ 晶体，放入 100mL 烧杯中，加入 0.5mL $3mol\cdot L^{-1}$ H_2SO_4 和 15mL H_2O，加热使其溶解。

（2）沉淀　在上述溶液中加入 25mL $1mol\cdot L^{-1}$ $H_2C_2O_4$ 溶液，加热搅拌至沸腾，并保持微沸 3～5min。静置，得到黄色 $FeC_2O_4\cdot2H_2O$ 沉淀。倾析法除去上层溶液，用 25mL 蒸馏水洗涤，除去沉淀中的可溶性杂质。

（3）氧化　在上述沉淀中加入 3.5g $K_2C_2O_4$ 固体和 10mL 蒸馏水，水浴加热至约 40℃，边滴加边搅拌慢慢加入 20mL 3% H_2O_2 溶液，并维持温度在 40℃左右，使 Fe^{2+} 充分氧化为 Fe^{3+}（此时黄色 $FeC_2O_4\cdot2H_2O$ 沉淀完全消失，会有氢氧化铁沉淀产生）。滴加完毕，加热溶液至沸腾，以除去过量 H_2O_2。

（4）配合物的生成　保持近沸状态，在不断搅拌下先加入 5mL $1mol\cdot L^{-1}$ $H_2C_2O_4$ 溶液，然后再趁热滴加 $1mol\cdot L^{-1}$ $H_2C_2O_4$ 溶液至体系呈现翠绿色为止（需 3mL 左右），此时溶液的 pH 值在 4～5。稍冷，加入 10mL 95%乙醇，在暗处放置，冷却、结晶。减压过滤，尽量抽干，称量，计算产率。产品放在干燥器内避光保存。

2. 产品的定性分析

(1) Fe^{3+}的鉴定　在试管中加入少量产品，用蒸馏水溶解。另取一支试管加入少量 $0.1mol \cdot L^{-1}$ $FeCl_3$ 溶液。各加入 2 滴 $0.1mol \cdot L^{-1}$ KSCN 溶液，观察现象。在装有产品溶液的试管中加入 2 滴 $3mol \cdot L^{-1}$ H_2SO_4，再观察溶液颜色有何变化，解释实验现象。

(2) $C_2O_4^{2-}$ 的鉴定　在试管中加入少量产品，用蒸馏水溶解。另取一支试管加入少量 $K_2C_2O_4$ 固体，用蒸馏水溶解。各加入 2 滴 $0.5mol \cdot L^{-1}$ $CaCl_2$ 溶液，观察实验现象有何不同。

3. 产品的定量分析

(1) 结晶水质量分数的测定　取两个洁净的称量瓶，在 110℃烘箱中干燥 1h，置于干燥器中冷却至室温，在分析天平上准确称量。然后将称量瓶放到 110℃烘箱中干燥 0.5h，再在干燥器中冷却至室温，准确称量。重复上述干燥、冷却、称量操作，直至恒重。

在已恒重的两个称量瓶中，各准确称取 0.5～0.6g 产品。在 110℃烘箱中干燥 1h，置于干燥器中冷却至室温，准确称量。重复上述干燥、冷却、称量操作，直至质量恒重。根据称量结果，计算结晶水的质量分数。

(2) $C_2O_4^{2-}$ 质量分数的测定　准确称取两份 0.18～0.22g 110℃干燥恒重后的产品，分别放入锥形瓶中，加入 30mL 蒸馏水和 10mL $3mol \cdot L^{-1}$ H_2SO_4，加热 75～85℃（即液面冒蒸汽时的温度），趁热立即用 $0.02mol \cdot L^{-1}$ $KMnO_4$ 标准溶液滴定至粉红色为终点。根据消耗的 $KMnO_4$ 标准溶液的体积，计算产品中 $C_2O_4^{2-}$ 的质量分数。

(3) Fe^{3+}质量分数的测定　在上述保留的溶液中加入锌粉，加热近沸，直到黄色消失，说明 Fe^{3+} 全部被还原为 Fe^{2+}。趁热过滤除去多余的锌粉，滤液收集到锥形瓶中，再用 5mL 蒸馏水洗涤漏斗，滤液一并收集到锥形瓶中，使 Fe^{2+} 定量转移到滤液中。用 $0.02mol \cdot L^{-1}$ $KMnO_4$ 标准溶液滴定至粉红色为终点。根据消耗的 $KMnO_4$ 标准溶液的体积，计算产品中 Fe^{3+} 的质量分数。

根据实验结果，推算配合物的化学式。

【注意事项】

1. 氧化 $FeC_2O_4 \cdot 2H_2O$ 时，氧化温度控制在 40℃，不能太高，以免 H_2O_2 分解，同时需不断搅拌，使 Fe^{2+} 充分氧化。

2. 配位过程中，$H_2C_2O_4$ 溶液应逐滴加入，并保持接近沸腾状态，这样使过量草酸分解。

3. $KMnO_4$ 滴定 $C_2O_4^{2-}$ 时，加热温度控制在 75～85℃，不能太高，否则 $H_2C_2O_4$ 会分解。若温度降低，可加热后再滴定，在滴定终点时，溶液的温度应不低于 60℃。

实验 50　$[Co(NH_3)_6]Cl_3$ 和 $[CoCl(NH_3)_5]Cl_2$ 的制备及电导测定

【实验目的】

1. 学习氨与钴(Ⅲ)不同类型配合物的合成方法。

2. 了解电导法测量的基本原理及通过电导法测定配合物类型的方法。

【实验原理】

将Co(Ⅱ)盐在氨及氯化铵环境中，以活性炭为催化剂，用过氧化氢氧化，可得$[Co(NH_3)_6]Cl_3$：

$$2CoCl_2+2NH_4Cl+10NH_3+H_2O_2 \longrightarrow 2[Co(NH_3)_6]Cl_3+2H_2O$$

三氯化六氨合钴(Ⅲ)是橙黄色晶体。

$CoCl_2$与氨在氯化铵环境中作用，可生成黄红色的$[Co(NH_3)_6]Cl_2$晶体。将$[Co(NH_3)_6]Cl_2$晶体用过氧化氢氧化，得到深红色的$[Co(NH_3)_5H_2O]Cl_3$晶体，再经浓盐酸处理，即可得到紫红色的$[CoCl(NH_3)_5]Cl_2$晶体：

$$2CoCl_2+2NH_4Cl+8NH_3+H_2O_2 \longrightarrow 2[Co(NH_3)_5H_2O]Cl_3$$

$$[Co(NH_3)_5H_2O]Cl_3 \xrightarrow{HCl} [CoCl(NH_3)_5]Cl_2+H_2O$$

常利用摩尔电导（Λ_m，单位为$S\cdot m^2\cdot mol^{-1}$）来衡量电解质溶液的导电能力。若以c表示溶液的物质的量浓度，则1mol电解质溶液的体积为$10^{-3}m^3/c$，溶液的摩尔电导为：

$$\Lambda_m=\kappa\times10^{-3}/c$$

式中，κ表示溶液的电导率。在一定温度下，测得配合物稀溶液的电导率κ后，即可求得溶液的摩尔电导，然后将其与已知电解质溶液的摩尔电导加以比较，即可确定该配合物的电离类型。Λ_m的一般范围见表6-1。

表6-1 25℃时配合物的Λ_m的一般范围（$1.0\times10^{-4}S\cdot m^2\cdot mol^{-1}$）

溶剂 \ 离子类型	1∶1	1∶2	1∶3	1∶4
水	118～131	235～273	408～435	约560
乙醇	35～45	70～90	约120	约160
甲醇	80～115	160～220	290～350	约450
二甲基甲酰胺	65～90	130～170	200～240	约300
乙腈	120～160	220～300	340～420	约500
丙酮	100～140	160～200	约270	约360

【仪器与试剂】

仪器：烧杯，锥形瓶，离心试管，容量瓶，离心机。

试剂：氯化钴，氯化铵，活性炭，盐酸（$6mol\cdot L^{-1}$），浓盐酸，浓氨水，无水乙醇，丙酮，H_2O_2（30%）。

【实验步骤】

1. $[Co(NH_3)_6]Cl_3$的制备

称取0.6g NH_4Cl放入离心试管中，加入1mL蒸馏水使其溶解。加热近沸，分批加入0.9g研细的$CoCl_2\cdot6H_2O$，溶解后加入0.1g活性炭，冷却后加入2mL浓氨水，继续冷却至10℃以下。滴加1mL H_2O_2（30%），振荡，于50～60℃水浴中恒温反应20min，冷却后离心分离，弃去上层清液。用8mL沸水+0.3mL浓盐酸的盐酸溶液将离心试管中的沉淀溶解，趁热过滤。向滤液中加入1mL浓盐酸，冷却，析出橙黄色的 $[Co(NH_3)_6]Cl_3$ 晶体。过滤，将晶体用 $6mol \cdot L^{-1}$ 盐酸洗涤2次，减压抽干，100～110℃干燥1h，称重，计算产率。

2. $[CoCl(NH_3)_5]Cl_2$ 的制备

在离心试管中加入3.0mL浓氨水和0.5g固体氯化铵，搅拌使其溶解。在不断搅拌下分数次加入1.0g研细的 $CoCl_2 \cdot 6H_2O$，可得到黄红色的 $[Co(NH_3)_6]Cl_2$ 晶体。在不断搅拌下慢慢滴入1mL 30% H_2O_2 溶液，得到深红色的 $[Co(NH_3)_5H_2O]Cl_3$ 溶液。慢慢加入3mL浓盐酸，生成紫红色的 $[CoCl(NH_3)_5]Cl_2$。将此混合物在水浴上加热15min，冷却至室温，离心分离，用冰冷的蒸馏水洗涤晶体两次，每次2mL，然后再用冰冷的盐酸（$6mol \cdot L^{-1}$）洗涤2次、少量无水乙醇洗涤1次、少量丙酮洗涤1次，每次洗涤后都通过离心弃去清液。洗涤后的晶体于烘箱中100～110℃干燥1h，称重，计算产率。

3. 测定

分别将 $[Co(NH_3)_6]Cl_3$ 和 $[CoCl(NH_3)_5]Cl_2$ 在100mL容量瓶中配制成 $0.001mol \cdot L^{-1}$ 溶液，测量其电导率，计算出相应的摩尔电导 Λ_m，并根据摩尔电导值推断各配合物的离子类型。

实验51　茶叶中一些元素的分离和鉴定

茶叶中一些元素的分离和鉴定

【实验目的】

1. 学习从茶叶中分离和鉴定某些元素的方法。
2. 学习微型实验的基本操作。

【实验原理】

茶叶等植物是有机化合物，主要由C、H、O、N等元素组成，还含有P、I和某些金属元素，如Ca、Mg、Al、Fe、Cu、Zn等。

把茶叶加热灰化，除几种主要元素形成易挥发物质逸出外，其他元素仍留在灰烬中。可以根据它们性质的不同，对它们进行分离、鉴定。表6-2是四种金属离子氢氧化物沉淀完全时的pH值。

表6-2　四种金属离子氢氧化物沉淀完全时的pH值

化合物	$Ca(OH)_2$	$Mg(OH)_2$	$Al(OH)_3$	$Fe(OH)_3$
pH	>13	>11	5.2～9	2.8

【仪器与试剂】

仪器：研钵，蒸发皿，台秤，烧杯，离心管，离心机，酒精灯，石棉网，试管，长颈漏斗，漏斗架，水浴锅。

试剂：茶叶，HCl（$2mol \cdot L^{-1}$），浓氨水，0.1%铝试剂，$K_4[Fe(CN)_6]$（$0.25mol \cdot L^{-1}$），$(NH_4)_2C_2O_4$（$0.5mol \cdot L^{-1}$），镁试剂，钼酸铵试剂，浓硝酸，NaOH（40%、$2mol \cdot L^{-1}$）。

材料：滤纸、pH 试纸。

【实验步骤】

1. 茶叶中 Ca、Mg、Al、Fe 四种元素的分离和鉴定

（1）茶叶样品的处理　用台秤称取 4g 干燥的茶叶，放入蒸发皿中，在通风橱内用电炉加热灰化至灰白色，然后移入研钵中研细，取出少量茶叶灰以作磷的鉴定，其余倒入 50mL 烧杯中，加入 15mL $2mol \cdot L^{-1}$ HCl，搅拌加热，溶解，过滤，保留滤液。

（2）分离和鉴定各金属离子　搅拌下加入浓氨水，将（1）所得的滤液的 pH 值调至 7 左右，离心分离，上层清液转移至离心管留待后面的实验用。在沉淀中加过量的 $2mol \cdot L^{-1}$ NaOH 溶液，充分搅拌混合，然后离心分离。把沉淀和清液分开，在清液中加 2 滴铝试剂，再加 2 滴浓氨水，水浴中加热，有红色絮状沉淀产生，表示有 Al^{3+}。在所得的沉淀中加 $2mol \cdot L^{-1}$ HCl 使其溶解，然后滴加 2 滴 $0.25mol \cdot L^{-1}$ $K_4[Fe(CN)_6]$溶液，离心分离，如果离心管底部出现深蓝色沉淀，表示有 Fe^{3+}。

在上面所得的清液中加入 $0.5mol \cdot L^{-1}$ $(NH_4)_2C_2O_4$ 溶液至有白色沉淀产生，离心分离，清液转移至离心管，往沉淀中加 $2mol \cdot L^{-1}$ HCl，白色沉淀溶解，表示有 Ca^{2+}。在清液中加几滴 40% NaOH 溶液，再加 2 滴镁试剂，有天蓝色沉淀产生，表示有 Mg^{2+}。

2. P 元素的分离和鉴定

取茶叶灰放入 25mL 烧杯中，在通风橱内于烧杯中加入 5mL 浓硝酸，搅拌溶解，过滤得透明溶液，然后在滤液中加 1mL 钼酸铵试剂，在水浴中加热，有黄色沉淀产生，表示有 P 元素。

【思考题】

1. 写出实验中检验五种元素的有关化学反应方程式。
2. 茶叶中还有哪些元素？试设计实验方案加以鉴定。

实验 52　可溶性硫酸盐总量的离子交换法测定

【实验目的】

1. 学习离子交换分离法的原理及应用。
2. 测定可溶性硫酸盐总量。

【实验原理】

可溶性硫酸盐如 Na_2SO_4、$ZnSO_4$ 等为常用的化工原料，测定时采用重量分析法，但花费时间较多，操作步骤亦烦琐。如果原料中其他盐类的杂质很少，应用离子交换法测定较为

方便。

硫酸盐试液通过强酸型阳离子交换树脂，发生如下反应：

$$R—H+M^{+} = R—M+H^{+}$$

用蒸馏水充分洗涤后，存在于溶液中的硫酸盐经过交换变成了相当量的硫酸，存在于流出液中，可以用碱标准溶液按酸碱滴定法进行滴定。

【仪器与试剂】

仪器：离子交换柱，50mL 碱式滴定管，10mL 刻度吸管，洗耳球，洗瓶，100mL 量筒，250mL 烧杯，250mL 锥形瓶。

试剂：强酸性阳离子交换树脂，HCl（$3mol \cdot L^{-1}$），甲基红指示剂，酚酞指示剂，NaOH 标准溶液（$0.1mol \cdot L^{-1}$，已标定）。

【实验步骤】

称取强酸性阳离子交换树脂约 30g，先研磨过筛，使颗粒大小在 40～60 筛孔之间。用去离子水在烧杯内清洗，以除去可能存在的可溶性杂质。用去离子水至少浸 1h，最好浸泡过夜再用。

用玻棒搅动树脂，连同去离子水装入离子交换柱中，至树脂高度约为 15cm，并使交换柱内水面始终比树脂层高出 2cm。不能有空气泡混入，若有少许气泡，可用长玻棒赶出气泡。

量取 50～60mL $3mol \cdot L^{-1}$ HCl 通过交换柱，调节活塞使溶液流出的速度约为每分钟 2mL（即每秒约 1 滴），使钠型离子交换树脂转变为氢型离子交换树脂，再用水洗涤树脂，至流出液的 pH 值大于 5（用甲基红指示剂检查）。

准确吸取 10mL 未知试样溶液于一洗净的小烧杯中，顺玻棒小心转移至交换柱内，使溶液仍以每秒 1 滴的速度通过交换柱，收集溶液于锥形瓶内。再以蒸馏水充分洗涤盛 10mL 试样的小烧杯，洗涤液均小心转移至交换柱内。用蒸馏水充分洗涤树脂，流出液均收集于上述锥形瓶内，直至其 pH＞5。

在离子交换所得溶液中加入 2 滴酚酞指示剂，以 $0.1mol \cdot L^{-1}$ NaOH 标准溶液滴定至微红色即为终点。

再吸取试样溶液 10mL 测定一次。两次精密度应在 0.2%以内。

【实验数据处理】

记录实验数据，表格自拟。

$$\rho(Na_2SO_4)(g \cdot L^{-1}) = \frac{c(NaOH)\ V(NaOH)\ \frac{M(Na_2SO_4)}{2000}}{10.00 \times 10^{-3}}$$

【注意事项】

1. 离子交换树脂放入交换柱之前，必须先浸入水中使树脂颗粒膨胀。否则，树脂在柱内吸水膨胀，会堵塞孔隙，溶液流出困难。

2. 实验完毕后，离子交换树脂应交回实验室保存，以备再生后使用。

【思考题】

1. 本实验的原理是什么?

2. 离子交换分离的操作步骤有哪些?

3. 为什么必须使交换柱中水面始终比树脂层高出 2cm?

实验 53　葡萄糖酸锌的制备与分析

【实验目的】

1. 了解锌的生物学意义和葡萄糖酸锌的制备方法。

2. 熟练掌握蒸发、浓缩、过滤、重结晶、滴定等操作。

3. 了解葡萄糖酸锌中锌的测定方法。

【实验原理】

锌存在于众多的酶系中，如碳酸酐酶、呼吸酶等，为核酸、蛋白质、糖类的合成和维生素 A 的利用所必需。锌具有促进生长发育，改善味觉的作用。锌缺乏时出现味觉、嗅觉差，厌食，生长与智力发育低于正常水平。

葡萄糖酸锌为补锌药，具有见效快、吸收率高、副作用小等优点。主要用于儿童、老年及妊娠妇女因缺锌引起的生长发育迟缓、营养不良、厌食症、复发性口腔溃疡、皮肤痤疮等症。

葡萄糖酸锌由葡萄糖酸直接与锌的氧化物或盐反应制得。本实验采用葡萄糖酸钙与硫酸锌直接反应：

$$[CH_2OH(CHOH)_4COO]_2Ca + ZnSO_4 = [CH_2OH(CHOH)_4COO]_2Zn + CaSO_4\downarrow$$

过滤除去 $CaSO_4$ 沉淀，溶液经浓缩可得无色或白色葡萄糖酸锌结晶。葡萄糖酸锌无味，易溶于水，极难溶于乙醇。

葡萄糖酸锌在制作药物前，要经过多个项目的检测。本实验只是对产品质量进行初步分析，分别用 EDTA 配位滴定法和比浊法检测所制产物中锌和硫酸根的含量。

【仪器与试剂】

仪器：烧杯，蒸发皿，抽滤瓶，循环水泵，酸式滴定管（50mL），锥形瓶（250mL），移液管，比色管（25mL），分析天平，容量瓶。

试剂：$ZnSO_4 \cdot 7H_2O$，葡萄糖酸钙，95%乙醇，25%氯化钡溶液，0.05%硫酸钾溶液，氨-氯化铵缓冲溶液（pH=10.0），铬黑 T 指示剂，EDTA，ZnO。

【实验步骤】

1. 葡萄糖酸锌的制备

量取 40mL 蒸馏水于烧杯中，加热至 80～90℃，加入 6.7g $ZnSO_4 \cdot 7H_2O$ 使完全溶解，将烧杯放在 90℃的恒温水浴中，再逐渐加入葡萄糖酸钙 10g，并不断搅拌。在 90℃水浴上保温 20min 后趁热抽滤（滤渣为 $CaSO_4$，弃去），滤液移至蒸发皿中并在沸水浴上浓缩至黏稠状（体积约为 20mL，如浓缩液有沉淀，需过滤掉）。滤液冷至室温，加 95%乙醇 20mL 并不断搅拌，此时有大量的胶状葡萄糖酸锌析出。充分搅拌后，用倾析法去除乙醇溶液。再在沉淀上加 95%乙醇 20mL，充分搅拌后，沉淀慢慢转变成晶体状，抽滤至干，即得粗品（母液回收）。再将粗品加水 20mL，加热至溶解，趁热抽滤，滤液冷至室温，加 95%乙醇 20mL，充分搅拌，结晶析出后，抽滤至干，即得精品，在 50℃烘干，称重并计算产率。

2. 硫酸盐的检查

取产品 0.5g，加水溶解成约 20mL 溶液（如显碱性，可滴加盐酸使成中性）；溶液如不澄清，应过滤；置于 25mL 比色管中，加稀盐酸 2mL，摇匀，即得测试溶液。另取硫酸钾标准溶液 2.5mL，置 25mL 比色管中，加水至约 20mL，加稀盐酸 2mL，摇匀，即得对照溶液。在测试溶液与对照溶液中，分别加入 25%氯化钡溶液 2mL，并用水稀释至 25mL，充分摇匀，放置 10min，同置黑色背景上，从比色管上方向下观察，比较。

3. 锌含量的测定

准确称取产品约 0.25～0.3g，加水 100mL，微热使溶解，加氨-氯化铵缓冲液（pH＝10.0）5mL 与铬黑 T 指示剂少许，用 EDTA 标准溶液（$0.02mol \cdot L^{-1}$）滴定至溶液自紫红色转变为纯蓝色，平行测定三份，计算锌的含量［《中华人民共和国药典》（2020 年版）规定，葡萄糖酸锌的含量应在 97.0%～102.0%］。

【数据记录与处理】

1. 硫酸盐检查

（1）现象描述

（2）检查结论

2. 葡萄糖酸锌的含量测定

葡萄糖酸锌的含量测定记录表

测定次数	1	2	3
m(称量瓶＋葡萄糖酸锌)/g			
m(称量瓶＋剩余葡萄糖酸锌)/g			
m(葡萄糖酸锌)/g			
V(EDTA)/mL			
w(葡萄糖酸锌)/%			
$\bar{w}$(葡萄糖酸锌)/%			
$\bar{d}_r$/%			

【注意事项】

1. 葡萄糖酸钙与硫酸锌反应时间不可过短，以保证充分生成硫酸钙沉淀。

2. 抽滤除去硫酸钙后的滤液如果无色，可以不用脱色处理。如果脱色处理，一定要趁热过滤，防止产物过早冷却而析出。

3. 在硫酸根检查试验中，要注意比色管对照管和样品管的配对；两管的操作要平行进行，受光照的程度要一致，光线应从正面照入，置白色背景（黑色浑浊）或黑色背景（白色浑浊）上，自上而下地观察。

【思考题】

1. 如果选用葡萄糖酸为原料，以下四种含锌化合物应选择哪种制备葡萄糖酸锌？为什么？

A. ZnO　　B. $ZnCl_2$　　C. $ZnCO_3$　　D. $Zn(CH_3COO)_2$

2. 葡萄糖酸锌含量测定结果若不符合规定，可能由哪些原因引起？

实验 54　钴(Ⅲ)-亚氨基二乙酸配合物的制备及其几何异构体的分离与鉴定

【实验目的】

1. 掌握双(亚氨基二乙酸根)合钴(Ⅲ)酸钾的两种几何异构体的合成方法。
2. 学习运用离子交换法分离配合物的几何异构体。
3. 掌握可见-紫外光谱表征配合物的方法。

【实验原理】

钴（Ⅲ）和亚氨基二乙酸形成 $[Co(OOCCH_2HNCH_2COO)_2]^-$（以下用 IDA 代表亚氨基二乙酸根）八面体配合物，$[Co(IDA)_2]^-$ 有三种可能的几何异构体。由于张力的关系，构型Ⅲ处于较高的能量态而不稳定，NMR 已证实合成时所得到的反式异构体是面角式的。

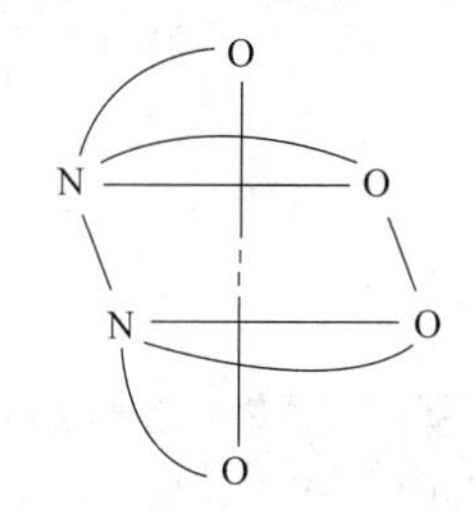

（Ⅰ）顺式[不对称-面式(*u-fac-*)]

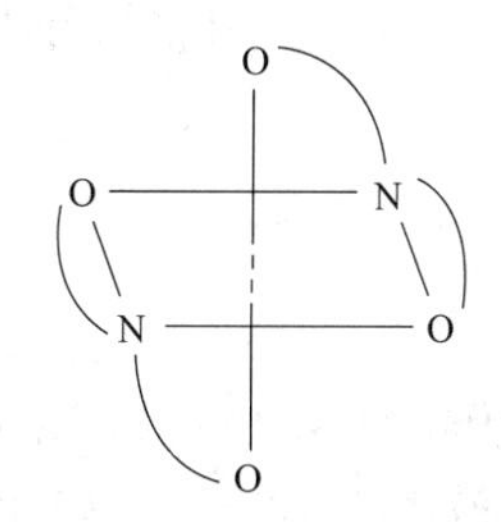

（Ⅱ）反式[对称-面式(*s-fac-*)]

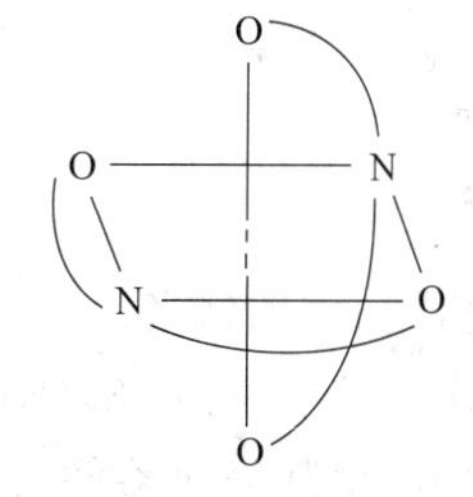

（Ⅲ）反式(子午线)[经式(*mer-*)]

本实验将制备 $[Co(IDA)_2]^-$ 的两种异构体：顺式异构体和反式（面角）异构体。这两种异构体一个为棕色，另一个为紫色。通过对离子交换色谱的观察以及对可见-紫外光谱的分析，再根据异构体分子模型进行推理，可判断哪种异构体呈棕色，哪种异构体为紫色。

离子交换树脂是一种带有可交换基团的高分子化合物，它由树脂骨架和交换基团两部分组成。按其所带交换基团的性质，可将离子交换树脂分为阳离子交换树脂和阴离子交换树脂两大类。强碱性阴离子交换树脂都带有季铵基 $|\sim N^+X^-$，X^- 可以和其他阴离子进行交换，当 X^- 为 Cl^- 时，称为氯型强碱性阴离子交换树脂。当 $K[Co(IDA)_2]$ 溶液通过氯型强碱性阴离子交换树脂时，树脂（固相）上的 Cl^- 即和溶液（液相）中的阴离子 $[Co(IDA)_2]^-$ 进行交换，并在一定温度下达成交换平衡：

$$|\sim N^+Cl^- + [Co(IDA)_2]^- \rightleftharpoons |\sim N^+[Co(IDA)_2]^- + Cl^-$$

虽然两种异构体所带的电荷相同，但极性不同，因而它们对树脂的亲和力不同。极性大的异构体对树脂的亲和力大，易被树脂吸附；极性小的异构体对树脂的亲和力小，不易被树脂吸附。当用 NaCl 溶液淋洗同时吸附了两种异构体的树脂时，液相和固相间便发生如下反应：

$$|\sim N^{+}[Co(IDA)_2]^{-} + Cl^{-} \rightleftharpoons |\sim N^{+}Cl^{-} + [Co(IDA)_2]^{-}$$

对树脂亲和力小的异构体必然先被淋洗下来，而另一个则随后才能被淋洗下来，这样就在树脂柱上形成明显的色层。根据分子模型推断出异构体极性的大小，就可初步判断出何种颜色的异构体是顺式的或是反式的。

具有正八面体对称性的反磁性 Co(Ⅲ)配合物，通常在可见光区有两个吸收带：(Ⅰ)$^1T_{1g} \leftarrow {}^1A_{1g}$（低频区）；(Ⅱ)$^1T_{2g} \leftarrow {}^1A_{1g}$（高频区）。当配合物的对称性降低时，谱带将会发生分裂。配合物$[Co^{Ⅲ}A_4B_2]$的顺式异构体（C_{2v} 对称性）和反式异构体（D_{4h} 对称性）的光谱研究指出：①反式异构体的谱带Ⅰ分裂成$Ⅰ_a$和$Ⅰ_b$两个谱带；②顺式异构体的谱带Ⅰ所分裂成的两个谱带间隔很小，在谱图上往往只是变得不对称或以肩峰形式出现；③两种异构体的谱带Ⅱ均观察不到分裂，但顺式异构体的谱带Ⅱ的最大吸收与反式异构体相比移向频率更低的波区。

根据所测得的两种几何异构体的电子光谱图，并和配合物$[Co(EDTA)]^{-}$的谱图相比，即可进一步推断它们分别属于何种几何构型。

【仪器与试剂】

仪器：可见-紫外分光光度计；电磁搅拌；恒温水浴；离子交换柱。

试剂：亚氨基二乙酸（C. P.）；六水合二氯化钴（A. R.）；30%过氧化氢（A. R.）；95%乙醇（A. R.）；丙酮（A. R.）；氯化钠（A. R.）；乙二胺四乙酸二钠（EDTA）（A. R.）；氯型强碱性阴离子交换树脂(100～200 目)；氢氧化钠（A. R.）；盐酸（A. R.）；硝酸银（A. R.）。

【实验步骤】

1. 紫色异构体的制备

在 50mL 烧杯中将 0.8g KOH 溶于 4mL 水中，加 1g 亚氨基二乙酸，溶解后，加 0.8g $CoCl_2 \cdot 6H_2O$，使其完全溶解。将该溶液置于 10～12℃的冷水浴中，于 2～3min 内在搅拌下滴入 2.5mL 15%的 H_2O_2，加毕在 10～12℃下保温 2～3h（不能超过 12℃），并不断搅拌溶液，有紫色晶体析出。用布氏漏斗抽滤产品，依次用 2mL 95% 乙醇和 2mL 丙酮溶液洗涤，空气中干燥后称重并计算产率。

2. 棕色异构体的制备

将 0.8g KOH 加入 50mL 锥形瓶中，用 8mL 水溶解，加 1.0g 亚氨基二乙酸，待其溶解后，再加 0.8g $CoCl_2 \cdot 6H_2O$，在水浴上将反应混合物加热至 80℃，加 0.5mL 30% H_2O_2。反应停止后，盖上表面皿，继续在上述温度下加热 45min。取出静置冷却 2～3h，析出棕色晶体。用布氏漏斗抽滤产品，用 2mL 95%乙醇和 2mL 丙酮依次洗涤。空气中干燥后称重并计算产率。

3. 离子交换分离

(1) 色谱柱的制备　取一支直径为 10mm、长度为 200mm 的特制玻璃管（类似于碱式滴定管），底部垫上玻璃砂隔板（或玻璃棉），以防树脂流失。为防止树脂床中出现气泡，先在柱中装入 1/3 体积的 5% NaOH 溶液，然后将浸泡于 5% NaOH 溶液中的树脂装入，使之自然沉降，待树脂高度达 80～100mm 时即可。注意液面要高于树脂面。

（2）树脂的处理　将 5 倍于树脂体积的 5% NaOH 溶液流过树脂，待液面降至与树脂面相切时，用纯水淋洗，至流出液为中性，再重复处理两次。按同样的方法，用 5%的盐酸溶液再处理树脂三次，待用。

制备的色谱柱可以反复使用，只需在每次使用之后，用 $0.1mol \cdot L^{-1}$ 的 NaCl 溶液将树脂淋洗到无色，即可再次使用。

（3）异构体的分离　用纯水冲洗柱子，至流出液不含 Cl^- 时为止（$AgNO_3$ 溶液检查）。然后将液面降至与树脂面相切，注意绝不允许将液面降至树脂面以下。操作时要细心，在整个实验过程中，都不能使树脂受到扰乱。

称取 0.03g 紫色异构体和 0.04g 棕色异构体，溶于 4mL 水中。将制备好的溶液沿管壁缓缓加入交换柱中，当心不要搅动树脂。以每 10～15s 一滴的速度，让溶液缓慢流下。当树脂负载后（液面与树脂面相切），加 3mL 水冲洗。然后，用 $0.1mol \cdot L^{-1}$ 的 NaCl 溶液淋洗，淋洗速度为 10～15s 一滴。一直淋洗到柱中出现明显的色层（棕色和紫色）。

4. 可见-紫外光谱的测定

（1）收集流出液　分别收集色层中棕色和紫色部分流出液各 5mL，以作光谱测定使用。在收集时，应收集各色层的中间（颜色最深）部分，以便得到浓度较大和较纯的各异构体的溶液。

（2）$0.005mol \cdot L^{-1}$ Na[Co(EDTA)]溶液的配制　称取 0.1189g $CoCl_2 \cdot 6H_2O$，溶于 10mL 水，然后加入 0.1862g EDTA，待溶解后再加 1～2 滴 30% 的 H_2O_2 溶液，加热赶去未反应的 H_2O_2，稀释至 100mL。

（3）可见光谱的测定　在 400～700nm 的波长范围内，以纯水为参比，在岛津 UV-240 可见-紫外分光光度计上，分别测绘所收集的棕色、紫色溶液及 $[Co(EDTA)]^-$ 溶液的光谱图。三种样品的吸收曲线绘在一张谱图上。

【思考题】

1. 根据柱色谱分离结果及顺、反异构体的极性，判断哪一种异构体是顺式，哪一种是反式的？

2. 根据所测可见-紫外光谱图，判断两种产物各属何种异构体？

实验 55　食盐卫生标准的分析方法

【实验目的】

1. 掌握测定食盐中氯离子及主要杂质成分的分析方法及原理。（参照 GB/T 5009.42—2016）

2. 熟练掌握滴定分析及重量分析中的有关基本操作。

【实验原理】

1. 水分的测定

试样于 140℃±2℃干燥至恒重，计算减量。

2. 水不溶物

试样溶于水，过滤后，残渣经干燥称量，测定不溶物含量。

3. 氯化钠

样品溶液调至中性，以铬酸钾作指示剂，用硝酸银标准溶液测定氯离子含量。

4. 硫酸盐（铬酸钡法）

铬酸钡溶解于稀盐酸中，可与样品中硫酸盐生成硫酸钡沉淀，溶液中和后，多余的铬酸钡及生成的硫酸钡呈沉淀状态，过滤除去，滤液中则含有被硫酸根取代出的铬酸离子。与标准系列比较定量。

5. 硫酸根离子的测定（EDTA 配位滴定法）

过量的氯化钡与试样中硫酸根生成难溶的硫酸钡沉淀，剩余的钡离子用乙二胺四乙酸二钠（EDTA）标准溶液滴定，间接法测定硫酸根含量。

6. 镁

钙、镁离子可与乙二胺四乙酸二钠生成可溶性配合物，铬黑 T 指示剂与钙镁离子结合呈酒红色，当滴定至终点时，乙二胺四乙酸二钠和钙、镁离子配合成无色配合物而使铬黑 T 游离出，溶液即由红色变为亮蓝色，根据溶液 pH 不同及用不同指示剂分别测出钙镁总量及钙含量，两者之差即为镁含量。

7. 钡

钡离子与硫酸根生成硫酸钡，浑浊，利用比浊法作限量测定。

8. 氟（比色法）

某些含有羟基的天然物质中，对一些元素离子具有良好的吸附交换性能，在氟化物存在的环境下，羟基与氟离子之间发生离子交换，利用此反应可进行微量氟化物的分离和富集，然后在酸性溶液中使氟离子与镧(Ⅲ)、茜素氨羧配位剂生成蓝色三元配合物。

9. 亚铁氰化钾（硫酸亚铁法）

亚铁氰化钾在酸性条件下与硫酸亚铁生成蓝色复盐，与标准比较定量。最低检出浓度为 1.0mg/kg。

10. 碘（加碘食盐）

样品中的碘化物在酸性条件下用饱和溴水氧化成碘酸盐，在酸性条件下氧化碘化钾而游离出碘，以淀粉作指示剂，用硫代硫酸钠标准溶液滴定，计算含量。

【仪器与试剂】

仪器：烘箱、低型称量瓶（6cm×3cm）、高型称量瓶、干燥器、容量瓶（250mL、500mL）、滴定管（50mL）、移液管（10mL、25mL）、比色管（50mL）、分光光度计、微量滴定管（10mL）、离心机。

试剂：硝酸银溶液（50g·L^{-1}）、氯化钠标准溶液（0.1mol·L^{-1}）、硝酸银标准溶液（0.1mol·L^{-1}）、铬酸钾指示剂溶液（50g·L^{-1}）、铬酸钡混悬液、盐酸（1+4，1+3）、氨水（1+2）、盐酸羟胺、硫酸盐标准溶液（1mg·mL^{-1}）、氯化钡溶液（0.02mol·L^{-1}）、盐酸溶液（2mol·L^{-1}）、甲基红溶液（2g·L^{-1}）、氧化锌标准溶液（0.01mol·L^{-1}）、乙二胺四乙酸（EDTA）二钠标准溶液（EDTA=0.01mol·L^{-1}）、紫脲酸铵混合指示剂（2%）、氢氧化钠溶液（80g·L^{-1}）、氨-氯化铵缓冲溶液（pH10.0）、铬黑 T 混合指示剂（1%）、稀硫酸、钡

标准溶液（10.0mg•mL^{-1}）、钡标准使用液（0.10mg•mL^{-1}）、氯化钡溶液（10%）、氢氧化镁混悬液、缓冲液（pH4.7）、硝酸镧溶液（0.001mol•L^{-1}）、茜素氨羧配位剂溶液（0.001mol•L^{-1}）、丙酮、氟标准溶液（10μg•mL^{-1}）、硝酸溶液（1+3）、硫酸亚铁溶液（80g•L^{-1}）、稀硫酸（1+18）、亚铁氰化钾标准溶液（1.0mg•mL^{-1}）、亚铁氰化钾标准使用液（0.1 mg•mL^{-1}）、混合试剂［（1+3）硫酸4滴；亚硝酸钠溶液（5g•L^{-1}）8滴；淀粉溶液（5g•L^{-1}）20mL，临用时混合配制］、显色液配制［淀粉溶液（5g•L^{-1}）10mL，硫代硫酸钠（$Na_2S_2O_3$•$5H_2O$）（10g•L^{-1}）12滴，硫酸（5+13）5～10滴，临用时现配］、磷酸、碘化钾溶液（50g•L^{-1}）、饱和溴水、淀粉指示液（5g•L^{-1}）、硫代硫酸钠标准溶液（0.100mol•L^{-1}）。

【实验步骤】

1. 水分的测定

称取10g粉碎至2mm以下的均匀样品，称准至0.001g，置于已在100℃±5℃恒重的称量瓶中，厚度约为5mm，打开称量瓶盖放入烘箱内的搪瓷盘里，升温至100℃±5℃干燥2h，盖上称量瓶盖，取出，移入干燥器中，冷却至室温称量，以后每次干燥1h称量，直至两次称量质量之差不超过0.0002g，视为恒重。

注意：第一次称量后摇动称量瓶内试样，击碎样品表层结块，混匀样品。在重复性条件下获得的两次独立测定结果的绝对值不得超过算术平均值的5%。

2. 水不溶物

预先取12.5cm（或9cm）新华快速定量滤纸，折叠后置高型称量瓶中，滤纸连同称量瓶在100℃±5℃烘至恒重。称取25.0g样品，置于400mL烧杯中，加约200mL水，置沸水浴上加热，时刻用玻璃棒搅拌，使全部溶解。将溶液通过恒重滤纸过滤，滤液收集于500mL容量瓶中，用热水反复冲洗沉淀及滤纸至无氯离子反应为止，加1滴硝酸银溶液（50g•L^{-1}）检查不发生白色浑浊为止。加水至刻度，混匀。此溶液留作其他项目测定用。

将沉淀及滤纸置于已干燥至恒重的称量瓶中，于100℃±5℃干燥至恒重。首次干燥1h，以后每次为0.5h，取出放干燥器中0.5h称量，至两次所称质量之差不超过0.0010g。

注意：在重复性条件下获得的两次独立测定结果的绝对值不得超过算术平均值的5%。

3. 氯化钠

吸取25.00mL滤液于250mL容量瓶中，加水至刻度，混匀。再取25.00mL置于200mL锥形瓶中，加水至50mL，加入1mL铬酸钾溶液（50g•L^{-1}），用0.1mol•L^{-1}硝酸银标准溶液滴定，直至呈现稳定的淡橘红色悬浊液，同时做空白试验校正。

注意：在重复性条件下两次平行滴定标准溶液体积的绝对差值不得超过0.10mL。

4. 硫酸盐（铬酸钡法）

吸取10.0～20.0mL“2. 水不溶物”项下滤液，置于150mL锥形瓶中，加水至50mL。吸取0mL、0.50mL、1.0mL、3.0mL、5.0mL、7.0mL硫酸盐标准溶液（相当0mg、0.5mg、1mg、3mg、5mg、7mg硫酸根），分别置于150mL锥形瓶中，各加水至50mL。于每瓶中加入3～5粒玻璃球（以防暴沸）及1mL盐酸（1+4），加热煮沸5min左右，使铬酸钡和硫酸盐生成硫酸钡沉淀。取下锥形瓶放冷，于每瓶内逐滴加入（1+2）氨水，中和至呈柠檬黄色为止。再分别过滤于50mL具塞比色管中（滤液应透明），用水洗涤三次，洗液收集于比色管中，最后用水稀释至刻度，用1cm比色皿以零管调节零点，于波长420nm处测吸光度，绘制标准曲线比较。

注意：在重复性条件下获得的两次独立测定结果的绝对值不得超过算术平均值的10%。

5. 硫酸根的测定（EDTA 配位滴定法）

称取 25g（精确至 0.001g）粉碎的试样于 400mL 烧杯中，加约 200mL 的水，置沸水浴上加热，用玻璃棒搅拌至全部溶解。冷却后转移至 500mL 容量瓶中，加水定容，摇匀，必要时过滤。当试样中待测离子含量过高时可适当稀释后再测定。

吸取一定体积（使溶液中硫酸根含量在 8mg 以下）的试样溶液，置于 150mL 锥形瓶中，加 1 滴盐酸溶液（$1mol \cdot L^{-1}$），加入 5mL 氯化钡溶液（$0.02mol \cdot L^{-1}$），搅拌片刻，放置 5min，加入 5mL 乙二胺四乙酸二钠溶液、10mL 无水乙醇、5mL 氨-氯化铵缓冲溶液、4 滴铬黑 T 指示剂，用 EDTA 标准溶液滴定至溶液由酒红色变为亮蓝色为止，记录消耗的 EDTA 标准溶液的体积 V_3。溶液中钙镁总量的滴定：吸取与测定硫酸根体积相同的试样溶液，置于 150mL 锥形瓶中，加水至 25mL，加入 5mL 氨-氯化铵缓冲溶液、4 滴铬黑 T 指示剂，用 EDTA 标准溶液滴定至溶液由酒红色变为亮蓝色为止，记录消耗 EDTA 标准溶液的体积 V_2。

注意：在重复性条件下获得的两次独立测定结果的绝对值不得超过算术平均值的5%。

6. 镁

吸取 50mL 滤液，置于 250mL 锥形瓶中。加入 2mL 氢氧化钠溶液（$80g \cdot L^{-1}$）及约 5mg 紫脲酸铵混合指示剂（2%），搅拌溶解后，立即用乙二胺四乙酸二钠标准溶液滴定，至溶液由红色变成蓝紫色为止。记录消耗溶液的体积，再吸取 50mL 滤液，置于 250mL 锥形瓶中，加 5mL 氨-氯化铵缓冲溶液及 5mg 铬黑 T 混合指示剂，搅拌溶解后立即以乙二胺四乙酸二钠标准溶液滴定，至溶液由酒红色变为亮蓝色为止。记录消耗溶液的体积。

注意：在重复性条件下两次平行滴定标准溶液体积的绝对差值不得超过 0.10mL。

7. 钡

称取 50g 样品，加水溶解至 500mL，过滤，弃去初滤液，量取 50mL 滤液于 50mL 比色管中。另取 1mL 钡标准溶液（相当 0.10mg 钡）置于 50mL 比色管中，加水至刻度，混匀。于两管中各加 2mL 稀硫酸，摇匀。放置 2h，样品管不得比标准管浑浊，即小于 $20mg \cdot kg^{-1}$ 的钡。

8. 氟（比色法）

称取 5.00g 样品于 50mL 离心管中，加水溶解至 20mL。另分别吸取 0mL、1.0mL、2.0mL、3.0mL、4.0mL、5.0mL 氟标准使用液（相当于 0μg、10μg、20μg、30μg、40μg、50μg 氟）于 50mL 离心管中，再各加水至 20mL。于样品及标准管中各加入氢氧化镁混悬液 20mL，充分搅拌后，于沸水浴中加热 10min，放冷，以 $2000r \cdot min^{-1}$ 离心 5min，小心倾出上清液，再加 40mL 水，混匀后再离心，如此反复 2～3 次，最后倾出上清液。各管均加入 20mL 硝酸（1+3），并于水浴上加热，振摇，使沉淀完全溶解。将各管溶液分别移入 50mL 比色管中，并用水洗涤离心管数次，洗液合并于比色管中，加水至刻度，混匀。再于各管中加 3mL 茜素氨羧配位剂溶液（$0.001mol \cdot L^{-1}$）、3mL 缓冲液（pH4.7）、8mL 丙酮、3mL 硝酸镧溶液（$0.001mol \cdot L^{-1}$），混匀，放置 10min。用 1cm 比色皿以零管调节零点，于波长 580nm 处测吸光度，绘制标准曲线比较定量。

注意：在重复性条件下获得的两次独立测定结果的绝对差值不得超过算术平均值的10%。

9. 亚铁氰化钾（硫酸亚铁法）

称取10.0g样品，溶于水，移入50mL容量瓶中，加水至刻度，混匀过滤，弃去初滤液，然后吸25.0mL滤液于比色管中。

吸取0.0mL、0.1mL、0.2mL、0.3mL、0.4mL亚铁氰化钾标准使用液（相当于0μg、10μg、20μg、30μg、40μg亚铁氰化钾），分别置于25mL比色管中，各加水至25mL。

样品管与标准管各加2mL硫酸亚铁溶液（80g·L^{-1}）及1mL稀硫酸，混匀。20min后，用3cm比色皿，以零管调节零点，于波长670nm处测吸光度，绘制标准曲线比较，或与标准色列目测比较。

计算结果保留两位有效数字。

注意：在重复性条件下获得的两次独立测定结果的绝对差值不得超过算术平均值的10%。

10. 碘（加碘食盐）

（1）定性

取约2g样品，置于白瓷板上，滴2～3滴混合试剂于试样上，如显蓝紫色，表示有碘化物存在。

以碘酸钾为氧化剂，在酸性条件下，易被硫代硫酸钠还原生成碘，遇淀粉显蓝色，硫代硫酸钠控制一定浓度可以建立此定性反应。

称取数克样品，滴1滴显色液，显浅蓝色至蓝色为阳性反应，阴性者不显色（此反应特异）。测定范围：每克盐含30μg碘酸钾（即含18μg碘）。立即显浅蓝色，含50μg呈蓝色，含碘越多蓝色越深。

（2）定量

称取10.00g样品，置于250mL锥形瓶中，加水溶解。加1mL磷酸摇匀。滴加饱和溴水至溶液呈浅黄色，边滴边振摇至黄色不褪为止（约6滴），溴水不宜过多，在室温下放置15min。在放置期内，如发现黄色褪去，应再滴加溴水至淡黄色。

放入玻璃珠4～5粒，加热煮沸至黄色褪去，再继续煮沸5min，立即冷却。加2mL5%碘化钾，摇匀，立即用硫代硫酸钠标准溶液（0.0020mol·L^{-1}）滴定至浅黄色，加入1mL淀粉指示剂（5g·L^{-1}），继续滴定至蓝色刚消失即为终点。

如盐样含杂质过多，应先取盐样加水150mL溶解，过滤，取100mL滤液至250mL锥形瓶中，然后进行操作。

注意：在重复性条件下两次平行滴定标准滴定液体积的绝对差值不得超过0.10mL。

【注意事项】

1. 水分测定中，称量瓶盖切不可盖严，否则水分难以挥发。

2. 标定$AgNO_3$标准溶液和配制铬黑T指示剂时，要用基准（或分析纯）NaCl，切不可与食盐混淆。

3. 注意钙指示剂的用量。

【思考题】

1. 配制K_2CrO_4指示剂时为什么要滴加$AgNO_3$至红棕色？

2. 食盐中的NaCl能用其他银量法测定吗？若能，请设计相应的测定方案。

3. 用 ZnO 标定 EDTA 时，在加入缓冲溶液之前要先用氨水调节酸度，而在测定食盐中 Mg 含量时不用先调酸度就直接加入，为什么？

4. 碘离子测定中加入溴水的作用是什么？写出有关反应式。

5. EDTA 标准溶液通常使用乙二胺四乙酸二钠，而不使用乙二胺四乙酸，为什么？

6. 标定 EDTA 时，用氨水调节溶液 pH 值时，先出现白色沉淀，后又溶解，解释现象，并写出反应方程式。

7. 碘量法误差的主要来源是什么？如何防止或减小？

8. 配制 $Na_2S_2O_3$ 溶液时，为什么需用新煮沸的蒸馏水？为什么将溶液煮沸 10min？为什么常加入少量 Na_2CO_3？为什么放置两周后标定？

9. 在碘量法中为什么使用碘量瓶而不使用普通锥形瓶？

实验 56　工业氯化钙的分析

【实验目的】

1. 掌握测定 $CaCl_2$ 及主要杂质成分的分析方法及原理（参照 GB/T 26520—2011）。

2. 熟练掌握滴定分析及重量分析中的有关基本操作技术。

【实验原理】

1. 氯化钙（$CaCl_2$）含量的测定

在试验溶液 pH 约为 12 的条件下，以钙试剂羧酸钠盐为指示剂，以乙二胺四乙酸二钠标准溶液滴定钙。

2. 总碱金属氯化物（以 NaCl 计）含量的测定

以铬酸钾为指示剂，用硝酸银标准溶液滴定总氯量，减去氯化钙中的氯含量折算成以氯化钠计的总碱金属氯化物含量。

3. 水不溶物的测定

试样溶于水，用玻璃坩埚抽滤，残渣经干燥称量，测定不溶物含量。

4. 镁含量的测定

用三乙醇胺掩蔽少量的 Fe^{3+}、Al^{3+}、Mn^{2+} 等，在 pH 约为 10 的介质中，以铬黑 T 为指示剂，用乙二胺四乙酸二钠标准溶液滴定钙、镁合量，从中减去钙含量，计算出镁含量。

5. 碱度的测定

将试样溶于水，加入已知量的过量盐酸标准溶液，煮沸赶掉二氧化碳。以溴百里酚蓝为指示剂，用氢氧化钠标准溶液滴定。

【仪器与试剂】

仪器：一般实验室仪器、烘箱（能调节玻璃坩埚底部达到 105～110℃）、玻璃坩埚滤板（孔径 5～15μm）。

试剂：盐酸溶液（1+3）、三乙醇胺溶液（1+2）、氢氧化钠溶液（$100g \cdot L^{-1}$）、乙二胺四乙酸（EDTA）二钠标准溶液（$0.02mol \cdot L^{-1}$）、钙试剂羧酸钠盐指示剂、硝酸溶液（1+10）、碳酸氢钠溶液（100g·L^{-1}）、硝酸银标准溶液（0.1mol·L^{-1}）、铬酸钾指示剂（50g·L^{-1}）、硝酸银溶液（20g·L^{-1}）、三乙醇胺溶液（1＋3）、氨-氯化铵缓冲溶液（pH10）、铬黑T指示剂、盐酸标准溶液（0.1mol·L^{-1}）、氢氧化钠标准溶液（0.1mol·L^{-1}）、溴百里酚蓝指示剂（1g·L^{-1}）。

【实验步骤】

1. 氯化钙（$CaCl_2$）含量的测定

（1）试样溶液A的制备　称取二水氯化钙10g、无水氯化钙8g（液体$CaCl_2$ 20g）（精确至0.0002g），置于250mL烧杯中，加水溶解。全部转移至1000mL容量瓶中，用水稀释至刻度，摇匀。此溶液为溶液A，用于有关氯化钙含量、总碱金属氯化物含量、总镁含量的测定。

（2）测定　用移液管移取10.00mL试样溶液A，置于250mL锥形瓶中，用盐酸溶液（1＋3）调节pH3～5，加水至约50mL。加5mL三乙醇胺溶液、2mL氢氧化钠溶液、约0.1g钙试剂羧酸钠盐指示剂。用乙二胺四乙酸二钠标准溶液滴定，溶液由红色变为蓝色即为终点。同时做空白试验。

注意：取平行测定结果的算术平均值为测定结果，平行测定结果的绝对差值不大于0.2％。

2. 总碱金属氯化物（以NaCl计）含量的测定

用移液管移取10.00mL试样溶液A，置于250mL锥形瓶中，加50mL水，用硝酸溶液或碳酸氢钠溶液调节pH6.5～10（用pH试纸检验），加0.7mL铬酸钾指示液，用硝酸银标准溶液滴定，溶液由淡黄色变为微红色即为终点。

注意：取平行测定结果的算术平均值为测定结果；两次平行测定结果的绝对差值不大于0.2％。

3. 水不溶物的测定

称取约20g试样（精确至0.01g），置于500mL烧杯中。加300mL水溶解，用已于105～110℃下恒重的玻璃坩埚过滤。用水洗涤坩埚中的水不溶物，洗涤至滤液中无氯离子为止。取5mL洗涤液加5mL硝酸银溶液，混匀，放置5min不出现浑浊。在105～110℃下干燥至恒重。

注意：取平行测定结果的算术平均值为测定结果；平行测定结果的绝对差值不大于0.02％。

4. 镁含量的测定

用移液管移取10mL试样溶液A，置于250mL锥形瓶中，加入50mL水，加入5mL三乙醇胺溶液、10mL缓冲溶液和0.1g铬黑T指示剂，用乙二胺四乙酸二钠标准溶液滴定至纯蓝色为终点。同时做空白试验。

注意：取平行测定结果的算术平均值为测定结果，两次平行测定结果的绝对差值不大于0.1％。

5. 碱度的测定

称取约10g试样（精确至0.01g），置于250mL锥形瓶中，加适量水溶解。加2～3滴溴百里酚蓝指示液，用滴定管加入盐酸标准溶液中和并过量约5mL。准确记录盐酸标准溶液的体积。煮沸2min，冷却，再加2滴溴百里酚蓝指示液。用氢氧化钠标准溶液滴定，溶液由黄色变为蓝色即为终点。

注意：取平行测定结果的算术平均值为测定结果；平行测定结果的绝对偏差值不大于0.05%。

【注意事项】

1. 本分析方法适用于无水氯化钙和二水氯化钙含量的测定。
2. 三乙醇胺应在酸性条件下加入，碱性条件下使用。
3. 银量法测定镁及金属氯化物含量中，要注意控制指示剂的加入量。

【思考题】

1. 氯化钙含量测定中，为什么要加入三乙醇胺？
2. 银量法测定镁及金属氯化物含量中，为什么要调节pH6.5～10?
3. 溴百里酚蓝的酸式色和碱式色分别是什么颜色?

实验57　微量镍的萃取分离与测定

【实验目的】

1. 掌握萃取分离法的原理和操作方法。
2. 掌握分光光度计的使用方法。

【实验原理】

丁二酮肟在微酸性（pH≥5.5）、中性和弱碱性溶液中与镍形成微溶于水的螯合物，该螯合物能溶于乙醇、氯仿、甲苯等有机溶剂中。用三氯甲烷萃取丁二酮肟镍的螯合物，可使镍与铜、钴等其他金属离子分离。最后用0.5mol·L^{-1}或1∶20 HCl溶液反萃取有机溶液中的镍，用丁二酮肟显色测定。

【仪器与试剂】

仪器：60mL分液漏斗10支，50mL容量瓶5个，50mL烧杯，722型分光光度计。

试剂：镍标准溶液（100μg·mL^{-1}），丁二酮肟（1%乙醇溶液），酒石酸钾钠（20%水溶液），三氯甲烷，浓氨水，氨水（1∶30），过硫酸钾（4%水溶液），溴百里酚蓝（0.1%乙醇溶液），HCl（1+20），NaOH（10%），HNO_3（1+1）。

【实验步骤】

1. 标准曲线的绘制

于4支60mL分液漏斗中各加100μg·mL^{-1}镍标准溶液0.5mL、1.0mL、1.5mL、2.0mL，各加入5mL酒石酸钾钠溶液、2滴溴百里酚蓝溶液，加水至15mL左右，摇匀，用浓氨水调至溶液变蓝，再多加6滴（pH≈10）。加丁二酮肟5mL，混匀，放置10min，用

10mL 三氯甲烷萃取 1min。静置分层后，把有机相放入另一漏斗，加 10mL（1+20）盐酸，振摇 1min，分层后放出三氯甲烷（回收）。水相倒入 50mL 容量瓶，顺序加入酒石酸钾钠溶液 5mL、氢氧化钠溶液 8mL、过硫酸钾 3mL、丁二酮肟溶液 2mL，摇匀，用水稀释至刻度。混合后放置 10min，用 1cm 比色皿，在 530nm 处以水为参比测量吸光度，以吸光度值对镍作图，得标准曲线。

2. 样品分析

准确称取试样（含镍 100μg 左右）于 50mL 小烧杯，用（1+1）HNO_3 6mL 加热溶解。试样完全溶解后稍蒸 HNO_3 至 1mL 左右，加 10mL 浓盐酸赶 HNO_3，蒸至 1mL 后，再加浓盐酸 5mL，同样蒸至 1mL，重复操作一次，冷却。加 10～20mL 水，稍加热后定量转移至分液漏斗中。加入 5mL 酒石酸钾钠溶液、2 滴溴百里酚蓝溶液，滴加浓氨水至溶液呈棕蓝色，再多加 6 滴，加入丁二酮肟溶液 5mL，混匀，静置 5min 后再加 10mL 三氯甲烷，振荡 1min。静置分层后将有机相放入另一分液漏斗中，加 10mL 1∶30 氨水，振荡 1min，分层后将有机相转入另一分液漏斗中，加入 10mL（1+20）盐酸，振摇 1min，分层后弃去有机相，将水相转入 50mL 容量瓶。顺序加入酒石酸钾钠溶液 5mL、氢氧化钠溶液 8mL、过硫酸钾 3mL、丁二酮肟溶液 2mL，摇匀，用水稀释至刻度。混合后放置 10min，用 1cm 比色皿，在 530nm 处以水为参比测量吸光度，从标准曲线上找出镍量，并计算试样中镍的质量分数。

【思考题】

1. 萃取分层后，有机相为何要用 1∶30 氨水洗涤？
2. 萃取镍的过程中，有时发现白色块状固体应如何处理？
3. 测定时，加入氢氧化钠溶液有何作用？

实验 58 四氧化三铅组成的测定

【实验目的】

1. 测定 Pb_3O_4 的组成。
2. 进一步练习配位滴定法和碘量法操作。

【实验原理】

Pb_3O_4 为红色粉末状固体，也称铅丹或红丹。该物质为混合价态氧化物，其中氧化数为+2 的 Pb 占 2/3，而氧化数为+4 的 Pb 占 1/3。根据其结构，Pb_3O_4 应为铅酸 Pb_2PbO_4。

Pb_3O_4 与 HNO_3 反应时，由于 PbO_2 的生成，固体的颜色很快从红色变为棕黑色：

$$Pb_3O_4 + 4HNO_3 = 2Pb(NO_3)_2 + PbO_2 + 2H_2O$$

很多金属离子均能与多齿配体 EDTA 以 1∶1 的比例生成稳定的螯合物，以+2 价金属离子 M^{2+} 为例，其反应如下：

$$M^{2+} + H_2Y^{2-} = MY^{2-} + 2H^+$$

因此，只要控制溶液的 pH，选用适当的指示剂，就可用 EDTA 标准溶液对溶液中的特定金属离子进行定量测定。本实验中 Pb_3O_4 经 HNO_3 作用分解后生成的 Pb^{2+}，可用六亚甲基四胺控制溶液的 pH 值为 5～6，以二甲酚橙为指示剂，用 EDTA 标准溶液进行测定。

PbO_2 是强氧化剂，在酸性溶液中，它能定量地氧化溶液中的 I^-，从而可用碘量法来测定所生成的 PbO_2。

【仪器与试剂】

仪器：分析天平、台秤、称量瓶、干燥器、量筒（10mL、100mL）、烧杯（50mL）、锥形瓶（250mL）、吸滤瓶、布氏漏斗、酸式滴定管（50mL）、碱式滴定管（50mL）、洗瓶、水泵。

试剂：Pb_3O_4(s)，KI(s)，HNO_3（6mol·L^{-1}），（1＋1）氨水，20％六亚甲基四胺，pH＝4.7 HAc-NaAc 缓冲溶液，二甲酚橙指示剂，2％淀粉溶液，EDTA 标准溶液（0.02mol·L^{-1}，已标定），$Na_2S_2O_3$ 标准溶液（0.05mol·L^{-1}，已标定）。

【实验步骤】

1. Pb_3O_4 的分解

用减量法准确称取干燥的 Pb_3O_4 0.5g，置于 50mL 烧杯中，同时加入 2mL 6mol·L^{-1} 的 HNO_3 溶液，用玻棒搅拌，使之充分反应，可以看到红色的 Pb_3O_4 很快变为棕黑色的 PbO_2。接着吸滤将反应产物进行固液分离，用蒸馏水少量多次地洗涤固体，保留滤液及固体供后续实验用。

2. PbO 含量的测定

把上述滤液全部转入锥形瓶中，往其中加入 4～6 滴二甲酚橙指示剂，并逐滴加入（1＋1）的氨水，至溶液由黄色变为橙色，再加入 20％的六亚甲基四胺至溶液呈稳定的紫红色（或橙红色），再过量 5mL，此时溶液的 pH 值为 5～6。然后以 EDTA 标准溶液滴定溶液由紫红色变为黄色时，即为终点。记下所消耗的 EDTA 溶液的体积。

3. PbO_2 含量的测定

将上述固体 PbO_2 连同滤纸一并置于另一锥形瓶中，往其中加入 30mL HAc 与 NaAc 混合液，再向其中加入 0.8g 固体 KI，摇动锥形瓶，使 PbO_2 全部反应而溶解，此时溶液呈透明棕色。以 $Na_2S_2O_3$ 标准溶液滴定至溶液呈淡黄色时，加入 1mL 2％淀粉溶液，继续滴定至溶液蓝色刚好褪去为止，记下所用去的 $Na_2S_2O_3$ 溶液的体积。

4. 计算

由上述实验算出试样中＋2 价铅与＋4 价铅的摩尔比，以及 Pb_3O_4 在试样中的质量分数。本实验要求，＋2 价铅与＋4 价铅摩尔比为 2.00±0.05，Pb_3O_4 在试样中的质量分数应大于或等于 95％方为合格。

【注意事项】

1. 抽滤最好使用砂芯漏斗。
2. 第一步加硝酸注意反应完全。
3. 碘量法测 PbO_2 含量时淀粉在终点前加入。

【思考题】

1. 能否加其他酸如 H_2SO_4 或 HCl 溶液使 Pb_3O_4 分解？为什么？

2. PbO_2 氧化 I^- 需在酸性介质中进行，能否加 HNO_3 或 HCl 溶液以替代 HAc？为什么？

3. 从实验结果分析产生误差的原因。

4. 自行设计另外一个实验，以测定 Pb_3O_4 的组成。

实验 59　硫酸铜的提纯（设计性实验）

【实验目的】

1. 进一步熟练无机化合物提纯的基本操作。

2. 通过自己设计方案，完成对无机化合物的提纯。

【仪器与试剂】

仪器：烧杯，玻璃漏斗，布氏漏斗，抽滤瓶，循环水真空泵。

试剂：粗 $CuSO_4$，$CuSO_4$ 晶体，H_2SO_4（$1mol \cdot L^{-1}$），$NH_3 \cdot H_2O$（$6mol \cdot L^{-1}$），HCl（$2mol \cdot L^{-1}$），KSCN（$1mol \cdot L^{-1}$），H_2O_2（3%）。

【实验提示】

粗硫酸铜晶体中主要含一些难溶性杂质和以 $FeSO_4$、$Fe_2(SO_4)_3$ 为主的可溶性杂质。

硫酸铜纯度的鉴定方法

1. 将 1g 粗硫酸铜晶体加入到小烧杯中，加入 1mL H_2SO_4（$1mol \cdot L^{-1}$）和 10mL 蒸馏水溶解，然后加入 2mL H_2O_2（3%），煮沸片刻。冷却后搅拌下滴加入 $6mol \cdot L^{-1}$ $NH_3 \cdot H_2O$，至生成的沉淀完全溶解为止。常压过滤，并用 $1mol \cdot L^{-1}$ 氨水（用 $6mol \cdot L^{-1}$ $NH_3 \cdot H_2O$ 稀释得到）洗涤滤纸上的沉淀至滤纸上蓝色消失。此时滤纸上会残留 $Fe(OH)_3$ 黄色沉淀。

用 3mL HCl（$2mol \cdot L^{-1}$）洗涤滤纸，将滤纸上的黄色沉淀完全溶解，然后滴入 2 滴 KSCN（$1mol \cdot L^{-1}$），溶液呈血红色。根据溶液红色的深浅，可以粗略判断溶液中铁离子的含量。

2. 称取 1g 提纯过的硫酸铜晶体，重复上面操作，与粗硫酸铜进行比较。

实验 60　硫酸铁铵的制备（设计性实验）

【实验提示】

1. $NH_4Fe(SO_4)_2 \cdot 12H_2O$ 是铁的重要化合物，为淡紫色晶体，难溶于乙醇，易溶于水，在水中的溶解度随温度的降低而下降。

2. 利用廉价原料：铁屑、工业硫酸、过二硫酸铵或双氧水来制备产品：

$$Fe \longrightarrow FeSO_4 \longrightarrow Fe_2(SO_4)_3 \longrightarrow NH_4Fe(SO_4)_2 \cdot 12H_2O$$

【要求】

1. 设计合理的制备方案，选择最佳的实验条件。
2. 制备理论量为 10g 的 $NH_4Fe(SO_4)_2 \cdot 12H_2O$。
3. 根据设计方案，选择仪器并计算主要原料用量。

【思考题】

1. 过二硫酸铵或双氧水的作用是什么？
2. 实验中应注意什么问题？

实验 61 锌钡粉（立德粉）的合成及组成测定（设计性实验）

【实验提示】

锌钡粉（俗称立德粉）是一种白色的无机颜料，大量用于涂料工业，也可用作橡胶、油墨、造纸、搪瓷等工业的主要原料。

工业生产是由 $ZnSO_4$ 与 BaS 溶液混合而成，反应如下：

$$BaS + ZnSO_4 \longrightarrow ZnS + BaSO_4$$

反应后得到的 ZnS 与 $BaSO_4$ 白色沉淀，经过滤、烘干即为锌钡粉。锌钡粉产品质量的优劣，不仅与反应条件有关，而且与工艺过程有密切关系。实验方案设计要注意两方面。①$ZnSO_4$ 可从菱锌矿经酸分解制得，也可用粗 ZnO 经酸溶解制得。由于原料中含有镍、镉、铁、锰等杂质，必须用氧化法或转换法除杂。②BaS 的工业生产是用重晶石 $BaSO_4$ 经高温灼烧、冷却、浸取而成。实验室可直接使用 BaS 试剂。

【要求】

1. 设计由粗 ZnO 与 BaS 为原料制备锌钡粉实验方案。
2. 制备过程中，对杂质含量做定性鉴定。
3. 原料与产品的含量做定量测定。

实验 62 磷酸钠、磷酸一氢钠和磷酸二氢钠的制备（设计性实验）

【实验提示】

$Na_3PO_4 \cdot 12H_2O$ 为无色晶体，有吸潮性，1%水溶液的 pH 值为 11.5～12.1，从水溶液

中析出的温度为 55～65℃。$Na_2HPO_4\cdot12H_2O$ 为无色晶体，易风化，1%水溶液的 pH 值为 9.0～9.4，从水溶液中析出的温度为 0～35℃。$NaH_2PO_4\cdot2H_2O$ 为无色晶体，$0.2mol\cdot L^{-1}$ 水溶液的 pH 值为 4.2～4.6，从水溶液中析出的温度为 0～41℃。

用氢氧化钠或碳酸钠中和磷酸，在不同 pH 条件下，浓缩、冷却，可分别析出不同磷酸盐。

【要求】

1. 利用所学知识，查阅文献，设计合理的制备方案，分别制备三种磷酸盐产品各 5g。
2. 根据实验方案，计算主要原料的用量，确定适宜的温度、溶液浓度和 pH 值。测定产品的 pH 值，检验产品。

附　录

1. 弱电解质的解离常数

（近似浓度 0.003～0.01mol·L^{-1}，温度 298K）

名　称	化学式	解离常数 K	pK
醋酸	HAc	1.76×10^{-5}	4.75
碳酸	H_2CO_3	$K_1=4.30\times10^{-7}$ $K_2=5.61\times10^{-11}$	6.37 10.25
草酸	$H_2C_2O_4$	$K_1=5.90\times10^{-2}$ $K_2=6.40\times10^{-5}$	1.23 4.19
亚硝酸	HNO_2　（285.5K）	4.6×10^{-4}	3.37
磷酸	H_3PO_4　（291K）	$K_1=7.52\times10^{-3}$ $K_2=6.23\times10^{-8}$ $K_3=2.2\times10^{-13}$	2.12 7.21 12.67
亚硫酸	H_2SO_3　（291K）	$K_1=1.54\times10^{-2}$ $K_2=1.02\times10^{-7}$	1.81 6.91
硫酸	H_2SO_4	$K_2=1.20\times10^{-2}$	1.92
硫化氢	H_2S　（291K）	$K_1=1.3\times10^{-7}$ $K_2=7.1\times10^{-15}$	6.9 14.1
氢氰酸	HCN	4.93×10^{-10}	9.31
铬酸	H_2CrO_4	$K_1=1.8\times10^{-1}$ $K_2=3.20\times10^{-7}$	0.74 6.49
硼酸①	H_3BO_3	5.8×10^{-10}	9.24
氢氟酸	HF	3.53×10^{-4}	3.45
过氧化氢	H_2O_2	2.4×10^{-12}	11.62
次氯酸	$HClO$　（291K）	2.95×10^{-5}	4.53
次溴酸	$HBrO$	2.06×10^{-9}	8.69
次碘酸	HIO	2.3×10^{-11}	10.64
碘酸	HIO_3	1.69×10^{-1}	0.77
砷酸	H_3AsO_4　（291K）	$K_1=5.62\times10^{-3}$ $K_2=1.70\times10^{-7}$ $K_3=3.95\times10^{-12}$	2.25 6.77 11.40
亚砷酸	$HAsO_2$	6×10^{-10}	9.22
铵离子	NH_4^+	5.56×10^{-10}	9.25
氨水	$NH_3\cdot H_2O$	1.79×10^{-5}	4.75
联氨	N_2H_4	8.91×10^{-7}	6.05
羟胺	NH_2OH	9.12×10^{-9}	8.04
氢氧化铅	$Pb(OH)_2$	9.6×10^{-4}	3.02

续表

名　称	化 学 式	解离常数 K	pK
氢氧化锂	$LiOH$	6.31×10^{-1}	0.2
氢氧化铍	$Be(OH)_2$	1.78×10^{-6}	5.75
	$BeOH^+$	2.51×10^{-9}	8.6
氢氧化铝	$Al(OH)_3$	5.01×10^{-9}	8.3
	$Al(OH)_2^+$	1.99×10^{-10}	9.7
氢氧化锌	$Zn(OH)_2$	7.94×10^{-7}	6.1
氢氧化镉	$Cd(OH)_2$	5.01×10^{-11}	10.3
乙二胺[①]	$H_2NC_2H_4NH_2$	$K_1=8.5\times10^{-5}$	4.07
		$K_2=7.1\times10^{-8}$	7.15
六亚甲基四胺[①]	$(CH_2)_6N_4$	1.35×10^{-9}	8.87
尿素[①]	$CO(NH_2)_2$	1.3×10^{-14}	13.89
质子化六亚甲基四胺[①]	$(CH_2)_6N_4H^+$	7.1×10^{-6}	5.15
甲酸	$HCOOH$　(293K)	1.77×10^{-4}	3.75
氯乙酸	$ClCH_2COOH$	1.40×10^{-3}	2.85
氨基乙酸	NH_2CH_2COOH	1.67×10^{-10}	9.78
邻苯二甲酸[①]	COOH COOH	$K_1=1.12\times10^{-3}$ $K_2=3.91\times10^{-6}$	2.95 5.41
柠檬酸	CH_2COOH | $C(OH)COOH$　(293K) | CH_2COOH	$K_1=7.1\times10^{-4}$ $K_2=1.68\times10^{-5}$ $K_3=4.1\times10^{-7}$	3.14 4.77 6.39
α-酒石酸	$CH(OH)COOH$ | $CH(OH)COOH$	$K_1=1.04\times10^{-3}$ $K_2=4.55\times10^{-5}$	2.98 4.34
8-羟基喹啉[①]	N OH	$K_1=8\times10^{-6}$ $K_2=1\times10^{-9}$	5.1 9.0
苯酚	C_6H_5OH　(293K)	1.28×10^{-10}	9.89
对氨基苯磺酸[①]	$H_2NC_6H_4SO_3H$	$K_1=2.6\times10^{-1}$ $K_2=7.6\times10^{-4}$	0.58 3.12
乙二胺四乙酸[①]（EDTA）	H^+ CH_2COOH CH_2—N |　H^+ CH_2COOH CH_2—N—CH_2COOH CH_2COOH	$K_5=5.4\times10^{-7}$ $K_6=1.12\times10^{-11}$	6.27 10.95

① 摘自其他参考书。

注：摘自 R C Weast. Handbook of Chemistry and Physics. 70th edition. 1989～1990：D-165.

2. 配离子的稳定常数

（温度 293～298K，离子强度 $I\approx0$）

配离子	稳定常数 β	lgβ	配离子	稳定常数 β	lgβ
$[Ag(NH_3)_2]^+$	1.11×10^{7}	7.05	$[Cu(NH_3)_4]^{2+}$	2.09×10^{13}	13.32
$[Cd(NH_3)_4]^{2+}$	1.32×10^{7}	7.12	$[Ni(NH_3)_6]^{2+}$	5.50×10^{8}	8.74
$[Co(NH_3)_6]^{2+}$	1.29×10^{5}	5.11	$[Zn(NH_3)_4]^{2+}$	2.88×10^{9}	9.46
$[Co(NH_3)_6]^{3+}$	1.59×10^{35}	35.2	$[AlF_6]^{3-}$	6.92×10^{19}	19.84

续表

配离子	稳定常数 β	lgβ	配离子	稳定常数 β	lgβ
$[FeF_5]^{2-}$ ①		15.77	$[Cu(C_2O_4)_2]^{2-}$ ①	7.9×10^{8}	8.9
$[SnF_6]^{2-}$ ①		25	$[Fe(C_2O_4)_3]^{4-}$	1.66×10^{5}	5.22
$[AgCl_2]^{-}$	1.10×10^{5}	5.04	$[Fe(C_2O_4)_3]^{3-}$	1.58×10^{20}	20.20
$[CdCl_4]^{2-}$	6.31×10^{2}	2.80	$[Zn(C_2O_4)_3]^{4-}$	1.41×10^{8}	8.15
$[HgCl_4]^{2-}$	1.17×10^{15}	15.07	$[Cd(en)_3]^{2+}$	1.23×10^{12}	12.09
$[PbCl_3]^{-}$	1.70×10^{3}	3.23	$[Co(en)_3]^{2+}$	8.71×10^{13}	13.94
$[AgBr_2]^{-}$	2.14×10^{7}	7.33	$[Co(en)_3]^{3+}$	4.90×10^{48}	48.69
$[CdI_4]^{2-}$	2.57×10^{5}	5.41	$[Fe(en)_3]^{2+}$	5.01×10^{9}	9.70
$[HgI_4]^{2-}$	6.76×10^{29}	29.83	$[Ni(en)_3]^{2+}$	2.14×10^{18}	18.33
$[Ag(CN)_2]^{-}$	1.26×10^{21}	21.10	$[Zn(en)_3]^{2+}$	1.29×10^{14}	14.11
$[Au(CN)_2]^{-}$	2.00×10^{38}	38.30	$[AlEDTA]^{-}$	1.29×10^{16}	16.11
$[Cd(CN)_4]^{2-}$	6.03×10^{18}	18.78	$[BaEDTA]^{2-}$	6.03×10^{7}	7.78
$[Cu(CN)_4]^{2-}$	2.00×10^{30}	30.30	$[CaEDTA]^{2-}$	1.00×10^{11}	11.00
$[Fe(CN)_6]^{4-}$	1.00×10^{35}	35	$[CdEDTA]^{2-}$	2.51×10^{16}	16.40
$[Fe(CN)_6]^{3-}$	1.00×10^{42}	42	$[CoEDTA]^{-}$	1.00×10^{36}	36
$[Hg(CN)_4]^{2-}$	2.51×10^{41}	41.4	$[CuEDTA]^{2-}$	5.01×10^{18}	18.70
$[Ni(CN)_4]^{2-}$	2.00×10^{31}	31.3	$[FeEDTA]^{2-}$	2.14×10^{14}	14.33
$[Zn(CN)_4]^{2-}$	5.01×10^{16}	16.7	$[FeEDTA]^{-}$	1.70×10^{24}	24.23
$[Ag(SCN)_2]^{-}$	3.72×10^{7}	7.57	$[HgEDTA]^{2-}$	6.31×10^{21}	21.80
$[Co(SCN)_4]^{2-}$	1.00×10^{3}	3.00	$[MgEDTA]^{2-}$	4.37×10^{8}	8.64
$[Fe(SCN)_2]^{+}$	$\beta_1=8.91\times10^{2}$	2.95	$[MnEDTA]^{2-}$	6.31×10^{13}	13.80
	$\beta_2=2.29\times10^{3}$	3.36	$[NiEDTA]^{2-}$	3.63×10^{18}	18.56
$[Hg(SCN)_4]^{2-}$	1.70×10^{21}	21.23	$[PbEDTA]^{2-}$	2.00×10^{18}	18.30
$[Zn(SCN)_4]^{2-}$ ①	41.7	1.62	$[ZnEDTA]^{2-}$	2.51×10^{16}	16.40
$[FeHPO_4]^{+}$ ①		9.35	$[SnEDTA]^{2-}$	1.26×10^{22}	22.1
$[Zn(OH)_4]^{2-}$	4.57×10^{17}	17.66	$[FeR_3]^{6-}$	$\beta_1=4.37\times10^{14}$	14.64
$[Ag(S_2O_3)_2]^{3-}$ ①	$\beta_1=6.61\times10^{8}$	8.82		$\beta_2=1.51\times10^{25}$	25.18
	$\beta_2=3.16\times10^{13}$	13.5		$\beta_3=1.32\times10^{32}$	32.12
$[Ag(Ac)_2]^{-}$	4.37	0.64	$[Fe(tart)_3]^{3-}$ ①		7.49
$[Cu(Ac)_4]^{2-}$	1.54×10^{3}	3.20	$[Cu(thio)_3]^{+}$ ①		13
$[Pb(Ac)_4]^{2-}$	3.16×10^{8}	8.50	$[Cu(thio)_4]^{+}$ ①		15.4
$[Al(C_2O_4)_3]^{3-}$	2.00×10^{16}	16.30			

① 摘自其他参考书。

注：1. Ac为醋酸根，en为乙二胺，EDTA为乙二胺四乙酸根，R为磺基水杨酸根，tart为酒石酸根，thio为硫脲。

2. 摘自 J A Dean. Lange's Handbook of Chemistry. 13th edition. 1985.

3. 溶度积（298K）

化合物	溶度积	化合物	溶度积
醋酸盐		CuBr	5.3×10^{-9}
AgAc	1.94×10^{-3}	CuCl	1.2×10^{-6}
卤化物		CuI	1.1×10^{-12}
AgBr	5.0×10^{-13}	Hg_2Cl_2	1.3×10^{-18}
AgCl	1.8×10^{-10}	Hg_2I_2	4.5×10^{-29}
AgI	8.3×10^{-17}	HgI_2	2.9×10^{-29}
BaF_2	1.84×10^{-7}	$PbBr_2$	6.60×10^{-6}
CaF_2	5.3×10^{-9}	$PbCl_2$	1.6×10^{-5}

续表

化合物	溶度积	化合物	溶度积
PbF_2	3.3×10^{-8}	$Sn(OH)_2$	1.4×10^{-28}
PbI_2	7.1×10^{-9}	$Sr(OH)_2$	9×10^{-4}
SrF_2	4.33×10^{-9}	$Zn(OH)_2$	1.2×10^{-17}
碳酸盐		草酸盐	
Ag_2CO_3	8.45×10^{-12}	$Ag_2C_2O_4$	5.4×10^{-12}
$BaCO_3$	5.1×10^{-9}	BaC_2O_4	1.6×10^{-7}
$CaCO_3$	3.36×10^{-9}	$CaC_2O_4\cdot H_2O$	4×10^{-9}
$CdCO_3$	1.0×10^{-12}	CuC_2O_4	4.43×10^{-10}
$CuCO_3$	1.4×10^{-10}	$FeC_2O_4\cdot 2H_2O$	3.2×10^{-7}
$FeCO_3$	3.13×10^{-11}	$Hg_2C_2O_4$	1.75×10^{-13}
Hg_2CO_3	3.6×10^{-17}	$MgC_2O_4\cdot 2H_2O$	4.83×10^{-6}
$MgCO_3$	6.82×10^{-6}	$MnC_2O_4\cdot 2H_2O$	1.70×10^{-7}
$MnCO_3$	2.24×10^{-11}	PbC_2O_4	8.51×10^{-10}
$NiCO_3$	1.42×10^{-7}	$SrC_2O_4\cdot H_2O$	1.6×10^{-7}
$PbCO_3$	7.4×10^{-14}	$ZnC_2O_4\cdot 2H_2O$	1.38×10^{-9}
$SrCO_3$	5.6×10^{-10}	硫酸盐	
$ZnCO_3$	1.46×10^{-10}	Ag_2SO_4	1.4×10^{-5}
铬酸盐		$BaSO_4$	1.1×10^{-10}
Ag_2CrO_4	1.12×10^{-12}	$CaSO_4$	9.1×10^{-6}
$Ag_2Cr_2O_7$	2.0×10^{-7}	Hg_2SO_4	6.5×10^{-7}
$BaCrO_4$	1.2×10^{-10}	$PbSO_4$	1.6×10^{-8}
$CaCrO_4$	7.1×10^{-4}	$SrSO_4$	3.2×10^{-7}
$CuCrO_4$	3.6×10^{-6}	硫化物	
Hg_2CrO_4	2.0×10^{-9}	Ag_2S	6.3×10^{-50}
$PbCrO_4$	2.8×10^{-13}	CdS	8.0×10^{-27}
$SrCrO_4$	2.2×10^{-5}	CoS（α型）	4.0×10^{-21}
氢氧化物		CoS（β型）	2.0×10^{-25}
$AgOH$	2.0×10^{-8}	Cu_2S	2.5×10^{-48}
$Al(OH)_3$(无定形)	1.3×10^{-33}	CuS	6.3×10^{-36}
$Be(OH)_2$(无定形)	1.6×10^{-22}	FeS	6.3×10^{-18}
$Ca(OH)_2$	5.5×10^{-6}	HgS（黑色）	1.6×10^{-52}
$Cd(OH)_2$	5.27×10^{-15}	HgS（红色）	4×10^{-53}
$Co(OH)_2$(粉红色)	1.09×10^{-15}	MnS（晶形）	2.5×10^{-13}
$Co(OH)_2$(蓝色)	5.92×10^{-15}	NiS	1.07×10^{-21}
$Co(OH)_3$	1.6×10^{-44}	PbS	8.0×10^{-28}
$Cr(OH)_2$	2×10^{-16}	SnS	1×10^{-25}
$Cr(OH)_3$	6.3×10^{-31}	SnS_2	2×10^{-27}
$Cu(OH)_2$	2.2×10^{-20}	ZnS	2.93×10^{-25}
$Fe(OH)_2$	8.0×10^{-16}	磷酸盐	
$Fe(OH)_3$	4×10^{-38}	Ag_3PO_4	1.4×10^{-16}
$Mg(OH)_2$	1.8×10^{-11}	$AlPO_4$	6.3×10^{-19}
$Mn(OH)_2$	1.9×10^{-13}	$CaHPO_4$	1×10^{-7}
$Ni(OH)_2$(新制备)	2.0×10^{-15}	$Ca_3(PO_4)_2$	2.0×10^{-29}
$Pb(OH)_2$	1.2×10^{-15}	$Cd_3(PO_4)_2$	2.53×10^{-33}

4. 常用酸、碱的质量分数和相对密度（d_{20}^{20}）

质量分数/%	相对密度						
	HCl	HNO_3	H_2SO_4	CH_3COOH	NaOH	KOH	NH_3
4	1.0197	1.0220	1.0269	1.0056	1.0446	1.0348	0.9828
8	1.0395	1.0446	1.0541	1.0111	1.0888	1.0709	0.9668
12	1.0594	1.0679	1.0821	1.0165	1.1329	1.1079	0.9519
16	1.0796	1.0921	1.1114	1.0218	1.1771	1.1456	0.9378
20	1.1000	1.1170	1.1418	1.0269	1.2214	1.1839	0.9245
24	1.1205	1.1426	1.1735	1.0318	1.2653	1.2231	0.9118
28	1.1411	1.1688	1.2052	1.0365	1.3087	1.2632	0.8996
32	1.1614	1.1955	1.2375	1.0410	1.3512	1.3043	
36	1.1812	1.2224	1.2707	1.0452	1.3926	1.3468	
40	1.1999	1.2489	1.3051	1.0492	1.4324	1.3906	
44			1.3410	1.0529		1.4356	
48			1.3783	1.0564		1.4817	
52			1.4174	1.0596			
56			1.4584	1.0624			
60			1.5013	1.0648			
64			1.5448	1.0668			
68			1.5902	1.0687			
72			1.6367	1.0695			
76			1.6840	1.0699			
80			1.7303	1.0699			
84			1.7724	1.0692			
88			1.8054	1.0677			
92			1.8272	1.0648			
96			1.8388	1.0597			
100			1.8337	1.0496			

注：摘自 R C Weast. Handbook of Chemistry and Physics. 70th edition. 1989～1990：D-222.

5. 常用酸、碱的浓度

酸或碱	化学式	密度/$g\cdot mL^{-1}$	质量分数/%	浓度/$mol\cdot L^{-1}$
冰醋酸	CH_3COOH	1.05	99～99.8	17.4
稀醋酸	CH_3COOH	1.04	34	6
浓盐酸	HCl	1.18～1.19	36.0～38	11.6～12.4
稀盐酸	HCl	1.10	20	6
浓硝酸	HNO_3	1.39～1.40	65.0～68.0	14.4～15.2
稀硝酸	HNO_3	1.19	32	6
浓硫酸	H_2SO_4	1.83～1.84	95～98	17.8～18.4
稀硫酸	H_2SO_4	1.18	25	3
磷酸	H_3PO_4	1.69	85	14.6
高氯酸	$HClO_4$	1.68	70.0～72.0	11.7～12.0
氢氟酸	HF	1.13	40	22.5
氢溴酸	HBr	1.49	47.0	8.6
浓氨水	$NH_3\cdot H_2O$	0.88～0.90	25～28（NH_3）	13.3～14.8
稀氨水	$NH_3\cdot H_2O$	0.96	10	6
稀氢氧化钠	NaOH	1.22	20	6

6. 常用指示剂

表 1　酸碱指示剂（291～298K）

指示剂名称	变色 pH 值范围	颜色变化	溶液配制方法
甲基紫(第一变色范围)	0.13～0.5	黄—绿	0.1%或 0.05%的水溶液
苦味酸	0.0～1.3	无色—黄	0.1%水溶液
甲基绿	0.1～2.0	黄—绿—浅蓝	0.05%水溶液
孔雀绿(第一变色范围)	0.13～2.0	黄—浅蓝—绿	0.1%水溶液
甲酚红(第一变色范围)	0.2～1.8	红—黄	0.04g 指示剂溶于 100mL 50%乙醇中
甲基紫(第二变色范围)	1.0～1.5	绿—蓝	0.1%水溶液
百里酚蓝(麝香草酚蓝)(第一变色范围)	1.2～2.8	红—黄	0.1g 指示剂溶于 100mL 20%乙醇中
甲基紫(第三变色范围)	2.0～3.0	蓝—紫	0.1%水溶液
茜素黄 R(第一变色范围)	1.9～3.3	红—黄	0.1%水溶液
二甲基黄	2.9～4.0	红—黄	0.1g 或 0.01g 指示剂溶于 100mL 90%乙醇中
甲基橙	3.1～4.4	红—橙黄	0.1%水溶液
溴酚蓝	3.0～4.6	黄—蓝	0.1g 指示剂溶于 100mL 20%乙醇中
刚果红	3.0～5.2	蓝紫—红	0.1%水溶液
茜素红 S(第一变色范围)	3.7～5.2	黄—紫	0.1%水溶液
溴甲酚绿	3.8～5.4	黄—蓝	0.1g 指示剂溶于 100mL 20%乙醇中
甲基红	4.4～6.2	红—黄	0.1g 或 0.2g 指示剂溶于 100mL60%乙醇中
溴酚红	5.0～6.8	黄—红	0.1g 或 0.04g 指示剂溶于 100mL20%乙醇中
溴甲酚紫	5.2～6.8	黄—紫红	0.1g 指示剂溶于 100mL 20%乙醇中
溴百里酚蓝	6.0～7.6	黄—蓝	0.05g 指示剂溶于 100mL 20%乙醇中
中性红	6.8～8.0	红—亮黄	0.1g 指示剂溶于 100mL 60%乙醇中
酚红	6.8～8.0	黄—红	0.1g 指示剂溶于 100mL 20%乙醇中
甲酚红	7.2～8.8	亮黄—紫红	0.1g 指示剂溶于 100mL 50%乙醇中
百里酚蓝(麝香草酚蓝)(第二变色范围)	8.0～9.0	黄—蓝	参看第一变色范围
酚酞	8.2～10.0	无色—紫红	(1)0.1g 指示剂溶于 100mL 60%乙醇中 (2)1g 酚酞溶于 100mL90%乙醇中
百里酚酞	9.4～10.6	无色—蓝	0.1g 指示剂溶于 100mL 90%乙醇中
茜素红 S(第二变色范围)	10.0～12.0	紫—淡黄	参看第一变色范围
茜素黄 R(第二变色范围)	10.1～12.1	黄—淡紫	0.1%水溶液
孔雀绿(第二变色范围)	11.5～13.2	蓝绿—无色	参看第一变色范围
达旦黄	12.0～13.0	黄—红	0.1%水溶液

表 2 混合酸碱指示剂

指示剂溶液的组成	变色点 pH	颜色		备注
		酸色	碱色	
一份 0.1%甲基黄乙醇溶液 一份 0.1%亚甲基蓝乙醇溶液	3.25	蓝紫	绿	pH=3.2 蓝紫色 pH=3.4 绿色
四份 0.2%溴甲酚绿乙醇溶液 一份 0.2%二甲基黄乙醇溶液	3.9	橙	绿	变色点黄色
一份 0.2%甲基橙溶液 一份 0.28%靛蓝(二磺酸)乙醇溶液	4.1	紫	黄绿	调节两者的比例,直至终点敏锐
一份 0.1%溴百里酚绿钠盐水溶液 一份 0.2%甲基橙水溶液	4.3	黄	蓝绿	pH=3.5 黄色 pH=4.0 黄绿色 pH=4.3 绿色
三份 0.1 %溴甲酚绿乙醇溶液 一份 0.2%甲基红乙醇溶液	5.1	酒红	绿	
一份 0.2%甲基红乙醇溶液 一份 0.1%亚甲基蓝乙醇溶液	5.4	红紫	绿	pH=5.2 红紫 pH=5.4 暗蓝 pH=5.6 绿
一份 0.1%溴甲酚绿钠盐水溶液 一份 0.1%氯酚红钠盐水溶液	6.1	黄绿	蓝紫	pH=5.4 蓝绿 pH=5.8 蓝 pH=6.2 蓝紫
一份 0.1%溴甲酚紫钠盐水溶液 一份 0.1%溴百里酚蓝钠盐水溶液	6.7	黄	蓝紫	pH=6.2 黄紫 pH=6.6 紫 pH=6.8 蓝紫
一份 0.1%中性红乙醇溶液 一份 0.1%亚甲基蓝乙醇溶液	7.0	蓝紫	绿	pH=7.0 蓝紫
一份 0.1%溴百里酚蓝钠盐水溶液 一份 0.1%酚红钠盐水溶液	7.5	黄	紫	pH=7.2 暗绿 pH=7.4 淡紫 pH=7.6 深紫
一份 0.1%甲酚红 50%乙醇溶液 六份 0.1%百里酚蓝 50%乙醇溶液	8.3	黄	紫	pH=8.2 玫瑰色 pH=8.4 紫色 变色点微红色

表 3 金属离子指示剂

指示剂名称	解离平衡和颜色变化	溶液配制方法
铬黑 T(EBT)	$H_2In^- \underset{}{\overset{pK_{a_2}=6.3}{\rightleftharpoons}} HIn^{2-} \overset{pK_{a_3}=11.5}{\rightleftharpoons} In^{3-}$ 紫红　蓝　橙	1. 0.5%水溶液 2. 与 NaCl 按 1∶100(质量比)混合
二甲酚橙(XO)	$H_3In^{4-} \overset{pK_a=6.3}{\rightleftharpoons} H_2In^{5-}$ 黄　红	0.2%水溶液
K-B 指示剂	$H_2In \overset{pK_{a_1}=8}{\rightleftharpoons} HIn^- \overset{pK_{a_2}=13}{\rightleftharpoons} In^{2-}$ 红　蓝　紫红 (酸性铬蓝 K)	0.2g 酸性铬蓝 K 与 0.34g 萘酚绿 B 溶于 100mL 水中。配制后需调节 K-B 的比例,使终点变化明显
钙指示剂	$H_2In^- \overset{pK_{a_2}=7.4}{\rightleftharpoons} HIn^{2-} \overset{pK_{a_3}=13.5}{\rightleftharpoons} In^{3-}$ 酒红　蓝　酒红	1. 0.5%的乙醇溶液 2. 与 NaCl 按 1∶100(质量比)混合,研磨
吡啶偶氮萘酚(PAN)	$H_2In^+ \overset{pK_{a_1}=1.9}{\rightleftharpoons} HIn \overset{pK_{a_2}=12.2}{\rightleftharpoons} In^-$ 黄绿　黄　淡红	0.1%或 0.3%的乙醇溶液

指示剂名称	解离平衡和颜色变化	溶液配制方法
Cu-PAN(CuY-PAN溶液)	$\underbrace{CuY+PAN}+\underbrace{M^{n+}}\rightleftharpoons\underbrace{MY+Cu\text{-}PAN}$ 浅绿　　无色　　红色	取0.05mol·L^{-1} Cu^{2+}溶液10mL，加pH值为5～6的HAc缓冲液5mL，1滴PAN指示剂，加热至60℃左右，用EDTA滴至绿色，得到约0.025mol·L^{-1}的CuY溶液。使用时取2～3mL于试液中，再加数滴PAN溶液
磺基水杨酸	$H_2In \underset{}{\overset{pK_{a_2}=2.7}{\rightleftharpoons}} HIn^- \overset{pK_{a_3}=13.1}{\rightleftharpoons} In^{2-}$ （无色）	1%或10%的水溶液
钙镁试剂	$H_2In^- \overset{pK_{a_2}=8.1}{\rightleftharpoons} HIn^{2-} \overset{pK_{a_3}=12.4}{\rightleftharpoons} In^{3-}$ 红　　蓝　　红橙	0.5%水溶液
紫脲酸铵	$H_4In^- \overset{pK_{a_2}=9.2}{\rightleftharpoons} H_3In^{2-} \overset{pK_{a_3}=10.9}{\rightleftharpoons} H_2In^{3-}$ 红紫　　紫　　蓝	与NaCl按1∶100质量比混合

注：EBT、钙指示剂、K-B指示剂等水溶液中稳定性较差，可以配成指示剂与NaCl之比为1∶100或1∶200的固体粉末。

表4　氧化还原指示剂

指示剂名称	$E^{\ominus}[H^+]$ $=1mol\cdot L^{-1}/V$	颜色变化		溶液配制方法
		氧化态	还原态	
中性红	0.24	红	无色	0.05%的60%乙醇溶液
亚甲基蓝	0.36	蓝	无色	0.05%水溶液
变胺蓝	0.59（pH=2）	无色	蓝色	0.05%水溶液
二苯胺	0.76	紫	无色	1%的浓H_2SO_4溶液
二苯胺磺酸钠	0.85	紫红	无色	0.5%的水溶液，如溶液浑浊，可滴少量盐酸
N-邻苯氨基苯甲酸	1.08	紫红	无色	0.1g指示剂加20mL 5%的Na_2CO_3溶液，用水稀至100mL
邻二氮菲-Fe(Ⅱ)	1.06	浅蓝	红	1.485g邻二氮菲加0.965g $FeSO_4$，溶于100mL水中（0.025mol·L^{-1}水溶液）
5-硝基邻二氮菲-Fe(Ⅱ)	1.25	浅蓝	紫红	1.608g 5-硝基邻二氮菲加0.695g $FeSO_4$，溶于100mL水中（0.025mol·L^{-1}水溶液）

表5　沉淀滴定吸附指示剂

指示剂	被测离子	滴定剂	滴定条件	溶液配制方法
荧光黄	Cl^-	Ag^+	pH 7～10(一般7～8)	0.2%乙醇溶液
二氯荧光黄	Cl^-	Ag^+	pH 4～10(一般5～8)	0.1%水溶液
曙红	Br^-,I^-,SCN^-	Ag^+	pH 2～10(一般3～8)	0.5%水溶液
溴甲酚绿	SCN^-	Ag^+	pH 4～5	0.1%水溶液
甲基紫	Ag^+	Cl^-	酸性溶液	0.1%水溶液
罗丹明6G	Ag^+	Br^-	酸性溶液	0.1%水溶液
钍试剂	SO_4^{2-}	Ba^{2+}	pH 1.5～3.5	0.5%水溶液
溴酚蓝	Hg_2^{2+}	Cl^-,Br^-	酸性溶液	0.1%水溶液

7. 常用基准试剂

国家标准编号	名称	主要用途	使用前的干燥方法
GB 1253—89	氯化钠	标定 $AgNO_3$ 溶液	773～873K 灼烧至恒重
GB 1254—90	草酸钠	标定 $KMnO_4$ 溶液	(378±2)K 干燥至恒重
GB 1255—90	无水碳酸钠	标定 HCl、H_2SO_4 溶液	543～573K 灼烧至恒重
GB 1256—90	三氧化二砷	标定 I_2 溶液	H_2SO_4 干燥器中干燥至恒重
GB 1257—89	邻苯二甲酸氢钾	标定 NaOH、$HClO_4$ 溶液	378～383K 干燥至恒重
GB 1258—90	碘酸钾	标定 $Na_2S_2O_3$ 溶液	(453±2)K 干燥至恒重
GB 1259—89	重铬酸钾	标定 $Na_2S_2O_3$、$FeSO_4$ 溶液	(393±2)K 干燥至恒重
GB 1260—90	氧化锌	标定 EDTA 溶液	1073K 灼烧至恒重
GB 12593—90	乙二胺四乙酸二钠	标定金属离子溶液	硝酸镁饱和溶液恒湿器中放置 7 天
GB 12594—90	溴酸钾	标定 $Na_2S_2O_3$ 溶液,配制标准溶液	(453±2)K 干燥至恒重
GB 12595—90	硝酸银	标定卤化物及硫氰酸盐溶液	H_2SO_4 干燥器中干燥至恒重
GB 12596—90	碳酸钙	标定 EDTA 溶液	(383±2)K 干燥至恒重

8. pH 标准缓冲溶液的配制方法

pH 基准试剂		干燥条件 T/K	配制		pH 标准值 298K
名称	化学式		浓度 /mol·L^{-1}	方法	
草酸三氢钾	$KH_3(C_2O_4)_2 \cdot 2H_2O$	330±2，烘 4～5h	0.05	12.61g $KH_3(C_2O_4)_2 \cdot 2H_2O$ 溶于水后，转入 1L 容量瓶中，稀释至刻度，摇匀	1.68±0.01
酒石酸氢钾	$KHC_4H_4O_6$		饱和溶液	过量的酒石酸氢钾（大于 6.4g·L^{-1}）和水，控制温度在 296～300K，激烈振摇 20～30min	3.56±0.01
邻苯二甲酸氢钾	$KHC_8H_4O_4$	378±5，烘 2h	0.05	称取 10.12g $KHC_8H_4O_4$，用水溶解后转入 1L 容量瓶中，稀释至刻度，摇匀	4.00±0.01
磷酸氢二钠-磷酸二氢钾	Na_2HPO_4-KH_2PO_4	383～393，烘 2～3h	0.025	称取 3.533g Na_2HPO_4、3.387g KH_2PO_4，用水溶解后转入 1L 容量瓶中，稀释至刻度，摇匀	6.86±0.01
四硼酸钠	$Na_2B_4O_7 \cdot 10H_2O$	在氯化钠和蔗糖饱和溶液中干燥至恒重	0.01	3.80g $Na_2B_4O_7 \cdot 10H_2O$ 溶于水后，转入 1L 容量瓶中，稀释至刻度，摇匀	9.18±0.01
氢氧化钙	$Ca(OH)_2$		饱和溶液	过量 $Ca(OH)_2$（大于 2g·L^{-1}）和水，控制温度在 296～300K，剧烈振摇 20～30min	12.46±0.01

注：1. 标准缓冲溶液的 pH 随温度而变化。

2. 配制标准缓冲溶液时，所用纯水的电导率应小于 1.5μS·cm^{-1}。配制最后两份碱性溶液时，所用纯水要预先煮沸 15min，以除去溶解的二氧化碳。

3. 缓冲溶液可保存 2～3 个月，若发现有浑浊、沉淀或发霉现象时，则不能再用。

9. 常用缓冲溶液的配制

缓冲溶液组成	$pK_a^{\ominus}$	缓冲溶液pH	缓冲溶液配制方法
氨基乙酸-HCl	2.35 $pK_{a_1}^{\ominus}$	2.3	取150g氨基乙酸溶于500mL水中后，加80mL浓HCl，用水稀至1L
磷酸盐-柠檬酸		2.5	取113g $Na_2HPO_4 \cdot 12H_2O$ 溶于200mL水后，加387g柠檬酸，溶解、过滤、稀至1L
一氯乙酸-NaOH	2.86	2.8	取200g一氯乙酸溶于200mL水中，加40g NaOH溶解后，稀至1L
邻苯二甲酸氢钾-HCl	2.95 $pK_{a_1}^{\ominus}$	2.9	取500g邻苯二甲酸氢钾溶于500mL水中，加80mL浓HCl，稀至1L
甲酸-NaOH	3.76	3.7	取95g甲酸和40g NaOH溶于500mL水中，稀至1L
NaAc-HAc	4.74	4.2	取32g无水NaAc溶于水中，加50mL冰醋酸，用水稀到1L
NH_4Ac-HAc		4.5	取77g NH_4Ac 溶于200mL水中，加59mL冰醋酸，稀至1L
NaAc-HAc	4.74	4.7	取83g无水NaAc溶于水中，加60mL冰醋酸，稀至1L
NaAc-HAc	4.74	5.0	取160g无水NaAc溶于水中，加60mL冰醋酸，稀至1L
NH_4Ac-HAc		5.0	取250g NH_4Ac 溶于水中，加25mL冰醋酸，稀至1L
六亚甲基四胺-HCl	5.15	5.4	取40g六亚甲基四胺溶于200mL水中，加10mL浓HCl，稀至1L
NH_4Ac-HAc		6.0	取600g NH_4Ac 溶于水中，加20mL冰醋酸，稀至1L
NaAc-磷酸盐		8.0	取50g无水NaAc和50g $Na_2HPO_4 \cdot 12H_2O$，溶于水中，稀至1L
Tris-HCl	8.21	8.2	取25g Tris试剂溶于水中，加8mL浓HCl，稀至1L
NH_3-NH_4Cl	9.26	9.2	取54g NH_4Cl 溶于水，加63mL浓氨水，稀至1L
NH_3-NH_4Cl	9.26	9.5	取54g NH_4Cl 溶于水，加126mL浓氨水，稀至1L
NH_3-NH_4Cl	9.26	10.0	(1) 取54g NH_4Cl 溶于水，加350mL浓氨水，稀至1L (2) 取67.5g NH_4Cl，溶于200mL水，加570mL浓氨水，用水稀至1L

注：1. 缓冲液配制后可用pH试纸检查，如pH值不对，可用共轭酸或碱调节，欲精确调节pH值时，可用pH计调节。

2. 若需增加或减小缓冲液的缓冲容量时，可相应增加或减小共轭酸碱对物质的量，再调节之。

10. 化合物的摩尔质量

化合物	$M/g \cdot mol^{-1}$	化合物	$M/g \cdot mol^{-1}$
Ag_3AsO_4	462.52	$AlCl_3$	133.34
AgBr	187.77	$AlCl_3 \cdot 6H_2O$	241.43
AgCl	143.32	$Al(NO_3)_3$	213.00
AgCN	133.89	$Al(NO_3)_3 \cdot 9H_2O$	375.13
AgSCN	165.95	Al_2O_3	101.96
Ag_2CrO_4	331.73	$Al(OH)_3$	78.00
AgI	234.77	$Al_2(SO_4)_3$	342.14
$AgNO_3$	169.87	$Al_2(SO_4)_3 \cdot 18H_2O$	666.41

续表

化合物	$M/g\cdot mol^{-1}$	化合物	$M/g\cdot mol^{-1}$
As_2O_3	197.84	$CrCl_3\cdot 6H_2O$	266.45
As_2O_5	229.84	$Cr(NO_3)_3$	238.01
As_2S_3	246.03	Cr_2O_3	151.99
$BaCO_3$	197.34	CuCl	99.00
BaC_2O_4	225.35	$CuCl_2$	134.45
$BaCl_2$	208.24	$CuCl_2\cdot 2H_2O$	170.48
$BaCl_2\cdot 2H_2O$	244.27	CuSCN	121.62
$BaCrO_4$	253.32	CuI	190.45
BaO	153.33	$Cu(NO_3)_2$	187.56
$Ba(OH)_2$	171.34	$Cu(NO_3)\cdot 3H_2O$	241.60
$BaSO_4$	233.39	CuO	79.54
$BiCl_3$	315.34	Cu_2O	143.09
BiOCl	260.43	CuS	95.61
CO_2	44.01	$CuSO_4$	159.06
CaO	56.08	$CuSO_4\cdot 5H_2O$	249.68
$CaCO_3$	100.09	$FeCl_2$	126.75
CaC_2O_4	128.10	$FeCl_2\cdot 4H_2O$	198.81
$CaCl_2$	110.99	$FeCl_3$	162.21
$CaCl_2\cdot 6H_2O$	219.08	$FeCl_3\cdot 6H_2O$	270.30
$Ca(NO_3)_2\cdot 4H_2O$	236.15	$FeNH_4(SO_4)_2\cdot 12H_2O$	482.18
$Ca(OH)_2$	74.09	$Fe(NO_3)_3$	241.86
$Ca_3(PO_4)_2$	310.18	$Fe(NO_3)_3\cdot 9H_2O$	404.00
$CaSO_4$	136.14	FeO	71.85
$CdCO_3$	172.42	Fe_2O_3	159.69
$CdCl_2$	183.82	Fe_3O_4	231.54
CdS	144.47	$Fe(OH)_3$	106.87
$Ce(SO_4)_2$	332.24	FeS	87.91
$Ce(SO_4)_2\cdot 4H_2O$	404.30	Fe_2S_3	207.87
$CoCl_2$	129.84	$FeSO_4$	151.91
$CoCl_2\cdot 6H_2O$	237.93	$FeSO_4\cdot 7H_2O$	278.01
$Co(NO_3)_2$	182.94	$Fe(NH_4)_2(SO_4)_2\cdot 6H_2O$	392.13
$Co(NO_3)_2\cdot 6H_2O$	291.03	H_3AsO_3	125.94
CoS	90.99	H_3AsO_4	141.94
$CoSO_4$	154.99	H_3BO_3	61.83
$CoSO_4\cdot 7H_2O$	281.10	HBr	80.91
$CO(NH_2)_2$（尿素）	60.06	HCN	27.03
$CS(NH_2)_2$（硫脲）	76.116	HCOOH	46.03
C_6H_5OH	94.113	CH_3COOH	60.05
CH_2O（甲醛）	30.03	H_2CO_3	62.02
$C_{14}H_{14}N_3O_3SNa$（甲基橙）	327.33	$H_2C_2O_4$	90.04
$C_6H_5NO_3$（硝基酚）	139.11	$H_2C_2O_4\cdot 2H_2O$	126.07
$C_4H_8N_2O_2$（丁二酮肟）	116.12	$H_2C_4H_4O_4$（丁二酸）	118.09
$(CH_2)_6N_4$（六亚甲基四胺）	140.19	$H_2C_4H_4O_6$（酒石酸）	150.09
$C_7H_6O_6S\cdot 2H_2O$（磺基水杨酸）	254.22	$H_3C_6H_5O_7\cdot H_2O$（柠檬酸）	210.14
C_9H_6NOH（8-羟基喹啉）	145.16	$H_2C_4H_4O_5$（DL-苹果酸）	134.09
$C_{12}H_8N_2\cdot H_2O$（邻菲啰啉）	198.22	$HC_3H_6NO_2$（DL-α-丙氨酸）	89.10
$C_2H_5NO_2$（氨基乙酸，甘氨酸）	75.07	HCl	36.46
$C_6H_{12}N_2O_4S_2$（L-胱氨酸）	240.30	HF	20.01
$CrCl_3$	158.36	HI	127.91

续表

化合物	M/g·mol^{-1}	化合物	M/g·mol^{-1}
HIO_3	175.91	K_2SO_4	174.25
HNO_2	47.01	$MgCO_3$	84.31
HNO_3	63.01	$MgCl_2$	95.21
H_2O	18.015	$MgCl_2 \cdot 6H_2O$	203.30
H_2O_2	34.02	MgC_2O_4	112.33
H_3PO_4	98.00	$Mg(NO_3)_2 \cdot 6H_2O$	256.41
H_2S	34.08	$MgNH_4PO_4$	137.32
H_2SO_3	82.07	MgO	40.30
H_2SO_4	98.07	$Mg(OH)_2$	58.32
$Hg(CN)_2$	252.63	$Mg_2P_2O_7$	222.55
$HgCl_2$	271.50	$MgSO_4 \cdot 7H_2O$	246.47
Hg_2Cl_2	472.09	$MnCO_3$	114.95
HgI_2	454.40	$MnCl_2 \cdot 4H_2O$	197.91
$Hg_2(NO_3)_2$	525.19	$Mn(NO_3)_2 \cdot 6H_2O$	287.04
$Hg_2(NO_3)_2 \cdot 2H_2O$	561.22	MnO	70.94
$Hg(NO_3)_2$	324.60	MnO_2	86.94
HgO	216.59	MnS	87.00
HgS	232.65	$MnSO_4$	151.00
$HgSO_4$	296.65	$MnSO_4 \cdot 4H_2O$	223.06
Hg_2SO_4	497.24	NO	30.01
$KAl(SO_4)_2 \cdot 12H_2O$	474.38	NO_2	46.01
KBr	119.00	NH_3	17.03
$KBrO_3$	167.00	CH_3COONH_4	77.08
KCl	74.55	$NH_2OH \cdot HCl$（盐酸羟胺）	69.49
$KClO_3$	122.55	NH_4Cl	53.49
$KClO_4$	138.55	$(NH_4)_2CO_3$	96.09
KCN	65.12	$(NH_4)_2C_2O_4$	124.10
$KSCN$	97.18	$(NH_4)_2C_2O_4 \cdot H_2O$	142.11
K_2CO_3	138.21	NH_4SCN	76.12
K_2CrO_4	194.19	NH_4HCO_3	79.06
$K_2Cr_2O_7$	294.18	$(NH_4)_2MoO_4$	196.01
$K_3Fe(CN)_6$	329.25	NH_4NO_3	80.04
$K_4Fe(CN)_6$	368.35	$(NH_4)_2HPO_4$	132.06
$KFe(SO_4)_2 \cdot 12H_2O$	503.24	$(NH_4)_2S$	68.14
$KHC_2O_4 \cdot H_2O$	146.14	$(NH_4)_2SO_4$	132.13
$KHC_2O_4 \cdot H_2C_2O_4 \cdot 2H_2O$	254.19	NH_4VO_3	116.98
$KHC_4H_4O_6$（酒石酸氢钾）	188.18	Na_3AsO_3	191.89
$KHC_8H_4O_4$（邻苯二甲酸氢钾）	204.22	$Na_2B_4O_7$	201.22
$KHSO_4$	136.16	$Na_2B_4O_7 \cdot 10H_2O$	381.37
KI	166.00	$NaBiO_3$	279.97
KIO_3	214.00	$NaCN$	49.01
$KIO_3 \cdot HIO_3$	389.91	$NaSCN$	81.07
$KMnO_4$	158.03	Na_2CO_3	105.99
$KNaC_4H_4O_6 \cdot 4H_2O$	282.22	$Na_2CO_3 \cdot 10H_2O$	286.14
KNO_3	101.10	$Na_2C_2O_4$	134.00
KNO_2	85.10	CH_3COONa	82.03
K_2O	94.20	$CH_3COONa \cdot 3H_2O$	136.08
KOH	56.11	$Na_3C_6H_5O_7$（柠檬酸钠）	258.07

续表

化合物	$M/g\cdot mol^{-1}$	化合物	$M/g\cdot mol^{-1}$
$NaC_5H_8NO_4\cdot H_2O$（L-谷氨酸钠）	187.13	$Pb_3(PO_4)_2$	811.54
NaCl	58.44	PbS	239.30
NaClO	74.44	$PbSO_4$	303.30
$NaHCO_3$	84.01	SO_3	80.06
$Na_2HPO_4\cdot 12H_2O$	358.14	SO_2	64.06
$Na_2H_2C_{10}H_{12}O_8N_2$（EDTA二钠盐）	336.21	$SbCl_3$	228.11
$Na_2H_2C_{10}H_{12}O_8N_2\cdot 2H_2O$	372.24	$SbCl_5$	299.02
$NaNO_2$	69.00	Sb_2O_3	291.50
$NaNO_3$	85.00	Sb_2S_3	339.68
Na_2O	61.98	SiF_4	104.08
Na_2O_2	77.98	SiO_2	60.08
NaOH	40.00	$SnCl_2$	189.60
Na_3PO_4	163.94	$SnCl_2\cdot 2H_2O$	225.63
Na_2S	78.04	$SnCl_4$	260.50
$Na_2S\cdot 9H_2O$	240.18	$SnCl_4\cdot 5H_2O$	350.58
Na_2SO_3	126.04	SnO_2	150.69
Na_2SO_4	142.04	SnS_2	150.75
$Na_2S_2O_3$	158.10	$SrCO_3$	147.63
$Na_2S_2O_3\cdot 5H_2O$	248.17	SrC_2O_4	175.64
$NiCl_2\cdot 6H_2O$	237.70	$SrCrO_4$	203.61
NiO	74.70	$Sr(NO_3)_2$	211.63
$Ni(NO_3)_2\cdot 6H_2O$	290.80	$Sr(NO_3)_2\cdot 4H_2O$	283.69
NiS	90.76	$SrSO_4$	183.69
$NiSO_4\cdot 7H_2O$	280.86	$ZnCO_3$	125.39
$Ni(C_4H_7N_2O_2)_2$（丁二酮肟合镍）	288.91	$UO_2(CH_3COO)_2\cdot 2H_2O$	424.15
P_2O_5	141.95	ZnC_2O_4	153.40
$PbCO_3$	267.21	$ZnCl_2$	136.29
PbC_2O_4	295.22	$Zn(CH_3COO)_2$	183.47
$PbCl_2$	278.10	$Zn(CH_3COO)_2\cdot 2H_2O$	219.50
$PbCrO_4$	323.19	$Zn(NO_3)_2$	189.39
$Pb(CH_3COO)_2\cdot 3H_2O$	379.30	$Zn(NO_3)_2\cdot 6H_2O$	297.48
$Pb(CH_3COO)_2$	325.29	ZnO	81.38
PbI_2	461.01	ZnS	97.44
$Pb(NO_3)_2$	331.21	$ZnSO_4$	161.54
PbO	223.20	$ZnSO_4\cdot 7H_2O$	287.55
PbO_2	239.20		

11. 特种试剂的配制

试剂	配制方法
10% $SnCl_2$ 溶液	称取10g $SnCl_2\cdot 2H_2O$ 溶于10mL热浓盐酸中，煮沸使溶液澄清后，加水到100mL，加少许锡粒，保存在棕色瓶中
1.5% $TiCl_3$ 溶液	取10mL原瓶装 $TiCl_3$，用1∶4盐酸稀释至100mL
0.5%淀粉溶液	称取0.5g可溶性淀粉，用少量水搅成糊状后，倾入100mL沸水中，摇匀，加热片刻后冷却。加少量硼酸为防腐剂

续表

试剂	配制方法
溴甲酚绿溶液（0.0220g·L^{-1}）	取0.220g溴甲酚绿，加100mL乙醇溶解后，用水稀释至10L
1%丁二酮肟乙醇溶液	溶解1g丁二酮肟于100mL 95%乙醇中（镍试剂）
0.2%铝试剂	溶0.2g铝试剂于100mL水中
5%硫代乙酰胺	溶解5g硫代乙酰胺于100mL水中，如浑浊需过滤
奈氏试剂	含有0.25mol·L^{-1} K_2HgI_4及3mol·L^{-1} NaOH：溶解11.5g HgI_2及8g KI于足量水中，使其体积为50mL，再加50mL 6mol·L^{-1} NaOH。静置后取其清液储于棕色瓶中
六硝基合钴酸钠试剂	含有0.1mol·L^{-1} $Na_3Co(NO_2)_6$、8mol·L^{-1} $NaNO_2$及1mol·L^{-1} HAc：溶解23g $NaNO_2$于50mL水中，加16.5mL 6mol·L^{-1} HAc及$Co(NO_3)_2·6H_2O$ 3g，静置一夜，过滤或滗取其溶液，稀释至100mL。每隔四星期需重新配制。或直接加六硝基合钴酸钠至溶液为深红色
亚硝酰铁氰化钠	溶解1g亚硝酰铁氰化钠于100mL水中，每隔数日，即需重新制备
铬酸洗液	将25g重铬酸钾加热溶于50mL蒸馏水中，搅拌下分数次加入450mL浓硫酸
醋酸铀酰锌	溶解10g醋酸铀酰$UO_2(Ac)_2·2H_2O$于6mL 30% HAc中，略微加热促其溶解，稀释至50mL（溶液A）。另置30g醋酸锌$Zn(Ac)_2·3H_2O$于6mL 30% HAc中，搅动后，稀释至50mL（溶液B）。将两种溶液加热至343K后混合，静置24h，过滤。在两液混合之前，晶体不能完全溶解。或直接配制成10%醋酸铀酰锌溶液
镁铵试剂	溶解100g $MgCl_2·6H_2O$和100g NH_4Cl于水中，再加50mL浓氨水，并用水稀释至1L
钼酸铵试剂	溶解150g钼酸铵于1L蒸馏水中，再把所得溶液倾入1L 6mol·L^{-1} HNO_3中。顺序不得相反！此时析出钼酸白色沉淀后又溶解。把溶液放置48h，取其清液或过滤后使用
对硝基苯-偶氮间苯二酚（俗称镁试剂Ⅰ）	溶解0.001g镁试剂（Ⅰ）于100mL 1mol·L^{-1} NaOH溶液中
碘化钾-亚硫酸钠溶液	将50g KI和200g $Na_2SO_3·7H_2O$溶于1000mL水中
硫化铵$(NH_4)_2S$溶液	在200mL浓氨水溶液中通入H_2S，直至不再吸收，然后加入200mL浓氨水溶液，稀释至1L
溴水	溴的饱和水溶液：3.5g溴（约1mL）溶于100mL水
醋酸联苯胺	50mL联苯胺溶于10mL冰醋酸，100mL水中
0.25%邻菲啰啉	溶0.25g邻菲啰啉于100mL水中
硫氰酸汞铵（0.3mol·L^{-1}）	溶8g $HgCl_2$和9g NH_4SCN于100mL水中
四苯硼酸钠（0.1mol·L^{-1}）	3.4g $Na[B(C_6H_5)_4]$溶于100mL水中，用时新配

12. 常见离子和化合物的颜色

表1 常见离子的颜色

无色阳离子	Ag^+，Cd^{2+}，K^+，Ca^{2+}，As^{3+}（在溶液中主要以AsO_3^{3-}存在），Pb^{2+}，Zn^{2+}，Na^+，Sr^{2+}，As^{5+}（在溶液中几乎全部以AsO_4^{3-}存在），Hg_2^{2+}，Bi^{3+}，NH_4^+，Ba^{2+}，Sb^{3+}或Sb^{5+}（主要以$SbCl_6^{3-}$或$SbCl_6^-$存在），Hg^{2+}，Mg^{2+}，Al^{3+}，Sn^{2+}，Sn^{4+}
有色阳离子	Mn^{2+}浅玫瑰色，稀溶液无色；$Fe(H_2O)_6^{3+}$淡紫色，但平时所见Fe^{3+}盐溶液为黄色或红棕色；Fe^{2+}浅绿色，稀溶液无色；Cr^{3+}绿色或紫色；Co^{2+}玫瑰色；Ni^{2+}绿色；Cu^{2+}浅蓝色
无色阴离子	SO_4^{2-}，PO_4^{3-}，F^-，SCN^-，$C_2O_4^{2-}$，MoO_4^{2-}，SO_3^{2-}，BO_2^-，Cl^-，NO_3^-，S^{2-}，WO_4^{2-}，$S_2O_3^{2-}$，$B_4O_7^{2-}$，Br^-，NO_2^-，ClO_3^-，VO_3^-，CO_3^{2-}，SiO_3^{2-}，I^-，Ac^-，BrO_3^-
有色阴离子	$Cr_2O_7^{2-}$橙色；CrO_4^{2-}黄色；MnO_4^-紫色；MnO_4^{2-}绿色；$[Fe(CN)_6]^{4-}$黄绿色；$[Fe(CN)_6]^{3-}$黄棕色

表 2　有特征颜色的常见无机化合物

黑色	CuO, NiO, FeO, Fe_3O_4, MnO_2, FeS, CuS, Ag_2S, NiS, CoS, PbS
蓝色	$CuSO_4 \cdot 5H_2O$，$Cu(NO_3)_2 \cdot 6H_2O$，许多水合铜盐，无水 $CoCl_2$
绿色	镍盐，亚铁盐，铬盐，某些铜盐如 $CuCl_2 \cdot 2H_2O$
黄色	CdS，PbO，碘化物（如 AgI），铬酸盐（如 $BaCrO_4$，K_2CrO_4）
红色	Fe_2O_3，Cu_2O，HgO，HgS①，Pb_3O_4
粉红色	$MnSO_4 \cdot 7H_2O$ 等锰盐，$CoCl_2 \cdot 6H_2O$
紫色	亚铬盐（如 $[Cr(Ac)_2]_2 \cdot 2H_2O$），高锰酸盐

① 某些人工制备的和天然产的物质常有不同的颜色，如沉淀生成的 HgS 是黑色的，天然产的是朱红色。

13. 某些氢氧化物沉淀和溶解时所需的 pH

氢氧化物	pH				
	开始沉淀		沉淀完全	沉淀开始溶解	沉淀完全溶解
	原始浓度（$1mol \cdot L^{-1}$）	原始浓度（$0.01mol \cdot L^{-1}$）			
$Sn(OH)_4$	0	0.5	1.0	13	>14
$TiO(OH)_2$	0	0.5	2.0		
$Sn(OH)_2$	0.9	2.1	4.7	10	13.5
$ZrO(OH)_2$	1.3	2.3	3.8		
$Fe(OH)_3$	1.5	2.3	4.1	14	
HgO	1.3	2.4	5.0		
$Al(OH)_3$	3.3	4.0	5.2	7.8	10.8
$Cr(OH)_3$	4.0	4.9	6.8	12	>14
$Be(OH)_2$	5.2	6.2	8.8		
$Zn(OH)_2$	5.4	6.4	8.0	10.5	12～13
$Fe(OH)_2$	6.5	7.5	9.7	13.5	
$Co(OH)_2$	6.6	7.6	9.2	14	
$Ni(OH)_2$①	6.7	7.7	9.5		
$Cd(OH)_2$	7.2	8.2	9.7		
Ag_2O	6.2	8.2	11.2	12.7	
$Mn(OH)_2$①	7.8	8.8	10.4	14	
$Mg(OH)_2$	9.4	10.4	12.4		
$Pb(OH)_2$		7.2	8.7	10	13

① 析出氢氧化物沉淀之前，先形成碱式盐沉淀。

注：摘自杭州大学化学系等编．分析化学手册，第二分册．北京：化学工业出版社，1982.

14. 常见离子的定性鉴定方法

表 1　常见离子的鉴定方法

阳离子	鉴定方法	条件与干扰	灵敏度	
			检出限量	最低浓度
Na^+	1. 取 2 滴 Na^+ 试液，加 8 滴醋酸铀酰锌试剂：$UO_2(Ac)_2+Zn(Ac)_2+HAc$，放置数分钟，用玻棒摩擦器壁，淡黄色的晶状沉淀出现，示有 Na^+： $3UO_2^{2+}+Zn^{2+}+Na^++9Ac^-+9H_2O$ ══ $3UO_2(Ac)_2\cdot Zn(Ac)_2\cdot NaAc\cdot 9H_2O\downarrow$	1. 在中性或 HAc 酸性溶液中进行，强酸、强碱均能使试剂分解。需加入大量试剂，用玻棒摩擦器壁 2. 大量 K^+ 存在时，可能生成 $KAc\cdot UO_2(Ac)_2$ 的针状结晶。如试液中有大量 K^+ 时，用水冲稀 3 倍后试验 Ag^+、Hg^{2+}、Sb^{3+} 有干扰，PO_4^{3-}、AsO_4^{3-} 能使试剂分解，应预先除去	12.5μg	$250\mu g\cdot g^{-1}$
	2. Na^+ 试液与等体积的 $0.1mol\cdot L^{-1}$ $KSb(OH)_6$ 溶液混合，用玻棒摩擦器壁，放置后产生白色晶形沉淀示有 Na^+： $Na^++Sb(OH)_6^-$ ══ $NaSb(OH)_6\downarrow$ Na^+ 浓度大时立即有沉淀生成，浓度小时因生成过饱和溶液，很久以后（几个小时，甚至过夜）才有结晶附在器壁	1. 在中性或弱碱性溶液中进行，因酸能分解试剂 2. 低温进行，因沉淀的溶解度随温度升高而加剧 3. 除碱金属以外的金属离子也能与试剂形成沉淀，需预先除去		
K^+	1. 取 2 滴 K^+ 试液，加 3 滴六硝基合钴酸钠 ($Na_3[Co(NO_2)_6]$) 溶液，放置片刻，黄色 $K_2Na[Co(NO_2)_6]$ 沉淀析出，示有 K^+： $2K^++Na^++[Co(NO_2)_6]^{3-}$ ══ $K_2Na[Co(NO_2)]_6\downarrow$	1. 中性、微酸性溶液中进行，因酸、碱都能分解试剂中的 $[Co(NO_2)_6]^{3-}$ 2. NH_4^+ 与试剂生成橙色沉淀 $(NH_4)_2Na[Co(NO_2)_6]$ 而干扰，但在沸水浴中加热 1～2min 后，$(NH_4)_2Na[Co(NO_2)_6]$ 完全分解，而 $K_2Na[Co(NO_2)_6]$ 无变化，故可在 NH_4^+ 浓度大于 K^+ 浓度 100 倍时，鉴定 K^+	4μg	$80\mu g\cdot g^{-1}$
	2. 取 2 滴 K^+ 试液，加 2～3 滴 $0.1mol\cdot L^{-1}$ 四苯硼酸钠 $Na[B(C_6H_5)_4]$ 溶液，有白色沉淀生成，示有 K^+： $K^++[B(C_6H_5)_4]^-$ ══ $K[B(C_6H_5)_4]\downarrow$	1. 在碱性、中性或稀酸溶液中进行 2. NH_4^+ 有类似的反应而干扰，Ag^+、Hg^{2+} 的影响可加 KCN 消除，当 pH＝5，若有 EDTA 存在时，其他阳离子不干扰	0.5μg	$10\mu g\cdot g^{-1}$
NH_4^+	1. 气室法：用干燥、洁净的表面皿两块（一大一小），在大的一块表面皿中心放 3 滴 NH_4^+ 试剂，再加 3 滴 $6mol\cdot L^{-1}$ NaOH 溶液，混合均匀。在小的一块表面皿中心黏附一小条潮湿的酚酞试纸，盖在大的表面皿上做成气室。将此气室放在水浴上微热 2min，酚酞试纸变红，示有 NH_4^+	这是 NH_4^+ 的特征反应	0.05μg	$1\mu g\cdot g^{-1}$

续表

<table>
<tr><th rowspan="2">阳离子</th><th rowspan="2">鉴定方法</th><th rowspan="2">条件与干扰</th><th colspan="2">灵敏度</th></tr>
<tr><th>检出限量</th><th>最低浓度</th></tr>
<tr><td>NH_4^+</td><td>2. 取1滴 NH_4^+ 试液，放在白滴板的圆孔中，加2滴奈氏试剂（K_2HgI_4 的 NaOH 溶液），生成红棕色沉淀，示有 NH_4^+：
$NH_4^+ + 2[HgI_4]^{2-} + 4OH^- = \left[O\begin{matrix}Hg\\Hg\end{matrix}NH_2\right]I\downarrow + 3H_2O + 7I^-$ 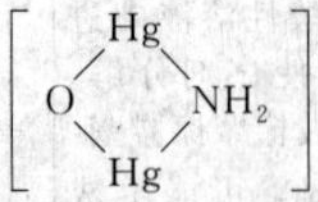
或
$NH_4^+ + OH^- = NH_3 + H_2O$
$NH_3 + 2[HgI_4]^{2-} + OH^- = \left[\begin{matrix}I{-}Hg\\I{-}Hg\end{matrix}NH_2\right]I\downarrow + 5I^- + H_2O$ 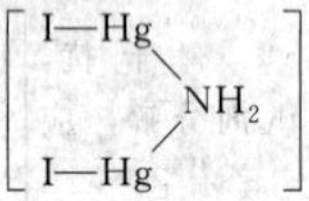
NH_4^+ 浓度低时，没有沉淀产生，但溶液呈黄色或棕色</td><td>1. Fe^{3+}、Co^{2+}、Ni^{2+}、Ag^+、Cr^{3+} 等存在时，与试剂中的 NaOH 生成有色沉淀而干扰，必须预先除去
2. 大量 S^{2-} 的存在，使 $[HgI_4]^{2-}$ 分解析出 $HgS\downarrow$。大量 I^- 存在使反应向左进行，沉淀溶解</td><td>0.05μg</td><td>$1\mu g\cdot g^{-1}$</td></tr>
<tr><td rowspan="2">Mg^{2+}</td><td>1. 取2滴 Mg^{2+} 试液，加2滴 $2mol\cdot L^{-1}$ NaOH 溶液，1滴镁试剂（Ⅰ），沉淀呈天蓝色，示有 Mg^{2+}
对硝基苯偶氮间苯二酚 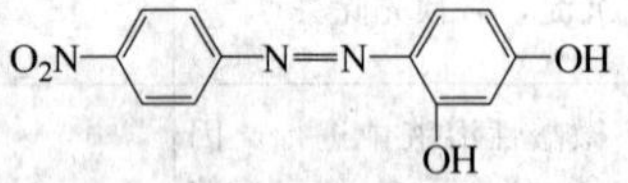
$O_2N-C_6H_4-N=N-C_6H_3(OH)_2$
俗称镁试剂（Ⅰ），在碱性环境下呈红色或红紫色，被 $Mg(OH)_2$ 吸附后则呈天蓝色</td><td>1. 反应必须在碱性溶液中进行，如 $[NH_4^+]$ 过大，由于它降低了 $[OH^-]$，因而妨碍 Mg^{2+} 的检出，故在鉴定前需加碱煮沸，以除去大量 NH_4^+
2. Ag^+、Hg_2^{2+}、Hg^{2+}、Cu^{2+}、Co^{2+}、Ni^{2+}、Mn^{2+}、Cr^{3+}、Fe^{3+} 及大量 Ca^{2+} 干扰反应，应预先除去</td><td>0.5μg</td><td>$10\mu g\cdot g^{-1}$</td></tr>
<tr><td>2. 取4滴 Mg^{2+} 试液，加2滴 $6mol\cdot L^{-1}$ 氨水，2滴 $2mol\cdot L^{-1}$ $(NH_4)_2HPO_4$ 溶液，摩擦试管内壁，生成白色晶形 $MgNH_4PO_4\cdot 6H_2O$ 沉淀，示有 Mg^{2+}：
$Mg^{2+} + HPO_4^{2-} + NH_3\cdot H_2O + 5H_2O = MgNH_4PO_4\cdot 6H_2O\downarrow$</td><td>1. 反应需在氨缓冲溶液中进行，要有高浓度的 PO_4^{3-} 和足够量的 NH_4^+
2. 反应的选择性较差，除本组外，其他组许多离子都可能产生干扰</td><td>30μg</td><td>$10\mu g\cdot g^{-1}$</td></tr>
<tr><td rowspan="2">Ca^{2+}</td><td>1. 取2滴 Ca^{2+} 试液，滴加饱和 $(NH_4)_2C_2O_4$ 溶液，有白色的 CaC_2O_4 沉淀形成，示有 Ca^{2+}</td><td>1. 反应在 HAc 酸性、中性、碱性溶液中进行
2. Mg^{2+}、Sr^{2+}、Ba^{2+} 有干扰，但 MgC_2O_4 溶于醋酸，CaC_2O_4 不溶，Sr^{2+}、Ba^{2+} 在鉴定前应除去</td><td>1μg</td><td>$40\mu g\cdot g^{-1}$</td></tr>
<tr><td>2. 取1～2滴 Ca^{2+} 试液于一滤纸片上，加1滴 $6mol\cdot L^{-1}$ NaOH，1滴 GBHA，若有 Ca^{2+} 存在时，有红色斑点产生，加2滴 Na_2CO_3 溶液不褪，示有 Ca^{2+}
乙二醛双缩（2-羟基苯胺）简称 GBHA，与 Ca^{2+} 在 pH=12～12.6 的溶液中生成红色螯合物沉淀： 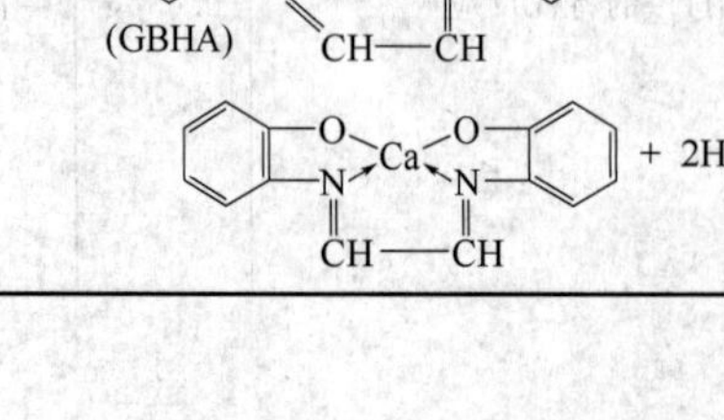
Ca^{2+} + (GBHA) [OH、HO、N、N、CH—CH] = [O、Ca、O、N、N、CH—CH] + $2H^+$</td><td>1. Ba^{2+}、Sr^{2+} 在相同条件下生成橙色、红色沉淀，但加入 Na_2CO_3 后，形成碳酸盐沉淀，螯合物颜色变浅，而钙的螯合物颜色基本不变
2. Cu^{2+}、Cd^{2+}、Co^{2+}、Ni^{2+}、Mn^{2+}、UO_2^{2+} 等也与试剂生成有色螯合物而干扰，当用氯仿萃取时，只有 Cd^{2+} 的产物和 Ca^{2+} 的产物一起被萃取</td><td>0.05μg</td><td>$1\mu g\cdot g^{-1}$</td></tr>
</table>

续表

阳离子	鉴定方法	条件与干扰	灵敏度	
			检出限量	最低浓度
Ba^{2+}	取2滴Ba^{2+}试液，加1滴0.1mol·L^{-1} K_2CrO_4溶液，有黄色$BaCrO_4$沉淀生成，示有Ba^{2+}	在HAc-NH_4Ac缓冲溶液中进行反应	3.5μg	70μg·g^{-1}
Al^{3+}	1. 取1滴Al^{3+}试液，加2～3滴水，加2滴3mol·L^{-1} NH_4Ac，2滴铝试剂，搅拌，微热片刻，加6mol·L^{-1}氨水至碱性，红色沉淀不消失，示有Al^{3+}： 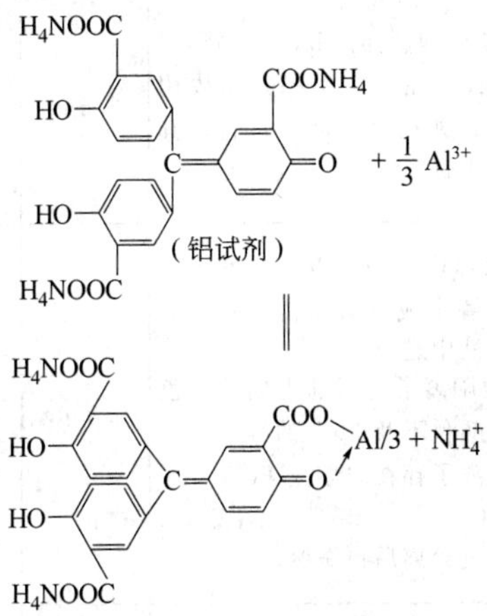 H_4NOOC, HO, COONH_4, C, O, $+\frac{1}{3}Al^{3+}$ (铝试剂) H_4NOOC ═ H_4NOOC, HO, COO→Al/3 + NH_4^+, C, O, HO, H_4NOOC	1. 在HAc-NH_4Ac缓冲溶液中进行 2. Cr^{3+}、Fe^{3+}、Bi^{3+}、Cu^{2+}、Ca^{2+}等离子在HAc缓冲溶液中，也能与铝试剂生成红色化合物而干扰，但加氨水碱化后，Cr^{3+}、Cu^{2+}的化合物即分解，加入$(NH_4)_2CO_3$，可使Ca^{2+}的化合物生成$CaCO_3$而分解，Fe^{3+}、Bi^{3+}（包括Cu^{2+}）可预先加NaOH形成沉淀而分离	0.1μg	2μg·g^{-1}
	2. 取1滴Al^{3+}试液，加1mol·L^{-1} NaOH溶液，使Al^{3+}以AlO_2^-的形式存在，加1滴茜素磺酸钠溶液（茜素S)，滴加HAc，直至紫色刚刚消失，过量1滴则有红色沉淀生成，示有Al^{3+} 或取1滴Al^{3+}试液于滤纸上，加1滴茜素磺酸钠，用浓氨熏至出现桃红色斑，此时立即离开氨瓶。如氨熏时间长，则显茜素S的紫色，可在石棉网上，用手拿滤纸烤一下，则紫色褪去，现出红色 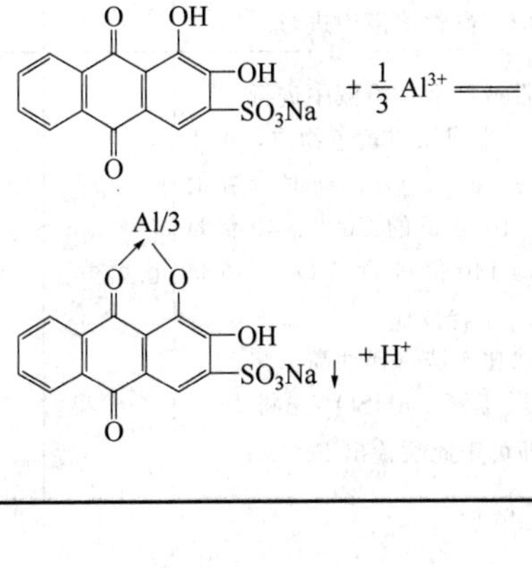 O, OH, OH, SO_3Na, O $+\frac{1}{3}Al^{3+}$ ═ Al/3, O, O, OH, SO_3Na↓, O $+H^+$	1. 茜素磺酸钠在氨性或碱性溶液中为紫色，在醋酸溶液中为黄色，在pH=5～5.5介质中与Al^{3+}生成红色沉淀 2. Fe^{3+}、Cr^{3+}、Mn^{2+}及大量Cu^{2+}有干扰，用$K_4[Fe(CN)_6]$在纸上分离，由于干扰离子沉淀为难溶亚铁氰酸盐留在斑点的中心，Al^{3+}不被沉淀，扩散到水渍区，分离干扰离子后，于水渍区用茜素磺酸钠鉴定Al^{3+}	0.15μg	3μg·g^{-1}

续表

阳离子	鉴定方法	条件与干扰	灵敏度	
			检出限量	最低浓度
Cr^{3+}	1. 取3滴Cr^{3+}试液，加6mol·L^{-1} NaOH溶液直到生成的沉淀溶解，搅动后加4滴3%的H_2O_2，水浴加热，溶液颜色由绿变黄，继续加热直至剩余的H_2O_2分解完，冷却，加6mol·L^{-1} HAc酸化，加2滴0.1mol·L^{-1} $Pb(NO_3)_2$溶液，生成黄色$PbCrO_4$沉淀，示有Cr^{3+}： $Cr^{3+}+4OH^- \longrightarrow CrO_2^- +2H_2O$ $2CrO_2^- +3H_2O_2+2OH^- \longrightarrow 2CrO_4^{2-}+4H_2O$ $Pb^{2+}+CrO_4^{2-} \longrightarrow PbCrO_4 \downarrow$	1. 在强碱性介质中，H_2O_2将Cr^{3+}氧化为CrO_4^{2-} 2. 形成$PbCrO_4$的反应必须在弱酸性（HAc）溶液中进行		
	2. 按1法将Cr^{3+}氧化成CrO_4^{2-}，用2mol·L^{-1} H_2SO_4酸化溶液至pH=2～3，加入0.5mL戊醇、0.5mL 3% H_2O_2，振荡，有机层显蓝色，示有Cr^{3+}： $Cr_2O_7^{2-}+4H_2O_2+2H^+ \longrightarrow 2H_2CrO_6+3H_2O$	1. pH<1，蓝色的H_2CrO_6分解 2. H_2CrO_6在水中不稳定，故用戊醇萃取，并在冷溶液中进行，其他离子无干扰	2.5μg	50μg·g^{-1}
Fe^{3+}	1. 取1滴Fe^{3+}试液放在白滴板上，加1滴$K_4[Fe(CN)_6]$溶液，生成蓝色沉淀，示有Fe^{3+}	1. $K_4[Fe(CN)_6]$不溶于强酸，但被强碱分解生成氢氧化物，故反应在酸性溶液中进行 2. 其他阳离子与试剂生成的有色化合物的颜色不及Fe^{3+}的鲜明，故可在其他离子存在时鉴定Fe^{3+}，如大量存在Cu^{2+}、Co^{2+}、Ni^{2+}等，也有干扰，分离后再做鉴定	0.05μg	1μg·g^{-1}
	2. 取1滴Fe^{3+}试液，加1滴0.5mol·L^{-1} NH_4SCN溶液，形成红色溶液示有Fe^{3+}	1. 在酸性溶液中进行，便不能用HNO_3 2. F^-、H_3PO_4、$H_2C_2O_4$、酒石酸、柠檬酸以及含有α-或β-羟基的有机酸都能与Fe^{3+}形成稳定的配合物而存在干扰。溶液中若有大量汞盐，由于形成$[Hg(SCN)_4]^{2-}$而干扰，钴、镍、铬和铜盐因离子有色，或因与SCN^-的反应产物的颜色而降低检出Fe^{3+}的灵敏度	0.25μg	5μg·g^{-1}
Fe^{2+}	1. 取1滴Fe^{2+}试液放在白滴板上，加1滴$K_3[Fe(CN)_6]$溶液，出现蓝色沉淀，示有Fe^{2+}	1. 本法灵敏度、选择性都很高，仅在大量金属存在而$[Fe^{2+}]$很低时，现象不明显 2. 反应在酸性溶液中进行	0.1μg	2μg·g^{-1}
	2. 取1滴Fe^{2+}试液，加几滴0.25%的邻菲啰啉溶液，生成橘红色的溶液，示有Fe^{2+} $[Fe(phen)_3]^{2+}$（结构式）	1. 中性或微酸性溶液中进行 2. Fe^{3+}生成微橙黄色物质，不干扰，但在Fe^{3+}、Co^{2+}同时存在时不适用。10倍量的Cu^{2+}、40倍量的Co^{2+}、140倍量的$C_2O_4^{2-}$、6倍量的CN^-干扰反应 3. 此法比1法选择性高 4. 如用1滴$NaHSO_3$先将Fe^{3+}还原，即可用此法检出Fe^{3+}	0.025μg	0.5μg·g^{-1}

续表

阳离子	鉴定方法	条件与干扰	灵敏度	
			检出限量	最低浓度
Mn^{2+}	取1滴Mn^{2+}试液，加10滴水，5滴$2mol \cdot L^{-1}$ HNO_3溶液，然后加固体$NaBiO_3$，搅拌，水浴加热，形成紫色溶液，示有Mn^{2+}	1. 在HNO_3或H_2SO_4酸性溶液中进行 2. 本组其他离子无干扰 3. 还原剂（Cl^-、Br^-、I^-、H_2O_2等）有干扰	0.8μg	$16\mu g \cdot g^{-1}$
Zn^{2+}	1. 取2滴Zn^{2+}试液，用$2mol \cdot L^{-1}$ HAc酸化，加等体积$(NH_4)_2Hg(SCN)_4$溶液，摩擦器壁，生成白色沉淀，示有Zn^{2+}： $Zn^{2+} + Hg(SCN)_4^{2-} \longrightarrow ZnHg(SCN)_4 \downarrow$ 或在极稀的$CuSO_4$溶液（<0.02%）中，加$(NH_4)_2Hg(SCN)_4$溶液，加Zn^{2+}试液，摩擦器壁，若迅速得到紫色混晶，示有Zn^{2+} 也可用极稀的$CoCl_2$（<0.02%）溶液代替Cu^{2+}溶液，则得蓝色混晶	1. 在中性或微酸性溶液中进行 2. Cu^{2+}形成$CuHg(SCN)_4$黄绿色沉淀，少量Cu^{2+}存在时，形成铜锌紫色混晶更有利于观察 3. 少量Co^{2+}存在时，形成钴锌蓝色混晶，有利于观察 4. Cu^{2+}、Co^{2+}含量大时干扰，Fe^{3+}有干扰	形成铜锌混晶时 0.5μg	$10\mu g \cdot g^{-1}$
	2. 取2滴Zn^{2+}试液，调节溶液的pH=10，加4滴TAA，加热，生成白色沉淀，沉淀不溶于HAc，溶于HCl，示有Zn^{2+}	铜锡组、银组离子应预先分离，本组其他离子也需分离		
Co^{2+}	1. 取1～2滴Co^{2+}试液，加饱和NH_4SCN溶液，加5～6滴戊醇溶液，振荡，静置，有机层呈蓝绿色，示有Co^{2+}	1. 配合物在水中解离度大，故用浓NH_4SCN溶液，并用有机溶剂萃取，增加它的稳定性 2. Fe^{3+}有干扰，加NaF掩蔽。大量Cu^{2+}也干扰。大量Ni^{2+}存在时溶液呈现浅蓝色，干扰反应	0.5μg	$10\mu g \cdot g^{-1}$
	2. 取1滴Co^{2+}试液在白滴板上，加1滴钴试剂，有红褐色沉淀生成，示有Co^{2+} 钴试剂为α-亚硝基-β-萘酚，有互变异构体，与Co^{2+}形成螯合物[Co(Ⅲ)]， 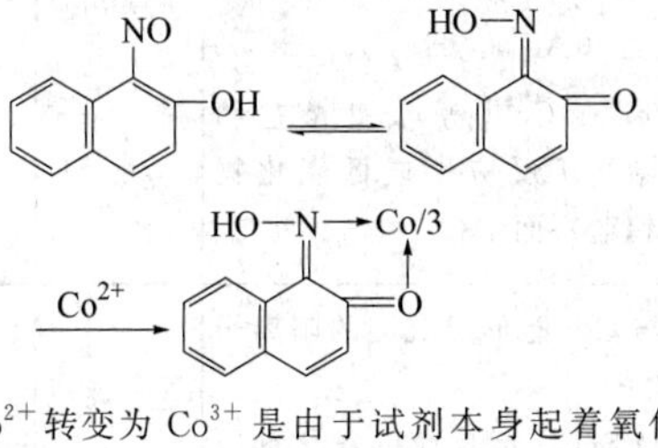 NO、OH ⇌ HO—N、O $\xrightarrow{Co^{2+}}$ HO—N→Co/3、O Co^{2+}转变为Co^{3+}是由于试剂本身起着氧化剂的作用，也可能发生空气氧化	1. 中性或弱酸性溶液中进行，沉淀不溶于强酸 2. 试剂须新鲜配制 3. Fe^{3+}与试剂生成棕黑色沉淀，溶于强酸，它的干扰也可加Na_2HPO_4掩蔽，Cu^{2+}、Hg^{2+}及其他金属干扰	0.15μg	$10\mu g \cdot g^{-1}$

续表

阳离子	鉴定方法	条件与干扰	灵敏度	
			检出限量	最低浓度
Ni^{2+}	取1滴Ni^{2+}试液放在白滴板上，加1滴$6mol \cdot L^{-1}$氨水，加1滴丁二酮肟，稍等片刻，在凹槽四周形成红色沉淀示有Ni^{2+}： $Ni^{2+} + 2\ \begin{matrix} CH_3-C{=}NOH \\ CH_3-C{=}NOH \end{matrix}$ $\downarrow$ $\begin{matrix} & ^{-}O \cdots H \cdots O & \\ CH_3-C{=}N & & N{=}C-CH_3 \\ & Ni & \\ CH_3-C{=}N & & N{=}C-CH_3 \\ & O \cdots H \cdots O^{-} & \end{matrix} + 2H^{+}$	1. 在氨性溶液中进行，但氨不宜太多。沉淀溶于酸、强碱，故合适的酸度pH＝5～10 2. Fe^{2+}、Pd^{2+}、Cu^{2+}、Co^{2+}、Fe^{3+}、Cr^{3+}、Mn^{2+}等干扰，可事先把Fe^{2+}氧化成Fe^{3+}，加柠檬酸或酒石酸掩蔽Fe^{3+}和其他离子	$0.15\mu g$	$3\mu g \cdot g^{-1}$
Cu^{2+}	1. 取1滴Cu^{2+}试液，加1滴$6mol \cdot L^{-1}$ HAc酸化，加1滴$K_4[Fe(CN)_6]$溶液，红棕色沉淀出现，示有Cu^{2+}： $2Cu^{2+} + [Fe(CN)_6]^{4-} = Cu_2[Fe(CN)_6] \downarrow$	1. 在中性或弱酸性溶液中进行。如试液为强酸性，则用$3mol \cdot L^{-1}$ NaAc调至弱酸性后进行。沉淀不溶于稀酸，溶于氨水，生成$Cu(NH_3)_4^{2+}$，与强碱生成$Cu(OH)_2$ 2. Fe^{3+}以及大量的Co^{2+}、Ni^{2+}会干扰	$0.02\mu g$	$0.4\mu g \cdot g^{-1}$
	2. 取2滴Cu^{2+}试液，加吡啶（C_5H_5N）使溶液显碱性，首先生成$Cu(OH)_2$沉淀，后溶解得$[Cu(C_5H_5N)_2]^{2+}$的深蓝色溶液，加几滴$0.1mol \cdot L^{-1}$ NH_4SCN溶液，生成绿色沉淀，加0.5mL氯仿，振荡，得绿色溶液，示有Cu^{2+}： $Cu^{2+} + 2SCN^{-} + 2C_5H_5N = [Cu(C_5H_5N)_2(SCN)_2] \downarrow$			$250\mu g \cdot g^{-1}$
Pb^{2+}	取2滴Pb^{2+}试液，加2滴$0.1mol \cdot L^{-1}$ K_2CrO_4溶液，生成黄色沉淀，示有Pb^{2+}	1. 在HAc溶液中进行，沉淀溶于强酸，溶于碱则生成PbO_2^{2-} 2. Ba^{2+}、Bi^{3+}、Hg^{2+}、Ag^{+}等干扰	$20\mu g$	$250\mu g \cdot g^{-1}$
Hg^{2+}	1. 取1滴Hg^{2+}试液，加$1mol \cdot L^{-1}$ KI溶液，使生成沉淀后又溶解，加2滴KI-Na_2SO_3溶液，2～3滴Cu^{2+}溶液，生成橘黄色沉淀，示有Hg^{2+}： $Hg^{2+} + 4I^{-} = HgI_4^{2-}$ $2Cu^{2+} + 4I^{-} = 2CuI \downarrow + I_2$ $2CuI + HgI_4^{2-} = Cu_2HgI_4 \downarrow + 2I^{-}$ 反应生成的I_2由Na_2SO_3除去	1. Pd^{2+}因有下面的反应而干扰： $2CuI + Pd^{2+} = PdI_2 + 2Cu^{+}$ 产生的PdI_2使CuI变黑 2. CuI是还原剂，须考虑到氧化剂的干扰（Ag^{+}、Hg_2^{2+}、Au^{3+}、Pt^{4+}、Fe^{3+}、Ce^{4+}等）。钼酸盐和钨酸盐与CuI反应生成低氧化物（钼蓝、钨蓝）而干扰	$0.05\mu g$	$1\mu g \cdot g^{-1}$
	2. 取2滴Hg^{2+}试液，滴加$0.5mol \cdot L^{-1}$ $SnCl_2$溶液，出现白色沉淀，继续加过量$SnCl_2$，不断搅拌，放置2～3min，出现灰色沉淀，示有Hg^{2+}	1. 凡与Cl^{-}能形成沉淀的阳离子应先除去 2. 能与$SnCl_2$起反应的氧化剂应先除去 3. 这一反应同样适用于Sn^{2+}的鉴定	$5\mu g$	$200\mu g \cdot g^{-1}$

续表

阳离子	鉴定方法	条件与干扰	灵敏度	
			检出限量	最低浓度
Sn^{4+} Sn^{2+}	1. 取2～3滴Sn^{4+}试液，加镁片2～3片，不断搅拌，待反应完全后加2滴6mol·L^{-1} HCl，微热，此时Sn^{4+}还原为Sn^{2+}，鉴定按2进行 2. 取2滴Sn^{2+}试液，加1滴0.1mol·L^{-1} $HgCl_2$溶液，生成白色沉淀，示有Sn^{2+}	反应的特效性较好	1μg	20μg·g^{-1}
Ag^+	取2滴Ag^+试液，加2滴2mol·L^{-1} HCl，搅拌，水浴加热，离心分离。在沉淀上加4滴6mol·L^{-1}氨水，微热。沉淀溶解，再加6mol·L^{-1} HNO_3酸化，白色沉淀重新出现，示有Ag^+		0.5μg	10μg·g^{-1}

表2 常见阴离子的鉴定方法

阴离子	鉴定方法	条件及干扰	灵敏度	
			检出限量	最低浓度
SO_4^{2-}	试液用6mol·L^{-1} HCl酸化，加2滴0.5mol·L^{-1} $BaCl_2$溶液，白色沉淀析出，示有SO_4^{2-}			
SO_3^{2-}	1. 取1滴饱和$ZnSO_4$溶液，加1滴$K_4[Fe(CN)_6]$于白滴板中，即有白色$Zn_2[Fe(CN)_6]$沉淀产生，继续加入1滴$Na_2[Fe(CN)_5NO]$，1滴SO_3^{2-}试液（中性），则白色沉淀转化为红色$Zn_2[Fe(CN)_5NOSO_3]$沉淀，示有SO_3^{2-}	1. 酸能使沉淀消失，故酸性溶液必须以氨水中和 2. S^{2-}有干扰，必须除去	3.5μg	71μg·g^{-1}
	2. 在验气装置中进行，取2～3滴SO_3^{2-}试液，加3滴3mol·L^{-1} H_2SO_4溶液，将放出的气体通入0.1mol·L^{-1} $KMnO_4$的酸性溶液中，$KMnO_4$溶液褪色，示有SO_3^{2-}	$S_2O_3^{2-}$、S^{2-}有干扰		
$S_2O_3^{2-}$	1. 取2滴试液，加2滴2mol·L^{-1} HCl溶液，加热，白色浑浊出现，示有$S_2O_3^{2-}$		10μg	200μg·g^{-1}
	2. 取3滴$S_2O_3^{2-}$试液，加3滴0.1mol·L^{-1} $AgNO_3$溶液，摇动，白色沉淀迅速变黄、变棕、变黑，示有$S_2O_3^{2-}$ $2Ag^+ + S_2O_3^{2-} = Ag_2S_2O_3\downarrow$ $Ag_2S_2O_3 + H_2O = H_2SO_4 + Ag_2S\downarrow$	1. S^{2-}干扰 2. $Ag_2S_2O_3$溶于过量的硫代硫酸盐中	2.5μg $Na_2S_2O_3$	25μg·g^{-1}
S^{2-}	1. 取3滴S^{2-}试液，加稀H_2SO_4酸化，用$Pb(Ac)_2$试纸检验放出的气体，试纸变黑，示有S^{2-}		50μg	500μg·g^{-1}
	2. 取1滴S^{2-}试液，放白滴板上，加1滴$Na_2[Fe(CN)_5NO]$试剂，溶液变紫色$Na_4[Fe(CN)_5NOS]$试剂，示有S^{2-}	在酸性溶液中$S^{2-} \longrightarrow HS^-$而不产生颜色，加碱则颜色出现	1μg	20μg·g^{-1}

续表

阴离子	鉴定方法	条件及干扰	灵敏度	
			检出限量	最低浓度
	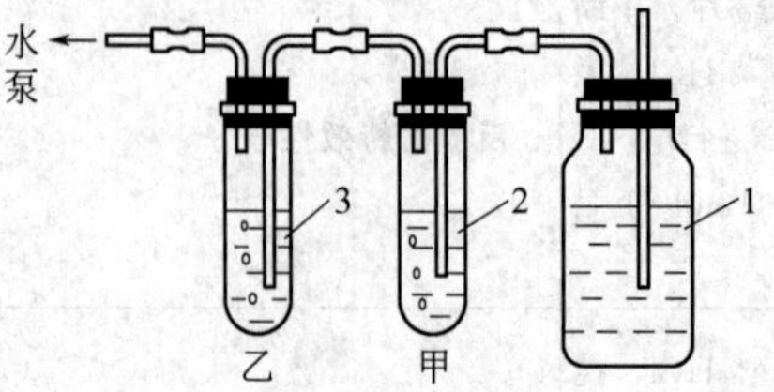 验气装置 1—NaOH 溶液；2—试液；3—$Ba(OH)_2$ 溶液			
CO_3^{2-}	如图装置配仪器，调节抽水泵，使气泡能一个一个进入 NaOH 溶液（每秒 2～3 个气泡），分开乙管上与水泵连接的橡皮管，取 5 滴 CO_3^{2-} 试液、10 滴水放在甲管，并加 1 滴 3% H_2O_2 溶液，1 滴 $3mol \cdot L^{-1}$ H_2SO_4。乙管中装入约 1/4 的 $Ba(OH)_2$ 饱和溶液，迅速把塞子塞紧，把乙管与抽水泵连接起来，使甲管中产生的 CO_2 随空气通入乙管与 $Ba(OH)_2$ 作用，如 $Ba(OH)_2$ 溶液浑浊，示有 CO_3^{2-}	1. 当过量的 CO_2 存在时，$BaCO_3$ 沉淀可能转化为可溶性的酸式碳酸盐 2. $Ba(OH)_2$ 极易吸收空气中的 CO_2 而变浑浊，故须用澄清溶液，迅速操作，得到较浓厚的沉淀方可判断 CO_3^{2-} 存在，初学者可做空白试验对照 3. SO_3^{2-}、$S_2O_3^{2-}$ 妨碍鉴定，可预先加入 H_2O_2 或 $KMnO_4$ 等氧化剂，使 SO_3^{2-}、$S_2O_3^{2-}$ 氧化成 SO_4^{2-}，再做鉴定		
PO_4^{3-}	1. 取 3 滴 PO_4^{3-} 试液，加氨水至呈碱性，加入过量镁铵试剂，如果没有立即生成沉淀，用玻棒摩擦器壁，放置片刻，析出白色晶状 $MgNH_4PO_4$ 沉淀，示有 PO_4^{3-}	1. 在 $NH_3 \cdot H_2O$-NH_4Cl 缓冲溶液中进行，沉淀能溶于酸，但碱性太强可能生成 $Mg(OH)_2$ 沉淀 2. AsO_4^{3-} 生成相似的沉淀（$MgNH_4AsO_4$），浓度不太大时不生成		
	2. 取 2 滴 PO_4^{3-} 试液，加入 8～10 滴钼酸铵试剂，用玻棒摩擦器壁，生成黄色磷钼酸铵，示有 PO_4^{3-}： $PO_4^{3-}+3NH_4^{+}+12MoO_4^{2-}+24H^{+}$ ══ $(NH_4)_3PO_4 \cdot 12MoO_3 \cdot 6H_2O\downarrow+6H_2O$	1. 沉淀溶于过量磷酸盐生成配阴离子，需加入大过量试剂，沉淀溶于碱及氨水中 2. 还原剂的存在使 Mo^{6+} 还原成“钼蓝”而使溶液呈深蓝色。大量 Cl^- 存在会降低灵敏度，可先将试液与浓 HNO_3 一起蒸发，除去过量 Cl^- 和还原剂 3. AsO_4^{3-} 有类似的反应。SiO_3^{2-} 也与试剂形成黄色的硅钼酸，加酒石酸可消除干扰 4. 与 $P_2O_7^{4-}$、PO_3^- 的冷溶液无反应，煮沸时由于 PO_4^{3-} 的生成而生成黄色沉淀	3μg	$40\mu g \cdot g^{-1}$

续表

<table>
<tr><th rowspan="2">阴离子</th><th rowspan="2">鉴定方法</th><th rowspan="2">条件及干扰</th><th colspan="2">灵敏度</th></tr>
<tr><th>检出限量</th><th>最低浓度</th></tr>
<tr><td>Cl^-</td><td>取 2 滴 Cl^- 试液，加 6mol·L^{-1} HNO_3 酸化，加 0.1mol·L^{-1} $AgNO_3$ 至沉淀完全，离心分离。在沉淀上加 5～8 滴银氨溶液，搅动，加热，沉淀溶解，再加 6mol·L^{-1} HNO_3 酸化，白色沉淀重又出现，示有 Cl^-</td><td></td><td></td><td></td></tr>
<tr><td>Br^-</td><td>取 2 滴 Br^- 试液，加入数滴 CCl_4，滴加氯水，振荡，有机层显红棕色或金黄色，示有 Br^-</td><td>如氯水过量，生成 BrCl，使有机层显淡黄色</td><td>50μg</td><td>50μg·g^{-1}</td></tr>
<tr><td rowspan="2">I^-</td><td>1. 取 2 滴 I^- 试液，加入数滴 CCl_4，滴加氯水，振荡，有机层显紫色，示有 I^-</td><td>1. 在弱碱性、中性或酸性溶液中，氯水将 $I^- \longrightarrow I_2$
2. 过量氯水将 $I_2 \longrightarrow IO_3^-$，有机层紫色褪去</td><td>40μg</td><td>40μg·g^{-1}</td></tr>
<tr><td>2. 在 I^- 试液中，加 HAc 酸化，加 0.1mol·L^{-1} $NaNO_2$ 溶液和 CCl_4，振荡，有机层显紫色，示有 I^-</td><td>Cl^-、Br^- 对反应不干扰</td><td>2.5μg</td><td>50μg·g^{-1}</td></tr>
<tr><td rowspan="2">NO_2^-</td><td>1. 取 1 滴 NO_2^- 试液，加 6mol·L^{-1}HAc 酸化，加 1 滴对氨基苯磺酸，1 滴 α-萘胺，溶液显红紫色，示有 NO_2^-： 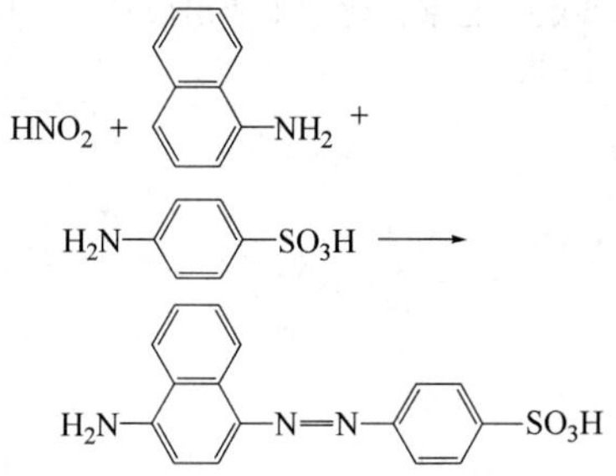
HNO_2 + (α-萘胺)—NH_2 + H_2N—(苯环)—SO_3H ⟶
H_2N—(萘环)—N═N—(苯环)—SO_3H</td><td>1. 反应灵敏度高，选择性好
2. NO_2^- 浓度大时，红紫色很快褪去，生成褐色沉淀或黄色溶液</td><td>0.01μg</td><td>0.2μg·g^{-1}</td></tr>
<tr><td>2. 同 I^- 的鉴定方法 2。试液用 HAc 酸化，加 0.1mol·L^{-1} KI 和 CCl_4 振荡，有机层显红紫色，示有 NO_2^-</td><td></td><td></td><td></td></tr>
<tr><td rowspan="3">NO_3^-</td><td>1. 当 NO_2^- 不存在时，取 3 滴 NO_3^- 试液，用 6mol·L^{-1} HAc 酸化，再加 2 滴，加少许镁片搅动，NO_3^- 被还原为 NO_2^-，取 2 滴上层清液，照 NO_2^- 的鉴定方法进行鉴定</td><td></td><td></td><td></td></tr>
<tr><td>2. 当 NO_2^- 存在时，在 12mol·L^{-1} H_2SO_4 溶液中加入 α-萘胺，生成淡红紫色化合物，示有 NO_3^-</td><td></td><td></td><td></td></tr>
<tr><td>3. 棕色环的形成：在小试管内滴加 10 滴饱和 $FeSO_4$ 溶液，5 滴 NO_3^- 试液，然后斜持试管，沿着管壁慢慢滴加浓 H_2SO_4，由于浓 H_2SO_4 的密度比水大，沉到试管下面形成两层，在两层液体接触处（界面）有一棕色环［配合物 Fe(NO)SO_4 的颜色］，示有 NO_3^-：
$3Fe^{2+} + NO_3^- + 4H^+ = 3Fe^{3+} + NO + 2H_2O$
$Fe^{2+} + NO + SO_4^{2-} = Fe(NO)SO_4$</td><td>$NO_2^-$、$Br^-$、$I^-$、$CrO_4^{2-}$ 有干扰，Br^-、I^- 可用 AgAc 除去，CrO_4^{2-} 用 $Ba(Ac)_2$ 除去，NO_2^- 用尿素除去：
$2NO_2^- + CO(NH_2)_2 + 2H^+ = CO_2\uparrow + 2N_2\uparrow + 3H_2O$</td><td>2.5μg</td><td>40μg·g^{-1}</td></tr>
</table>

参考文献

[1] 宋天佑．无机化学（上、下）．第4版．北京：高等教育出版社，2019.

[2] 杨宏孝．无机化学．第3版．北京：高等教育出版社，2002.

[3] 大连理工大学无机化学教研室．无机化学．第6版．北京：高等教育出版社，2018.

[4] 武汉大学．分析化学（上）．第6版．北京：高等教育出版社，2016.

[5] 徐家宁，门瑞芝，张寒琦．基础化学实验．北京：高等教育出版社，2006.

[6] 大连理工大学无机化学教研室．无机化学实验．第2版．北京：高等教育出版社，2004.

[7] 北京师范大学等．化学基础实验．北京：高等教育出版社，2004.

[8] 华东理工大学无机化学教研组．无机化学实验．第4版．北京：高等教育出版社，2007.

[9] 天津大学．分析化学实验．天津：天津大学出版社，1995.

[10] 华东理工大学化学系，四川大学化工学院．分析化学．北京：高等教育出版社，2003.

[11] 四川大学化工学院，浙江大学化学系．分析化学实验．北京：高等教育出版社，2003.

[12] 王升富，周立群，陈怀侠等．无机及化学分析实验．北京：科学出版社，2009.

[13] 武汉大学，吉林大学，中山大学．分析化学实验．北京：高等教育出版社，1995.

[14] 孟祥丽．现代化学基础实验．哈尔滨：哈尔滨工业大学出版社，2008.

[15] 南京大学大学化学实验教学组．大学化学实验．北京：高等教育出版社，1999.

[16] 刘约全，李贵深．实验化学．北京：高等教育出版社，1999.

[17] 张学军，高嵩．分析化学实验教程．北京：中国环境科学出版社，2009.

[18] 何永科，吕美横，刘威，王传胜．无机化学实验．第2版．北京：化学工业出版社，2017.

元素周期表

IUPAC 2013

氧化态(单质的氧化态为0，未列入；常见的为红色)

以 ^{12}C=12为基准的原子量(注✦的是半衰期最长同位素的原子量)

+2 +3 +4 +5 +6	氧化态
95	原子序数
Am	元素符号(红色的为放射性元素)
镅▲	元素名称(注▲的为人造元素)
$5f^7 7s^2$	价层电子构型
243.06138(2)✦	原子量

s区元素　p区元素　d区元素　ds区元素　f区元素　稀有气体

族 周期	1 ⅠA	2 ⅡA	3 ⅢB	4 ⅣB	5 ⅤB	6 ⅥB	7 ⅦB	8 ⅧB(Ⅷ)	9 ⅧB(Ⅷ)	10 ⅧB(Ⅷ)	11 ⅠB	12 ⅡB	13 ⅢA	14 ⅣA	15 ⅤA	16 ⅥA	17 ⅦA	18 ⅧA(0)	电子层
1	−1 +1 1 **H** 氢 $1s^1$ 1.008																	+2 2 **He** 氦 $1s^2$ 4.002602(2)	K
2	+1 3 **Li** 锂 $2s^1$ 6.94	+2 4 **Be** 铍 $2s^2$ 9.0121831(5)											+3 5 **B** 硼 $2s^2 2p^1$ 10.81	−4 +2 +4 6 **C** 碳 $2s^2 2p^2$ 12.011	−3 −2 −1 +1 +2 +3 +4 +5 7 **N** 氮 $2s^2 2p^3$ 14.007	−2 −1 8 **O** 氧 $2s^2 2p^4$ 15.999	−1 9 **F** 氟 $2s^2 2p^5$ 18.998403163(6)	10 **Ne** 氖 $2s^2 2p^6$ 20.1797(6)	L K
3	−1 +1 11 **Na** 钠 $3s^1$ 22.98976928(2)	+2 12 **Mg** 镁 $3s^2$ 24.305											+3 13 **Al** 铝 $3s^2 3p^1$ 26.9815385(7)	−4 +2 +4 14 **Si** 硅 $3s^2 3p^2$ 28.085	−3 −2 +1 +3 +5 15 **P** 磷 $3s^2 3p^3$ 30.973761998(5)	−2 +2 +4 +6 16 **S** 硫 $3s^2 3p^4$ 32.06	−1 +1 +3 +5 +7 17 **Cl** 氯 $3s^2 3p^5$ 35.45	18 **Ar** 氩 $3s^2 3p^6$ 39.948(1)	M L K
4	−1 +1 19 **K** 钾 $4s^1$ 39.0983(1)	+2 20 **Ca** 钙 $4s^2$ 40.078(4)	+3 21 **Sc** 钪 $3d^1 4s^2$ 44.955908(5)	−1 0 +2 +3 +4 22 **Ti** 钛 $3d^2 4s^2$ 47.867(1)	0 ±1 +2 +3 +4 +5 23 **V** 钒 $3d^3 4s^2$ 50.9415(1)	−3 0 ±1 ±2 +3 +4 +5 +6 24 **Cr** 铬 $3d^5 4s^1$ 51.9961(6)	−2 0 ±1 +2 +3 +4 +5 +6 +7 25 **Mn** 锰 $3d^5 4s^2$ 54.938044(3)	−2 0 +1 +2 +3 +4 +5 +6 26 **Fe** 铁 $3d^6 4s^2$ 55.845(2)	0 ±1 +2 +3 +4 +5 27 **Co** 钴 $3d^7 4s^2$ 58.933194(4)	0 ±1 +2 +3 +4 28 **Ni** 镍 $3d^8 4s^2$ 58.6934(4)	+1 +2 +3 +4 29 **Cu** 铜 $3d^{10} 4s^1$ 63.546(3)	+1 +2 30 **Zn** 锌 $3d^{10} 4s^2$ 65.38(2)	+1 +3 31 **Ga** 镓 $4s^2 4p^1$ 69.723(1)	+2 +4 32 **Ge** 锗 $4s^2 4p^2$ 72.630(8)	−3 +3 +5 33 **As** 砷 $4s^2 4p^3$ 74.921595(6)	−2 +2 +4 +6 34 **Se** 硒 $4s^2 4p^4$ 78.971(8)	−1 +1 +3 +5 +7 35 **Br** 溴 $4s^2 4p^5$ 79.904	+2 +4 36 **Kr** 氪 $4s^2 4p^6$ 83.798(2)	N M L K
5	−1 +1 37 **Rb** 铷 $5s^1$ 85.4678(3)	+2 38 **Sr** 锶 $5s^2$ 87.62(1)	+3 39 **Y** 钇 $4d^1 5s^2$ 88.90584(2)	+1 +2 +3 +4 40 **Zr** 锆 $4d^2 5s^2$ 91.224(2)	0 ±1 +2 +3 +4 +5 41 **Nb** 铌 $4d^4 5s^1$ 92.90637(2)	0 ±1 +2 +3 +4 +5 +6 42 **Mo** 钼 $4d^5 5s^1$ 95.95(1)	0 ±1 +2 +3 +4 +5 +6 +7 43 **Tc** 锝▲ $4d^5 5s^2$ 97.90721(3)✦	0 +1 +2 +3 +4 +5 +6 +7 +8 44 **Ru** 钌 $4d^7 5s^1$ 101.07(2)	0 +1 +2 +3 +4 +5 +6 45 **Rh** 铑 $4d^8 5s^1$ 102.90550(2)	0 +1 +2 +3 +4 46 **Pd** 钯 $4d^{10}$ 106.42(1)	+1 +2 +3 47 **Ag** 银 $4d^{10} 5s^1$ 107.8682(2)	+1 +2 48 **Cd** 镉 $4d^{10} 5s^2$ 112.414(4)	+1 +3 49 **In** 铟 $5s^2 5p^1$ 114.818(1)	+2 +4 50 **Sn** 锡 $5s^2 5p^2$ 118.710(7)	−3 +3 +5 51 **Sb** 锑 $5s^2 5p^3$ 121.760(1)	−2 +2 +4 +6 52 **Te** 碲 $5s^2 5p^4$ 127.60(3)	−1 +1 +3 +5 +7 53 **I** 碘 $5s^2 5p^5$ 126.90447(3)	+2 +4 +6 +8 54 **Xe** 氙 $5s^2 5p^6$ 131.293(6)	O N M L K
6	−1 +1 55 **Cs** 铯 $6s^1$ 132.90545196(6)	+2 56 **Ba** 钡 $6s^2$ 137.327(7)	57~71 **La~Lu** 镧系	+1 +2 +3 +4 72 **Hf** 铪 $5d^2 6s^2$ 178.49(2)	0 ±1 +2 +3 +4 +5 73 **Ta** 钽 $5d^3 6s^2$ 180.94788(2)	0 ±1 +2 +3 +4 +5 +6 74 **W** 钨 $5d^4 6s^2$ 183.84(1)	0 ±1 +2 +3 +4 +5 +6 +7 75 **Re** 铼 $5d^5 6s^2$ 186.207(1)	0 +1 +2 +3 +4 +5 +6 +7 +8 76 **Os** 锇 $5d^6 6s^2$ 190.23(3)	0 ±1 +2 +3 +4 +5 +6 77 **Ir** 铱 $5d^7 6s^2$ 192.217(3)	0 +2 +3 +4 +5 +6 78 **Pt** 铂 $5d^9 6s^1$ 195.084(9)	+1 +2 +3 +5 79 **Au** 金 $5d^{10} 6s^1$ 196.966569(5)	+1 +2 +3 80 **Hg** 汞 $5d^{10} 6s^2$ 200.592(3)	+1 +3 81 **Tl** 铊 $6s^2 6p^1$ 204.38	+2 +4 82 **Pb** 铅 $6s^2 6p^2$ 207.2(1)	−3 +3 +5 83 **Bi** 铋 $6s^2 6p^3$ 208.98040(1)	−2 +2 +4 +6 84 **Po** 钋 $6s^2 6p^4$ 208.98243(2)✦	±1 +5 +7 85 **At** 砹 $6s^2 6p^5$ 209.98715(5)✦	+2 86 **Rn** 氡 $6s^2 6p^6$ 222.01758(2)✦	P O N M L K
7	+1 87 **Fr** 钫▲ $7s^1$ 223.01974(2)✦	+2 88 **Ra** 镭 $7s^2$ 226.02541(2)✦	89~103 **Ac~Lr** 锕系	104 **Rf** 𬬻▲ $6d^2 7s^2$ 267.122(4)✦	105 **Db** 𬭊▲ $6d^3 7s^2$ 270.131(4)✦	106 **Sg** 𬭳▲ $6d^4 7s^2$ 269.129(3)✦	107 **Bh** 𬭛▲ $6d^5 7s^2$ 270.133(2)✦	108 **Hs** 𬭶▲ $6d^6 7s^2$ 270.134(2)✦	109 **Mt** 鿏▲ $6d^7 7s^2$ 278.156(5)✦	110 **Ds** 𫟼▲ 281.165(4)✦	111 **Rg** 𬬭▲ 281.166(6)✦	112 **Cn** 鿔▲ 285.177(4)✦	113 **Nh** 鿭▲ 286.182(5)✦	114 **Fl** 𫓧▲ 289.190(4)✦	115 **Mc** 镆▲ 289.194(6)✦	116 **Lv** 𫟷▲ 293.204(4)✦	117 **Ts** 鿬▲ 293.208(6)✦	118 **Og** 鿫▲ 294.214(5)✦	Q P O N M L K

★ 镧系	+3 57 **La**★ 镧 $5d^1 6s^2$ 138.90547(7)	+2 +3 +4 58 **Ce** 铈 $4f^1 5d^1 6s^2$ 140.116(1)	+3 +4 59 **Pr** 镨 $4f^3 6s^2$ 140.90766(2)	+2 +3 +4 60 **Nd** 钕 $4f^4 6s^2$ 144.242(3)	+3 61 **Pm** 钷▲ $4f^5 6s^2$ 144.91276(2)✦	+2 +3 62 **Sm** 钐 $4f^6 6s^2$ 150.36(2)	+2 +3 63 **Eu** 铕 $4f^7 6s^2$ 151.964(1)	+3 64 **Gd** 钆 $4f^7 5d^1 6s^2$ 157.25(3)	+3 +4 65 **Tb** 铽 $4f^9 6s^2$ 158.92535(2)	+3 +4 66 **Dy** 镝 $4f^{10} 6s^2$ 162.500(1)	+3 67 **Ho** 钬 $4f^{11} 6s^2$ 164.93033(2)	+3 68 **Er** 铒 $4f^{12} 6s^2$ 167.259(3)	+2 +3 69 **Tm** 铥 $4f^{13} 6s^2$ 168.93422(2)	+2 +3 70 **Yb** 镱 $4f^{14} 6s^2$ 173.045(10)	+3 71 **Lu** 镥 $4f^{14} 5d^1 6s^2$ 174.9668(1)
★ 锕系	+3 89 **Ac**★ 锕 $6d^1 7s^2$ 227.02775(2)✦	+3 +4 90 **Th** 钍 $6d^2 7s^2$ 232.0377(4)	+3 +4 +5 91 **Pa** 镤 $5f^2 6d^1 7s^2$ 231.03588(2)	+2 +3 +4 +5 +6 92 **U** 铀 $5f^3 6d^1 7s^2$ 238.02891(3)	+3 +4 +5 +6 +7 93 **Np** 镎 $5f^4 6d^1 7s^2$ 237.04817(2)✦	+3 +4 +5 +6 +7 94 **Pu** 钚 $5f^6 7s^2$ 244.06421(4)✦	+2 +3 +4 +5 +6 95 **Am** 镅▲ $5f^7 7s^2$ 243.06138(2)✦	+3 +4 96 **Cm** 锔▲ $5f^7 6d^1 7s^2$ 247.07035(3)✦	+3 +4 97 **Bk** 锫▲ $5f^9 7s^2$ 247.07031(4)✦	+2 +3 +4 98 **Cf** 锎▲ $5f^{10} 7s^2$ 251.07959(3)✦	+2 +3 99 **Es** 锿▲ $5f^{11} 7s^2$ 252.0830(3)✦	+2 +3 100 **Fm** 镄▲ $5f^{12} 7s^2$ 257.09511(5)✦	+2 +3 101 **Md** 钔▲ $5f^{13} 7s^2$ 258.09843(3)✦	+2 +3 102 **No** 锘▲ $5f^{14} 7s^2$ 259.1010(7)✦	+3 103 **Lr** 铹▲ $5f^{14} 6d^1 7s^2$ 262.110(2)✦